高职高专土建类专业“十四五”规划教材

建筑材料与检测

JIANZHU CAILIAO YU JIANCE

（第二版）

主编 梅 杨 赵瑞霞
主审 余海燕

郑州大学出版社

图书在版编目(CIP)数据

建筑材料与检测 / 梅杨，赵瑞霞主编. —2版. —郑州：郑州大学出版社，2022. 8(2024. 9重印)
ISBN 978-7-5645-8939-4

Ⅰ. ①建… Ⅱ. ①梅…②赵… Ⅲ. ①建筑材料-检测 Ⅳ. ①TU502

中国版本图书馆CIP数据核字(2022)第137613号

建筑材料与检测

策划编辑	崔青峰　祁小冬	封面设计	苏永生
责任编辑	李　蕊	版式设计	苏永生
责任校对	刘永静	责任监制	李瑞卿

出版发行	郑州大学出版社	地　　址	郑州市大学路40号(450052)
出 版 人	卢纪富	网　　址	http://www.zzup.cn
经　　销	全国新华书店	发行电话	0371-66966070
印　　刷	广东虎彩云印刷有限公司	印　　张	17.5
开　　本	787 mm×1 092 mm　1 / 16	字　　数	417千字
版　　次	2018年9月第1版 2022年8月第2版	印　　次	2024年9月第7次印刷

书　　号	ISBN 978-7-5645-8939-4	定　　价	39.00元

本书作者

主　　审　余海燕

主　　编　梅　杨　赵瑞霞

副 主 编　高　柯　王　丽

参编人员　（以姓氏笔画为序）

王稼振　汪艳梅　张　烨

张黎黎　徐姗姗

2 版前言

《建筑材料与检测》自 2018 年出版至今，深受广大师生和业内同仁好评，同时他们也从专业的角度给予了非常好的意见和建议。随着部分建筑材料标准及规范推陈出新，结合新技术、新工艺的实施，以及教学过程中发现的问题及不足，编者在上一版的基础上对教材内容进行了架构重组与修订。主要有：

(1)按照新规范、新标准、新工艺对教材中相应章节内容进行了修订。

(2)增加“第 4 章　胶凝材料”，改编“6.7 混凝土实体检测”“第 10 章　装配式混凝土结构材料”，更符合教学需求。

(3)增删和调整部分文字性叙述，对前版书稿进行了全面的修订与勘误。

(4)结合行业发展动态更新章节案例、插图，使内容更加生动易懂。

(5)完善修改教材配套资源、各章节习题。

本书由河南地矿职业学院梅杨，河南建筑职业技术学院赵瑞霞、高柯、王丽、张烨、徐姗姗、汪艳梅、张黎黎，中铁大桥局第一工程有限公司高级工程师王稼振，天津城建大学余海燕教授共同编写。

由于时间仓促及编者水平有限，书中难免有不当之处，欢迎广大读者批评指正。

编者

2022 年 6 月

前言

本书根据高职教育培养高素质技能型人才的特点，加强了理论知识部分与材料检测部分的联系，方便读者使用。为及时反映最新技术进展，体现教材的科学性和先进性，全书引用的均为最新技术标准、技术规范和法定计量单位，增加了与本书配套的实验报告、电子课件、习题库及参考答案等教学资源。

本书可作为高职高专、普通专科院校建筑工程及相关专业的教材，也可作为广大自学者用书和建筑工程技术人员用书。

本书由河南建筑职业技术学院梅杨、赵瑞霞任主编，河南建筑职业技术学院张烨、徐姗姗任副主编，中铁大桥局集团第一工程有限公司高级工程师王稼振任主审。编写分工如下：河南建筑职业技术学院梅杨（第4章4.6～4.7，第5章5.1～5.4，第15章15.2），河南建筑职业技术学院赵瑞霞（第5章5.5～5.9），中铁大桥局集团第一工程有限公司王稼振（第1章，第15章15.3），河南建筑职业技术学院徐姗姗（第6章，第14章，第15章15.4），河南建筑职业技术学院张烨（第4章4.1～4.5，第15章15.1），河南建筑职业技术学院王丽（第7章，第10章，第13章），河南建筑职业技术学院高柯（第8章，第12章，第15章15.6、15.7），新乡市高新建设工程质量检测有限公司马石磊（第9章，第11章，第15章15.8），河南建筑职业技术学院汪艳梅（第2章，第15章15.5），河南建筑职业技术学院张黎黎（第3章）。

在编写过程中参考和借鉴了大量文献资料，谨向这些文献作者致以诚挚的谢意。同时，河南建筑职业技术学院朱海群老师在编写过程中提出了很多的宝贵意见，在此表示诚挚的感谢！

由于我们的水平所限，书中错漏和不妥之处在所难免，恳请读者在使用过程中给予指正并提出宝贵意见，以便修订时完善。

编者

2018年3月

目 录

第一篇　概述

第二篇　主体结构材料

第三篇　建筑功能材料

第四篇　建筑材料性能检测

第一篇

概　述

第1章 建筑材料在工程中的应用及发展

学习目标

了解建筑材料在工程中的应用及发展,以及建筑行业的概况;掌握建筑材料的分类及特点;熟悉建筑材料与检测课程的任务,了解课程的学习方法,以便更好地学习。

1.1 建筑材料的定义和分类

1.1.1 建筑材料的定义

建筑材料是指在建筑工程中使用的各种材料及其制品的总称。包括三部分:一是直接构成建筑物、构筑物的材料,如石灰、水泥、混凝土、钢材、防水材料、墙体和屋面材料、装饰材料等;二是施工过程中所需要的辅助材料,如脚手架、模板等;三是各种建筑器材,如消防设备、给水排水设备、空调等。狭义的建筑材料是指直接构成建筑物本身的材料。本书所介绍的建筑材料是指狭义的建筑材料。

1.1.2 建筑材料的分类

建筑材料种类繁多,可从不同角度对其进行分类。最常见的是按材料的化学成分和使用功能进行分类。

1.1.2.1 按化学成分分类

建筑材料按化学成分可分为无机材料、有机材料和复合材料三大类。详见表1.1。

表 1.1　建筑材料按化学成分分类表

<table>
<tr><th colspan="3">分类</th><th>实例</th></tr>
<tr><td rowspan="7">无机材料</td><td rowspan="2">金属材料</td><td>黑色金属</td><td>碳素钢、合金钢</td></tr>
<tr><td>有色金属</td><td>铜、铝及其合金</td></tr>
<tr><td rowspan="5">非金属材料</td><td>天然石材</td><td>砂、石及石材制品</td></tr>
<tr><td>无机人造石材</td><td>混凝土、砂浆及硅酸盐制品</td></tr>
<tr><td>气硬性胶凝材料</td><td>石灰、石膏、水玻璃</td></tr>
<tr><td>水硬性胶凝材料</td><td>水泥</td></tr>
<tr><td>烧土及熔融制品</td><td>烧结砖、陶瓷、玻璃</td></tr>
<tr><td rowspan="3">有机材料</td><td colspan="2">植物材料</td><td>木材、竹材、植物纤维及其制品</td></tr>
<tr><td colspan="2">沥青材料</td><td>石油沥青、煤沥青、改性沥青及其制品</td></tr>
<tr><td colspan="2">高分子材料</td><td>塑料、有机涂料、胶黏剂、橡胶</td></tr>
<tr><td rowspan="3">复合材料</td><td colspan="2">金属-无机非金属复合</td><td>钢筋混凝土、钢纤维混凝土、钢管混凝土</td></tr>
<tr><td colspan="2">无机非金属-有机复合</td><td>沥青混凝土、玻璃纤维增强塑料</td></tr>
<tr><td colspan="2">有机-金属复合</td><td>PVC 钢板、轻质金属夹芯板、塑钢门窗</td></tr>
</table>

(1)无机材料——含金属材料和非金属材料

金属材料具有材质均一、力学性能好,可塑性、强度、韧性和热传导性好,化学活性强,易腐蚀等特点。在建筑材料上用量最大的金属材料主要是钢材,其他还有铜材、铝材等。

非金属材料主要是不同组成的硅酸盐材料,它具有抗压强度高、脆性大、熔点高、电绝缘好、耐腐蚀等特点。

(2)有机材料

由有机生命体产生的材料,具有分子量大、密度小、耐热差、易腐蚀和易加工等特点。有机材料类型较多,从液态到固态、弹性体到刚体、透明到不透明、功能材料到结构材料等,包括天然有机材料和人工合成有机材料(如沥青、合成高分子材料等)。

(3)复合材料

由两种或两种以上物理和化学性质不同的物质组合而成的一种多相固体材料。复合材料能够克服单一材料弱点,发挥各组成材料的优点,满足建筑结构对材料性能的复杂要求,因此,复合材料已成为当前应用最多的土木建筑材料,材料复合化已是当今建筑材料发展的一种必然趋势。

1.1.2.2　按使用功能分类

建筑材料按使用功能可分为建筑结构材料、墙体材料及功能材料三大类。

(1)建筑结构材料

构成建筑物受力构件和结构所用的材料,如梁、板、柱、基础、框架等所使用的材料。其主要技术性能要求是强度和耐久性,是决定建筑工程结构安全性、耐久性和使用可靠性的关键。常用的有砖、石、水泥、混凝土、钢材以及两者复合的钢筋混凝土和预应力钢筋混凝土等。

(2)墙体材料

构成建筑物内外和分隔室内空间所用的材料,有承重材料和非承重材料两种。常用的墙体材料有砖、砌块、板材等。墙体材料除强度和耐久性要求外,更重要的是应具有良好的绝热性,以符合建筑节能要求。

(3)功能材料

以材料力学性能以外的功能为特征的非承重用材料,赋予建筑物防水、绝热、吸声隔声、装饰等功能。这类材料种类繁多,功能各异,为了满足建筑物所要求的可靠性、适用性及美观效果等,功能材料将越来越多地使用在建筑上。

1.2 建筑材料在工程中的应用和发展

1.2.1 建筑材料对工程质量的影响

在建筑工程中,工程质量优良是对工程的基本要求,而质量通常与所选用原材料有直接的关系。从材料的选择、检验、保管到生产使用等任何环节出现问题都会产生工程质量隐患或缺陷,许多重大质量事故无不与材料的质量有关。由于目前社会上建筑材料质量来源多,质量参差不齐,因此,要保证工程的质量,就应具有建筑材料相关的知识,了解各种材料的性能,合理选择和使用施工原材料,做好材料控制,落实质量管理。

1.2.2 建筑材料对工程成本的影响

建筑材料在工程中用量大,直接影响工程的总造价,在一般土木建筑工程中(如房建、桥梁结构),与材料有关的材料成本费用(不含装修)一般占建筑施工总成本的50% ~ 70%,因此,在满足相同技术指标和质量要求的前提下,不同的材料选择对工程的成本影响很大,相同的材料不同的使用方案会产生不同的经济效果。只有通过合理地选择、使用与管理材料,才能有效利用并最大限度地获得经济效益。对混凝土原材料的不同选择、不同的配合比参数设计,同等级、同设计要求的混凝土其成本可能会相差较大。

1.2.3 建筑材料对施工技术的影响

在工程建设过程中,设计标准和施工工艺都与材料密切相关,采用不同的材料会有不同的施工工艺与施工方法。从工程技术发展的历程来看,材料性能的变化往往是工程变革的基础,是影响工程结构设计形式和施工工艺的重要因素。从木结构、石材砌筑结构到混凝土结构、钢结构、钢混结构,都体现着材料的进步与发展。在工程设计上,想更完美地实现设计意图就必须选择恰当的材料去体现;在工程施工过程中,许多技术问题的解决常常离不开使用材料性能的改进或使用方法的改进;一些新材料的出现也会促使建筑施工新技术的出现或技术的改进,产生更好的技术经济效果。今天,一个建筑结构,其节能、环保和新材料的使用也是评价其施工技术水平的重要指标。

1.2.4 当代建筑材料的发展与应用现状

建筑材料的用量巨大，单一品种的原材料来源已不能满足其持续不断的要求，以天然材料为主的建筑材料将逐步被各种人工材料取代，建筑材料逐步向着再生化、利废化、节能化和绿色化等人们期望的多功能性和高性能方向发展。

材料是建筑工程的基础，建筑材料的更新是新型结构出现与发展的基础，建筑材料的品种和质量水平制约着建筑与结构形式和施工方法，新的复合材料、新的轻质高强材料的不断涌现，为结构向大跨度、轻型化和新型结构形式发展提供了前提，直接影响建筑工程的结构组合型式，影响其经济性、安全可靠性、耐久性及适用性等，因此，新型建筑材料的开发、生产和使用，对于促进社会进步、发展国民经济具有重要意义。

随着社会科学技术的不断进步，建筑材料也在不断更新换代。当前传统的土、石、木等材料虽然还在工程中广泛应用，但这些传统的材料在建筑工程中的主导地位也为新型材料所取代，材料向着轻质高强、多功能、良好的工艺性和优良耐久性方向发展，钢材、钢筋混凝土已成为主要结构材料，秦砖汉瓦已从建筑材料主体中退出，新型合金、陶瓷、玻璃、有机材料及其他人工合成材料、复合材料等在建筑工程中的应用也越来越多，其应用范围与使用功能也大大拓宽，现代施工技术与设备的应用也使得材料在工程中的性能更好体现，促使了现代工程的发展。

为满足现代建筑工程结构性能和施工技术的要求，满足质量安全和环保要求，材料应用也向着工业化方向发展。水泥混凝土等结构材料向着商品化和构件预制化的方向发展，材料向着成品或半成品的方向延伸，材料的加工、贮运、使用及其他施工操作的机械化、自动化、信息化水平不断提高，劳动强度逐渐下降。这不仅改变着材料在使用过程中的性能表现，也在改变着人们对于建筑工程材料使用的手段和观念。

1.3 建筑材料与检测课程的任务和学习方法

建筑行业概况

1.3.1 建筑材料与检测课程的任务

建筑材料与检测是土建类各专业一门重要的专业基础课，理论性和实践性都较强，涉及的知识面较广。本课程主要讲述建筑工程中常用建筑材料，如混凝土、建筑砂浆、建筑钢材和墙体屋面材料、保温隔热材料等的品种与规格、基本组成、性能特点、技术标准和应用，以及材料的验收、保管、质量控制和检测等基本知识。通过本课程的学习，让学生了解和掌握建筑材料的一些基本知识，并且通过对工程实例分析的学习，能够经济合理地选择建筑材料和正确使用建筑材料，同时培养学生对常用建筑材料的主要技术指标进行检测的能力，为以后学习其他相关专业课程提供建筑材料方面的基本知识，为今后从事工程实践奠定基础。

1.3.2 建筑材料与检测课程的学习方法

本课程是学习建筑施工技术、建筑与装饰工程计量与计价等课程的基础，学习方法不同于数学、物理基础课，理论推导和复杂计算很少，概念较多，以叙述为主。建筑材料与检测课程内容繁杂，因此掌握正确的学习方法是至关重要的。在学习过程中要注意以下几点：

(1)点线面结合，突出重点

作为高职教育，主要以材料的技术性能和应用、检验为主线进行学习，对材料的生产及相关的化学反应只作一般性的了解。在本课程的学习过程中，应结合现行的技术标准，以建筑材料的性能及合理选用为中心，注意事物的本质和内在联系。虽然建筑材料种类、品种、规格繁多，但常用的建筑材料品种并不多，通过对常用的、有代表性的建筑材料的学习，可以为今后工作中了解和运用其他建筑材料打下基础。

(2)对比法

不同种类材料具有不同的性质，同类材料不同品种既存在共性又存在各自的特性。要抓住代表性材料的一般性质，运用对比的方法去掌握其他品种建筑材料的特性。善于运用对比法找出材料间的共性和各自的特性，对各材料应注意比较其异同点，包括两种材料的对比及一种材料与多种材料的对比。

(3)理论联系实际

本课程是一门实践性很强的课程，除学习基本知识和基本技能外，应注意结合工程实际来学习。学习过程中要多观察身边建筑工程的材料应用情况，了解常用材料的品种、规格、使用和储运情况，验证和补充书本知识。

(4)建筑材料试验是本课程的重要教学环节

材料试验是检验建筑材料性能、鉴别其质量水平的主要手段，也是工程建设中质量控制的重要环节。在材料使用前，必须对材料按规定抽样试验，只有依标准试验确认合格后，才能在工程实际中应用，未经确认或评价的材料都不应轻易在工程主体结构中使用。在工程验收中，工程实体的验收试验也是判定或鉴定工程质量的重要手段之一。因此，材料试验检验工作是一项经常化的、规范性要求很强的工作。

在学习本课程过程中，应重视试验课，通过试验验证所学的基本理论，增加感性认识，熟悉试验鉴定、检验和评定材料质量方法，掌握一定的试验技能，培养分析和判断问题的能力，为后续专业课程的学习以及今后从事建筑材料检测工作打下良好基础。在学习理论课的同时，学习常用建筑材料的检验方法——合格性判断和验收，能对实验数据进行处理，对实验结果进行正确的分析和判别，提高动手能力，培养实验技能。另一方面，培养严谨的科学、严谨、公正和实事求是的工作作风，为从事土木工程实践工作打下坚实的基础。

章后小结

1. 建筑材料按照化学成分分类：无机材料、有机材料、复合材料。

2. 建筑材料按照使用功能分类：建筑结构材料、墙体材料及功能材料。

习　题

一、选择题

1. 建筑材料按使用功能可分为建筑结构材料、墙体材料及功能材料三大类，以下(　　)不属于建筑结构材料。

A. 混凝土　　B. 烧结多孔砖

C. 钢材　　D. 防水卷材

2. 建筑材料按照化学成分分为无机材料、有机材料、复合材料，以下(　　)属于复合材料。

A. 石材　　B. 沥青

C. 水泥　　D. 钢筋混凝土

二、填空题

1. 无机材料分为____________和____________。

2. 有机材料分为____________、____________、____________。

3. 墙体材料有____________、____________、____________等。

4. 按使用功能分类中，水泥混凝土属于____________。

5. 建筑材料与检测是一门____________课，____________是本课程的重要实践教学环节。

第2章 建筑材料的基本性质

学习要求

通过本章学习，了解建筑材料的组成和结构。熟悉建筑材料与水、热有关的性质及材料的力学性质和耐久性等性质。掌握建筑材料的密度、体积密度、堆积密度、孔隙率和密实度等性质。

由于建筑材料在建筑物中所处的部位不同，要承受各种不同的作用：如梁、板、柱主要承受外力作用；墙体不但具有承重功能，还要具有保温、隔声的功能；屋面具有保温、防水的功能；对于长期暴露在大气中的材料，还会受到各种外界因素的影响，如经受风吹、日晒、雨淋、冰冻等的破坏作用。因而为了保证结构物的质量，要求建筑材料具有不同的性质，作为建筑工程技术人员，必须能正确选择和使用土木工程材料，因此就要了解和掌握土木工程材料的基本性质及其与材料组成、结构和构造的关系，并能够正确选择、合理运用、准确地分析和评价建筑材料。

2.1 材料的物理性质

材料的物理性质是表征材料的质量与其体积之间相互关系的主要参数，如密度、体积密度、堆积密度以及密实度、孔隙率、空隙率及填充率等，是建筑工程材料最基本的物理性质。

2.1.1 与质量有关的性质

(1)密度

材料在绝对密实状态下，单位体积的质量称为密度。按下式计算：

$$\rho = \frac{m}{V}$$

式中 ρ——密度，g/cm^3；

m——材料干燥时的质量，g；

V——材料在绝对密实状态下的体积，cm^3。

所谓绝对密实状态下的体积是指不包含材料内部孔隙的固体物质所占的体积。在常用建筑材料中，除了钢材、玻璃等少数接近于绝对密实的材料外，绝大多数都含有一定的孔隙。在测定有孔隙的材料体积时，先把材料磨成细粉以排除其内部孔隙，用李氏比重瓶测得其真实体积。材料磨得越细，测得的体积越接近于绝对体积。对砖、石等材料常采用此种方法测定其密度。此外，工程上还经常用到相对密度，是指材料的密度与4 ℃纯水密度之比。

(2)体积密度

材料在自然状态下单位体积的质量，称为体积密度。按下式计算：

$$\rho_0 = \frac{m}{V_0}$$

式中 ρ_0——体积密度，kg/m^3；

m——材料的质量，kg；

V_0——材料自然状态下的体积，m^3。

材料在自然状态下的体积，是指构成材料的固体物质的体积与孔隙体积之和。材料的内部孔隙有两种，一种是相互连通且与外界相通的孔，为开口孔，另外一种是不与外界相通的孔，为闭口孔。

对于形状规则的材料，直接计算其几何体体积即可；对于形状不规则的材料，可用蜡封法封闭孔隙，然后用排液法测量体积。材料体积密度的大小与其含水状态有关。故测定材料体积密度时，应注明其含水情况，未特别标明者，常指气干状态下的体积密度(材料含水率与大气湿度相平衡，但未达到饱和状态)。

通常，对于一些较密实的不规则散状材料(如砂、石子等)，可直接采用排液置换法或水中称重法测其体积，该体积含材料实体和内部的闭口孔隙的体积，而由于一部分水进入了开口孔隙，故所测得体积比自然状态下的体积稍小，但较接近，故计算出的密度为表观密度(视密度)。

(3)堆积密度

散粒状材料在自然堆积状态下单位体积的质量，称为堆积密度。按下式计算：

$$\rho'_0 = \frac{m}{V'_0}$$

式中 ρ'_0——堆积密度，kg/m^3；

m——材料的质量，kg；

V'_0——粒状材料的堆积体积，m^3。

材料在自然堆积状态下，其体积包括颗粒的体积以及颗粒之间的空隙体积。

对于配制混凝土用的碎石、卵石及砂等松散颗粒状材料的堆积密度测定是在特定条件下，既定容积的容器测得的体积，称为堆积体积，所求的密度称为堆积密度。

若以松散堆积体积计算的堆积密度称松堆密度，以振实体积计算则称紧堆密度。常用材料的密度、体积密度、堆积密度值，见表2.1。

表2.1　常用建筑材料的密度、体积密度、堆积密度和孔隙率

材料名称	密度/(g/cm^3)	体积密度/(kg/m^3)	堆积密度/(kg/m^3)	孔隙率/%
钢材	7.85	7850	—	—
花岗岩	2.6~2.9	2600~2850	—	0~0.3
石灰石	2.6~2.8	2000~2600	—	0.5~3.0
碎石或卵石	2.6~2.9	—	1400~1700	—
普通砂	2.6~2.8	—	1450~1700	—
烧结黏土砖	2.5~2.7	1500~1800	—	20~40
水泥	3.0~3.2	—	1300~1700	—
普通混凝土	—	2100~2600	—	5~20
沥青混凝土	—	2300~2400	—	2~4
木材	1.55	400~800	—	55~75

(4)密实度与孔隙率

1)密实度。材料体积内被固体物质所充实的程度,即绝对密实体积与自然状态下体积的比率。用D表示,按下式计算:

$$D=\frac{V}{V_0}\times 100\% =\frac{\rho_0}{\rho}\times 100\%$$

密实度反映了材料的致密程度,含有孔隙的固体材料的密实度均小于1。

2)孔隙率。材料中孔隙的体积占材料总体积的百分率。用P表示。按下式计算:

$$P=\frac{V_0-V}{V_0}\times 100\% =(1-\frac{V}{V_0})\times 100\% =(1-\frac{\rho_0}{\rho})\times 100\%$$

密实度D与孔隙率P的关系为:

$$P+D=1$$

材料孔隙率的大小、孔的粗细和形态等,是材料构造的重要特征,关系到材料的一系列性质,如强度、吸水性、抗冻性、抗渗性、保温性等。孔隙特征主要指孔的种类(开孔与闭孔)、孔径的大小及分布等。一般而言,孔隙率较小,且闭口孔多的材料,其吸水性较小,强度较高,抗渗性、抗冻性较好。

同一种材料其孔隙率越高,密实度越低,则材料的体积密度、堆积密度越小,强度越低。开口孔率越高,其耐水性、渗透性、耐腐蚀性等性能越差。而闭口孔隙率越高,其保温性越好。

(5)填充率与空隙率

1)填充率。填充率是指散粒状材料在堆积体积中,被颗粒填充的程度。用D'表示。

$$D'=\frac{V_0}{V'_0}\times 100\% =\frac{\rho'_0}{\rho_0}\times 100\%$$

2)空隙率。空隙率是指散粒状材料在堆积体积中,颗粒之间的空隙体积占堆积总体

积的比例。以P'表示。

$$P' = 1 - \frac{V_0}{V'_0} = (1-\frac{\rho'_0}{\rho_0}) \times 100\%$$

填充率与空隙率的关系为：

$$D' + P' = 1$$

空隙率的大小反映了散粒材料的颗粒相互填充的致密程度。空隙率可作为控制混凝土骨料级配与计算含砂率的依据。混凝土施工中采用空隙率较小的砂、石骨料可以节约水泥，提高混凝土的密实度，使混凝土的强度和耐久性得到提高。

2.1.2 与水有关的性质

绝大多数建筑物与构筑物在不同程度上需与水接触，建筑材料在与水接触后，将会出现不同的物理化学变化，故应研究建筑材料在水的作用下表现出的各种特性及其变化。

(1)材料的亲水性与憎水性

材料在空气中与水接触时能被水润湿的性质称为亲水性。具有这种性质的材料称为亲水性材料，如砖、混凝土、木材等。材料在空气中与水接触时不能被水润湿的性质，称为憎水性。具有这种性质的材料称为憎水性材料，如沥青、石蜡等。因此，憎水性材料经常作为防水材料或用于亲水性材料的表面处理，以降低吸水性。

材料被水润湿的程度可用润湿角θ表示。如图2.1所示，在材料、水和空气三相的交点处，沿水的表面切线材与材料和水接触面所形成的夹角θ称为“润湿角”。当$\theta \leqslant 90°$时，材料分子与水分子之间相互的吸引力大于水分子之间的内聚力，称为亲水性材料。当$\theta > 90°$，材料分子与水分子之间相互的吸引力小于水分子之间的内聚力，称为憎水性材料。

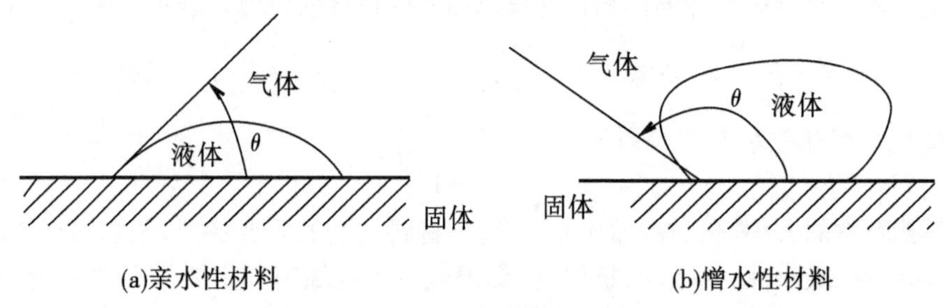

图2.1 材料的润湿示意图

(2)材料的含水状态

亲水性材料的含水状态可分为四种基本状态：

①干燥状态：材料的孔隙中不含水或含水极微；

②气干状态：材料的孔隙中含水时，其相对湿度与大气湿度相平衡；

③饱和面干燥状态：材料表面干燥，而孔隙中充满水达到饱和；

④表面润湿状态：材料不仅孔隙中含水饱和，而且表面上被水润湿，附有一层水膜。

除上述四种基本含水状态以外，材料还可以处于两种基本状态之间的过渡状态。

(3)吸水性

材料浸入水中吸收水分的能力称为吸水性。吸水性的大小用吸水率表示,分为质量吸水率和体积吸水率。

质量吸水率是指材料吸水饱和时,所吸收水分的质量占材料干燥质量的百分比,用$W_{质}$表示。按下式计算:

$$W_{质}=\frac{m_{湿}-m_{干}}{m_{干}}\times 100\%$$

式中 $W_{质}$——材料的质量吸水率;

$m_{湿}$——材料吸水饱和后的质量,g;

$m_{干}$——材料烘干至恒重时的质量,g。

工程中多用质量吸水率$W_{质}$表示材料的吸水性。但对于某些轻质材料如木材及其他多空轻质材料等,由于其质量吸水率超过了100%,故采用体积吸水率$W_{体}$表示其吸水性较为适宜。

$$W_{体}=\frac{m_{湿}-m_{干}}{V_0}\times\frac{1}{\rho_{水}}\times 100\%$$

材料吸水性的大小不仅取决于材料是亲水性或是憎水性,还与其孔隙率的大小及孔隙特征有关。一般来说材料的孔隙率越大,吸水性越强。开口且连通的细小孔隙越多,吸水性越强;封闭的孔隙水分难以进入;粗大开口的孔隙,水分不易存留,故吸水性较小。

材料在吸水后,原有的许多性能会发生改变,如强度降低、体积密度加大,保温性变差,抗冻性变差,耐久性下降,甚至有的材料会因吸水发生化学反应而变质。

(4)吸湿性

材料在潮湿空气中吸收水分的性质称为吸湿性。用含水率$W_{含}$表示,含水率指材料所含水的质量占材料干燥质量的百分比。按下式计算:

$$W_{含}=\frac{m_{含}-m_{干}}{m_{干}}\times 100\%$$

式中 $W_{含}$——材料的含水率;

$m_{含}$——材料含水时的质量,g;

$m_{干}$——材料烘干至恒重时的质量,g。

材料含水率的大小,除与组成成分、组织构造等因素有关外,还与周围环境的湿度、温度有关。气温愈低、相对湿度越大,材料的含水率也越大。当材料含水率与周围空气湿度达到平衡时的含水率称为“平衡含水率”。平衡含水率,随温度、湿度变化而变化。

(5)耐水性

材料长期在饱和水作用下不破坏、强度也不显著降低的性质称为耐水性。用软化系数$K_{软}$表示。按下式计算:

$$K_{软}=\frac{f_{饱}}{f_{干}}$$

式中 $f_{饱}$——材料在饱和水状态下的抗压强度,MPa;

$f_{干}$——材料在干燥状态下的抗压强度,MPa。

材料含水后，会以不同的方式减弱材料的内部结合力，使强度有不同程度的降低。材料的软化系数，反映材料吸水后强度降低的程度。其值为 0 ~ 1。$K_{软}$愈大，表明材料吸水饱和后强度下降得越少，耐水性越好。故$K_{软}$值可作为处于严重受水侵蚀或潮湿环境下的重要结构物选择材料时的主要依据。对处于水中的重要结构物，其材料的$K_{软}$值应不小于 0.85 ~ 0.90；次要的或受潮较轻的结构物，其$K_{软}$值应不小于 0.75 ~ 0.85；对于经常处于干燥环境的结构物，可不考虑$K_{软}$。通常认为$K_{软}$大于 0.85 的材料为耐水材料。

（6）抗渗性

材料在水、油等液体压力作用下，抵抗渗透的性质，称为抗渗性。用渗透系数 K 或抗渗等级表示。

渗透系数反映了水在材料中流动的速度。K 越大，表明水在材料中流动的速度越快，材料的透水性好，其抗渗性越差。

建筑中大量使用的砂浆、混凝土等材料，其抗渗性用抗渗等级表示。抗渗等级用材料抵抗的最大水压力来表示。如 P6、P8、P10、P12 等，分别表示材料抵抗 0.6、0.8、1.0、1.2 MPa的水压力不渗水。抗渗等级愈大，材料的抗渗性愈好。

材料的抗渗性与其孔隙特征和孔隙率有关，封闭孔隙且孔隙率小的材料抗渗性好，连通孔隙且孔隙率大的材料抗渗性差。

由于建筑材料一般都有不同程度的渗透性，当材料两侧存在不同水压时，材料中易溶的化学成分会溶解流失，或周围的腐蚀性介质进入材料内部，把分解的产物带出，使材料逐渐破坏，如地下建筑、水工建筑物及防水的材料，要求其具有良好的抗渗性。

（7）抗冻性

材料在吸水饱和状态下，能经受多次冻融循环作用而不破坏，其强度也不严重降低的性质，称为抗冻性。用抗冻等级表示。

抗冻等级是以试件在吸水饱和状态下，经冻融循环试验，质量损失和强度下降均不超过规定数值的最大冻融循环次数来表示，如 F25、F50、F100 等。F50 表示所能承受的最大冻融循环次数不少于 50 次，试件的相对动弹性模量下降不低于 60% 或质量损失不超过 5%。材料抗冻等级越高，抗冻性越好。抗冻性常作为考查材料耐久性的一个指标。

材料经多次冻融循环后，表面出现裂纹、剥落等现象，造成质量损失，强度降低。这是由于材料内部孔隙中的水分结冰体积增大，对孔壁产生很大压力，冰融化时压力又骤然消失所致。无论是冻结还是融化过程都会使材料冻融交界层间产生明显的压力差，并作用于孔壁使之遭损。

影响材料抗冻性的因素有内因和外因。内因是指材料的组成、构造、孔隙率的大小和孔隙特征、强度、吸水性、耐水性等；外因是指材料孔隙中充水的程度、冻结温度、冻结速度、冻融频率等。一般来说，孔隙率小的具有闭口孔的材料有较好的抗冻性；材料的含水率越大，冻融循环的破坏作用就越大。

2.1.3 与热有关的性质

建筑物的功能除了实用、安全、经济外，还要为人们创造舒适的生产、工作、学习和生活环境。因此，在选用材料时，还要考虑材料的热工性质。

(1)导热性

材料传导热量的能力,称为导热性,用导热系数 λ 表示。

材料的导热系数越小,导热性越差,保温隔热性能越好。建筑材料的导热系数一般在 0.035~3.5 W/(m·K)之间。将 $\lambda \leqslant 0.175$W/(m·K)的材料称为绝热材料。

导热系数与材料成分、孔隙率、构造情况和含水率以及温度有着密切关系。金属材料的导热系数大于非金属材料的导热系数。因为导热系数是由材料固体物质和孔隙中空气的导热系数决定的,由于密闭空气的导热系数 λ 很小[为 0.023 W/(m·K)],所以材料的孔隙率越大,其导热系数越小,具有多孔且是闭口孔材料的导热系数较小,保温性较好。如果是粗大或贯通的孔隙,由于增加了热量的对流作用,材料的导热系数反而增大。材料受潮或受冻后,其导热系数会大大提高。这是由于水和冰的导热系数比空气的导热系数高很多[水为 0.58 W/(m·K),冰为 2.20 W/(m·K)]。因此,在设计和施工中,对于多孔结构的保温隔热材料,应采取有效防潮防冻措施,以利于发挥材料的绝热性。

因此,围护结构传热与材料的种类、材料的厚度、内外表面的温差及传热面积有关。同为 240 mm 厚的黏土砖外墙要比加气混凝土砌块外墙保温效果差。

(2)热容量

材料在受热时吸收热量,冷却时放出热量的性质称为热容量。材料的热容量用比热容表示。

采用热容量大的材料作围护结构材料,能在热流变动或采暖、空调不均衡时,缓和室内温度的波动,对稳定室内温度有良好的作用。

材料的导热系数和比热容是设计建筑物围护结构(墙体、屋盖)、进行热工计算时的重要参数。建筑设计时,应选用导热系数较小而热容量较大的材料,对维持建筑物内部温度的相对稳定十分重要。几种常用材料的导热系数和比热容见表 2.2。

表 2.2 几种常用材料的导热系数和比热容

材料名称	建筑钢材	普通混凝土	木材	黏土空心砖	花岗岩	泡沫塑料	水	冰	密闭空气
导热系数/[W/(m·K)]	58	1.51	2.51	0.80	3.49	0.035	0.58	2.20	0.023
比热容/[J/(g·K)]	0.48	0.84	2.72	0.92	0.92	1.30	4.30	2.05	1.05

(3)热变形性

材料随温度的升降而产生热胀冷缩变形的性质,称为材料的热变形性,即温度变形,用线膨胀系数 α 表示。

线膨胀系数越大,表明材料的热变形性越大。普通混凝土的线膨胀系数为 10×10^{-6},钢材为$(10\sim12)\times10^{-6}$,所以它们能组成钢筋混凝土共同工作。

材料的热变形性对于建筑工程是不利的。如在大面积或大体积的混凝土中,当温度变形产生的膨胀拉应力超过混凝土的抗拉强度时,引起温度裂缝,故大体积的建筑工程,为防止温度变形引起裂缝,应设置伸缩缝。

(4)耐燃性

材料对火焰和高温度的抵抗能力,称为材料的耐燃性。材料的耐燃性按照耐火要求规定,分为非燃烧材料、耐燃烧材料和燃烧材料三大类。

1)非燃烧材料　在空气中受到明火或高温时,不起火、不碳化、不微燃的材料,称为非燃烧材料,如砖、天然石材、混凝土、砂浆、金属材料等。

2)难燃烧材料　在空气中受到明火或高温时,难起火、难碳化、离开火源后燃烧或微燃立即停止的材料,称为难燃烧材料,如石膏板、水泥石棉板、板条抹灰等。

3)燃烧材料　在空气中受到明火或高温时,立即起火或燃烧,离开火源后继续燃烧或微燃的材料,如胶合板、纤维板、木材等。

在建筑工程中,应根据建筑物的耐火等级和材料的使用部位,选用非燃烧材料或难燃烧材料。当采用燃烧材料时,应进行防火处理。

2.2 材料的力学性质

材料的力学性质,主要是指材料在外力(荷载)作用下,抵抗破坏和变形能力的性质。主要包括材料的强度、弹性和塑性、脆性和韧性、硬度和耐磨性。

2.2.1 强度

材料在外力(荷载)作用下抵抗破坏的能力称为强度。根据外力作用方式不同,材料的强度主要有抗拉、抗压、抗弯(折)、抗剪强度。受力示意图见2.2。

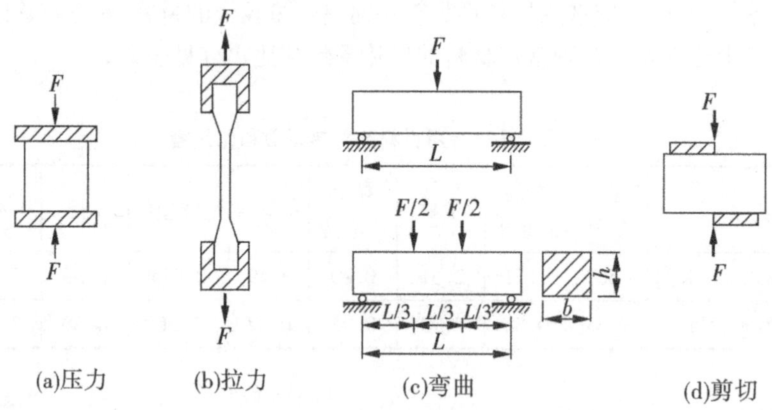

图2.2　材料受力示意图

(1)抗拉、抗压、抗剪强度

材料的抗拉、抗压、抗剪强度,按下式计算:

$$f=\frac{F}{A}$$

式中　f——抗拉、抗压、抗剪强度,MPa;

F——材料受拉、压、剪破坏时的荷载，N；

A——材料的受力面积，mm^2。

(2)抗弯(折)强度

材料的抗弯(折)强度计算，按受力情况，截面形状等不同，方法各异。当试件为矩形截面时，在跨中或离支点各1/3处加一集中荷载，其抗弯强度分别按下式计算：

$$f_m = \frac{3FL}{2bh^2} \quad 或 \quad f_m = \frac{FL}{bh^2}$$

式中　f_m——抗弯(折)强度，MPa；

F——受弯时破坏荷载，N；

L——跨度，mm；

b、h——断面宽度、高度，mm。

在建筑工程中，大部分建筑材料依据其极限强度的大小划分为若干个不同的等级，这个等级叫强度等级。对脆性材料如砖、石、混凝土等，主要根据其抗压强度划分强度等级，对建筑钢材则按其抗拉强度划分强度等级。将建筑材料划分为若干强度等级，对掌握材料的性质、合理选用材料、正确进行设计和施工以及控制工程质量都有重要的意义。

2.2.2　弹性与塑性

材料在外力作用下产生变形，当取消外力后，能完全恢复原来形状的性质，称为弹性。这种能完全恢复的变形，称为弹性变形。见图2.3。

弹性变形的形变量与对应的应力大小成正比，其比例系数用弹性模量E来表示。在材料弹性范围内，弹性模量是一个不变的常数。

弹性模量是衡量材料抵抗变形能力的一个指标，弹性模量愈大，材料愈不易变形，亦即刚度愈好，是结构设计中的主要参数之一。

材料在外力作用下产生变形，当取消外力后，仍保持变形后的形状和尺寸并且不产生裂缝的性质，称为塑性。这种不能恢复的永久变形，称为塑性变形。见图2.4。

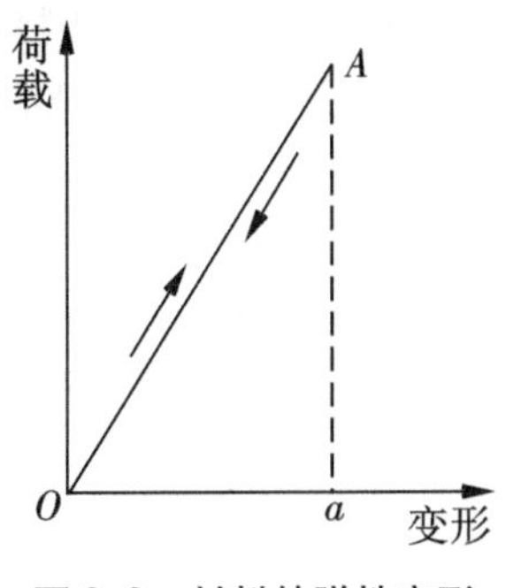

图2.3　材料的弹性变形

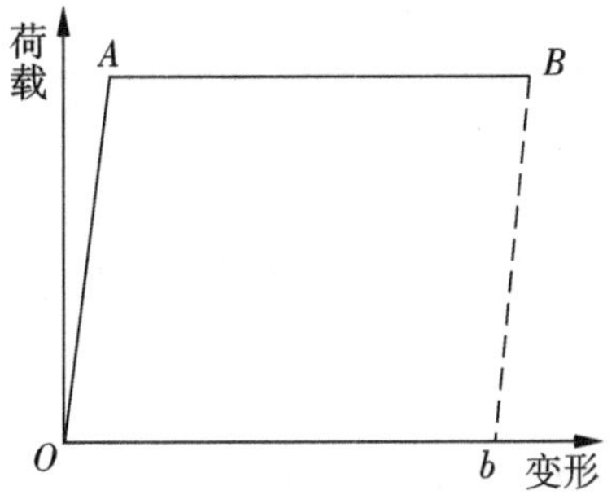

图2.4　材料的塑性变形

在建筑材料中，没有单纯的弹性材料。有的材料在受力不大的情况下，表现为弹性变形，当外力超过一定限度后，则表现为塑性变形，如低碳钢。有的材料在受力后，弹性变形和塑性变形同时产生，取消外力后，弹性变形恢复，而塑性变形不能恢复。这种材料称为弹塑性材料,如混凝土。材料的弹塑性变形曲线见图 2.5。

2.2.3 脆性和韧性

材料受力破坏时,无明显的塑性变形而突然破坏的性质,称为材料的脆性。如砖、石、混凝土、砂浆、陶瓷、玻璃等。脆性材料的特点是塑性变形很小,抵抗冲击、振动荷载的能力差,故常用于承受静压力作用的工程部位,如基础、墙体、柱子、墩座等。脆性材料的变形曲线见图 2.6。

材料在冲击或震动荷载作用下,能吸收较大能量,并产生一定变形而不发生破坏的性质,称为材料的韧性。如建筑钢材、木材、橡胶、沥青等属于韧性材料。韧性材料的特点是塑性变形大,抗拉、抗压强度都较高。对于承受冲击振动荷载和有抗震要求的结构,如路面、吊车梁等应选用具有较高韧性的材料。

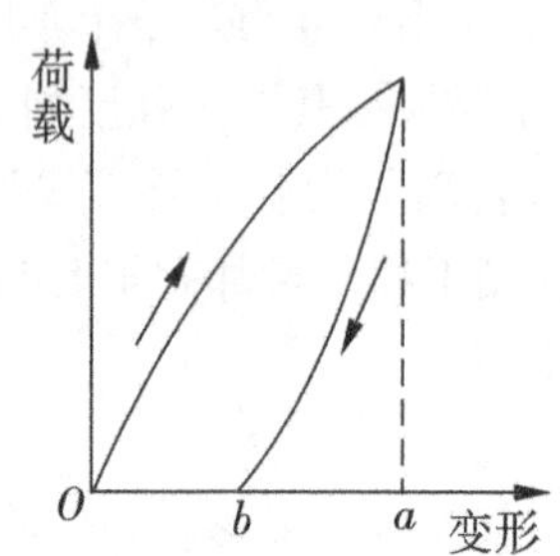

图 2.5 材料的弹塑性变形曲线

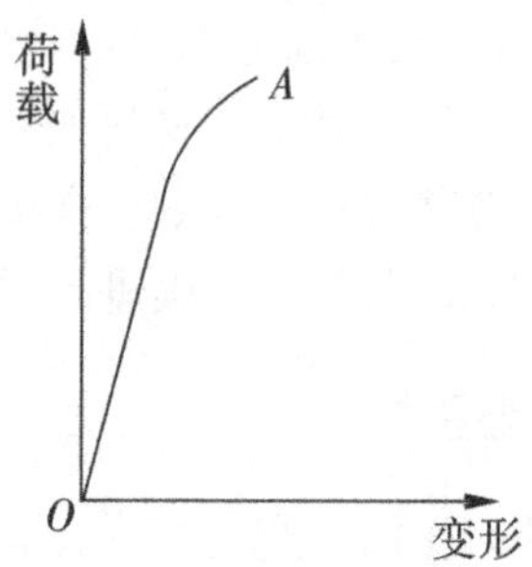

图 2.6 脆性材料的变形曲线

2.2.4 硬度和耐磨性

(1)硬度

材料表面抵抗较硬物体压入或刻划的能力,称为材料的硬度。不同材料的硬度测定方法不同。天然矿物的硬度按刻划法分为 10 级,其硬度递增的顺序为:滑石、石膏、方解石、萤石、磷灰石、正长石、石英、黄玉、刚玉、金刚石。材料的硬度越大,则耐磨性越好,加工越困难。硬度的测量常用的有布氏法和洛氏法。布氏法采用钢球压入法测定,用布氏硬度 HB 表示。

(2)耐磨性

材料表面抵抗磨损的能力,常用磨损率 B 表示。磨损率按下式计算:

$$B=\frac{m_1-m_2}{A}$$

式中 B——材料的磨损率,g/cm^2;

m_1——材料磨损前的质量,g;

m_2——材料磨损后的质量,g;

A——试件受磨面积,cm^2。

建筑工程中,用于道路、地面、踏步等部位的材料,均应考虑其硬度和耐磨性。一般来说,强度较高且密实的材料,其硬度较大,耐磨性也较好。

2.3　材料的耐久性

材料在使用过程中,能抵抗周围各种介质的侵蚀而不破坏,也不失去其原有性能的性质,称为耐久性。材料的耐久性是一项综合性质,一般包括抗渗性、耐腐蚀性、抗老化性、抗碳化性、耐热性、耐溶蚀性、耐磨性等诸多方面。

材料在使用过程中,除受到各种外力的作用外,还长期受到周围环境和各种自然因素的破坏作用。这些破坏作用一般可分为物理作用、化学作用及生物作用等。

物理作用包括材料的干湿变化、温度变化及冻融变化等。这些变化可引起材料的收缩和膨胀,长时期或反复作用会使材料逐渐破坏。

化学作用包括酸、碱、盐等物质的水溶液及气体对材料产生的侵蚀作用,使材料产生质的变化而破坏。例如:钢筋的腐蚀等。

生物作用是昆虫、菌类等对材料所产生的蛀蚀、腐朽等破坏作用。如木材及植物纤维材料的腐烂等。

对不同种类的建筑材料,其耐久性方面的考虑应有所侧重。金属材料易受电化学腐蚀。硅酸盐类材料易受溶蚀、化学腐蚀、冻融等破坏。沥青、塑料等易在阳光、空气、热的作用下逐渐老化等。

为了提高材料的耐久性,以利于延长建筑物的使用寿命和减少维修,可根据材料的特点和所处环境的条件,采取相应的措施,确保工程所要求的耐久性。如设法减轻大气或周围介质对材料的破坏作用(降低湿度,排除侵蚀性物质等),提高材料本身对外界作用的抵抗能力(提高材料的密实度,采用防腐措施等),也可用其他材料保护主体材料免受破坏(覆面、抹灰、刷涂料等)。

章后小结

- 物理性质
  - 与质量有关的性质:密度、体积密度、堆积密度、密实度与孔隙率、填充率与空隙率
  - 与水有关的性质:亲水性与憎水性、吸水性、吸湿性、耐水性、抗渗性、抗冻性
  - 与热有关的性质:导热性、热容量、热变形性、耐燃性
- 力学性质
  - 强度
  - 弹性与塑性
  - 脆性与韧性
  - 硬度与耐磨性
- 耐久性:抗渗性、抗冻性、耐腐蚀性、抗老化性、抗碳化性、耐热性、耐磨性等

习 题

一、选择题

1. 某一材料的下列指标中为常数的是(　　)。

A. 密度　　B. 体积密度

C. 导热系数　　D. 强度

2. 材料孔隙率增大时,①密度、②体积密度、③吸水率、④强度;各性质中哪些一定下降?(　　)

A. ①②　　B. ①③

C. ②④　　D. ②③

3. 评价材料抗渗能力的指标是(　　)。

A. 抗渗等级　　B. 渗透系数

C. 软化系数　　D. 抗冻等级

4. 材料在水中吸收水分的性质称为(　　)。

A. 吸水性　　B. 吸湿性

C. 耐水性　　D. 渗透性

5. 材料的耐水性一般可用(　　)来表示。

A. 渗透系数　　B. 抗冻性

C. 软化系数　　D. 含水率

6. 弹性材料具有(　　)的特点。

A. 塑性变形大　　B. 不变形

C. 塑性变形小　　D. 恒定的弹性模量

二、填空题

1. 材料的质量与其自然状态下的体积比称为材料的________________。

2. 材料的吸湿性是指材料在______________的性质。

3. 材料的抗冻性以材料在吸水饱和状态下所能抵抗的____________来表示。

4. 水可以在材料表面展开,即材料表面可以被水浸润,这种性质称为__________。

5. 孔隙率越大,材料的导热系数越________,其材料的绝热性能越__________。

三、计算题

1. 堆积密度为 1500 kg/m^3 的砂子,共有 50 m^3,合多少 t? 若有该砂 500 t,合多少 m^3?

2. 一卵石试样,洗净烘干后质量 1000 g,将其浸水饱和后,用布擦干表面,称得质量为 1005 g,再装入盛满水后质量为 1840 g 的广口瓶内,然后称得质量为 2475 g,求该试样的体积密度和表观密度。

3. 一块标准尺寸的黏土砖(240 mm×115 mm×53 mm),干燥状态质量为 2420 g,吸水饱和后质量为 2640 g,将其烘干磨细后称取 50 g,用李氏比重瓶测其体积为 19.2 cm^3,试求该砖的密度、体积密度和质量吸水率。

第3章 建筑材料检测的基本知识

学习要求

了解技术标准的分类及表示方法、建设工程见证取样制度、抽检制度及计量认证的内容,掌握数值修约规则。

3.1 技术标准的分类及表示方法

技术标准是对产品与工程建设的质量、规格及其检验方法等所做的技术规定,是生产、建设、科学研究工作与商品流通的一种共同的技术依据。技术标准的内容包括产品规格、分类、技术要求、检验方法、验收规则、标识、运输和贮存注意事项等方面。

3.1.1 技术标准的分类

技术标准包括国际标准和国内标准。国内标准又可分为国家标准、行业标准、地方标准和企业标准,见表3.1。

表3.1 各级标准的相应代号

标准级别	标准代号及名称
国际标准	ISO——国际标准
国家标准	GB——国家标准,GB/T——推荐性国家标准
行业标准	JGJ ——建筑工程行业标准;JC——建材行业强制性标准; JC/T——建材行业推荐性标准
地方标准	DB——地方标准
企业标准	QB——企业标准

3.1.2 技术标准的表示方法

其表示方法由标准名称、标准代号、发布顺序号和发布年号四部分组成。

例如:《通用硅酸盐水泥》GB 175—2023

标准名称:通用硅酸盐水泥　　标准代号:GB

发布顺序号:175　　发布年号:2023 年

3.2 建设工程见证取样制度

3.2.1 见证取样

3.2.1.1 见证取样检测

见证取样检测是指在建设单位或工程监理单位见证人员的见证下,由施工单位的现场取样人员,对工程中涉及结构安全的试块、试件和材料在施工现场按规定取样,并送至具有相应资质的检测单位进行检测。

检测单位的资质包括见证取样检测资质和计量认证资质,见证取样检测资质由建设行政主管部门审核,计量认证由质量技术监督部门审核,审核通过后向检测单位颁发资质证书和计量认证证书。

3.2.1.2 见证取样的材料

下列试块、试件和材料,必须实施见证取样检测:

(1)用于承重结构的混凝土试块;

(2)用于承重墙体的砌筑砂浆试块;

(3)用于承重结构的钢筋及连接接头试件;

(4)用于承重墙的砖和混凝土小型砌块;

(5)用于拌制混凝土和砌筑砂浆的水泥;

(6)用于承重结构的混凝土中使用的掺加剂;

(7)地下、屋面、厕浴间使用的防水材料;

(8)国家规定必须实行见证取样和送检的其他试块、试件和材料。

凡是涉及结构安全的试块、试件和见证取样材料,施工企业送检的比例不得低于有关技术标准中规定的取样数量的30%。

3.2.2 取样人员和见证人员资格

取样人员由施工单位中具备建筑施工试验知识的专业技术人员担任。见证人员由建设单位或该工程的监理单位中具备建筑施工试验知识的专业技术人员担任。见证人员和取样人员都应经过相关机构培训,考试合格,取得相应岗位证书。

3.2.3 见证取样程序

(1)建设单位应向工程监督单位和检测单位递交“见证单位和见证人授权书”。授权书上应写明本工程现场委托的见证单位、取样单位、见证人姓名、取样人姓名及见证员证和取样员证编号。

(2)施工单位取样人员在现场对涉及结构安全的试块、试件和材料进行现场取样时,见证人员必须在旁见证。

(3)所取试样应做好标识、封志,标识和封志应标明工程名称、取样部位、取样日期、样品名称和样品数量,由见证人员和取样人员共同签字,共同送至检测单位。

(4)检测单位在接受检测任务时,应由送检单位填写"送检委托单",委托单上应有该工程见证人员和取样人员的签字,否则,检测单位有权拒收。

(5)检测单位应检查委托单及试样的标识和封志,确认无误后方可进行检测。

(6)检测单位应严格按照有关管理规定和技术标准进行检测,出具公正、真实、准确的检测报告。检测报告由三级签字,检测人、审核人、检测机构法定代表人或其授权的签字人签署。检测报告还应当注明取样人、见证人单位及姓名,必须加盖见证取样检测的专用章。

(7)检测单位发现试样检测结果不合格时,应立即通知该工程的见证单位、施工单位和质量监督单位。

3.3 抽检制度

建筑工程材料的常规检查,一般都采用抽样检查。正确的抽样方法,应保证抽样的代表性和随机性,它直接影响到检测数据的准确和公正。代表性是指保证抽取的子样应代表母体的质量状况,随机性是指保证抽取的子样应由随机因素决定而并非人为因素决定。

3.4 数值修约规则

建筑施工中,要对大量的试件、试块和材料进行检测,取得大量数据。对这些数据进行科学的分析,能够更准确地评价材料或工程的质量。现简单介绍常用的数值修约规则。

3.4.1 修约间隔

修约间隔是修约值的最小数值单位,修约间隔的数值一经确定,修约值即为该数值的整数倍。修约间隔有1、2、5三种,三种修约间隔可以分别用1×10^n、0.2×10^n、0.5×10^n表示。如钢筋拉伸试验中,当钢筋的屈服强度和抗拉强度计算结果在200~1000 MPa时,修约间隔为5 MPa,即经数值修约后,钢筋的屈服强度和抗拉强度末位数值不是0就是5,如屈服强度为355 MPa、360 MPa。

3.4.2 修约规则

(1)当修约间隔为1×10^n时,修约有如下口诀:四舍六入五考虑,五后非零则进一,五后皆零视奇偶,五前为奇则进一,五前为偶应舍去。

【例3.1】将表3.2中数值修约至保留一位小数。结果如下:

表 3.2 数值修约

需要修约的数值(保留一位小数)	修约后
10.5425	10.5
15.5763	15.6
3.45002	3.5
2.8500	2.8
100.5500	100.6

(2)当修约间隔为 0.2×10^n 时,修约规则为:先乘以 5,修约后再除以 5。

【例 3.2】将 15.65、15.90 按 0.2 修约间隔进行修约。结果如表 3.3:

表 3.3 数值修约

修约间隔 0.2	乘以 5	乘以 5 后修约值 (0.2×5=1,修约间隔 1)	除以 5 后修约值 (修约间隔 0.2)
15.65	78.25	78	15.6
15.90	79.50	80	16.0

(3)当修约间隔为 0.5×10^n 时,规则为:先乘以 2,修约后再除以 2。

【例 3.3】将 15.65、15.90 按 0.5 修约间隔进行修约。结果如表 3.4:

表 3.4 数值修约

修约间隔 0.5	乘以 2	乘以 2 后修约值 (0.5×2=1,修约间隔 1)	除以 2 后修约值 (修约间隔 0.5)
15.65	31.30	31	15.5
15.90	31.80	32	16.0

(4)修约应一次完成,不得连续进行多次(包括二次)修约。

【例 3.4】将 35.4546 修约成整数。

不正确的修约是:修约前 35.4546,一次修约 35.455,二次修约 35.46,三次修约 35.5,四次修约 36。

正确的修约是:修约前 35.4546,修约后 35。

章后小结

1. 我国建筑材料的技术标准分为国家标准、行业标准、地方标准和企业标准。
2. 涉及结构安全的试块、试件和材料必须进行见证取样检测。
3. 建筑工程材料的常规检查,一般都采用抽样检查,应保证抽样的代表性和随机性。
4. 检测试件、试块和材料时获得的试验数据应按要求进行数值修约。

习　题

一、填空题

1. 将下列数值修约。

5.3528(保留两位小数)	25.555(保留整数)
15.2583(保留两位小数)	109.9998(保留两位小数)
6.050(保留一位小数)	16.6875(保留三位小数)
6.15(保留一位小数)	3.05(保留一位小数)

2. 我国建筑材料的技术标准分为__________、__________、__________和__________。

3. 工程建设中,需要见证取样的材料有__________、__________、__________、__________、__________、__________、__________、__________。

二、计算题

将下列数字分别按0.2、0.5修约间隔修约。

15.70　　15.75　　14.45　　10.50

第二篇

主体结构材料

第4章 胶凝材料

学习目标

了解胶凝材料的概念、分类及生产方法，理解其凝结和硬化的特点；掌握胶凝材料的技术要求及特性、应用与储存要求。

【引入案例】

18世纪中叶，英国工程师斯密顿将石灰石、黏土、沙子和铁渣等经过煅烧、粉碎并用水调和后，注入水中，这种混合料在水中不但没有被冲稀，反而越来越牢固。于是，他在英吉利海峡筑起了第一个航标灯塔。不久，英国一位叫亚斯普丁的石匠，又摸索出石灰、黏土、铁渣等原料的最合适比例，进一步完善了生产这种混合料的方法并取得了专利。由于这种胶质材料硬化后的颜色和强度，同波特兰地方出产的石材十分相近，故取名为"波特兰水泥"。

1889年，我国河北唐山开平煤矿附近，设立了用立窑生产的唐山"细绵土"厂。1906年在该厂的基础上建立了启新洋灰公司，年产水泥4万吨。我国在1952年制订了第一个全国统一标准，确定水泥生产以多品种多标号为原则，并将波特兰水泥按其所含的主要矿物组成改称为矽酸盐水泥，后又改称为硅酸盐水泥至今。

4.1 气硬性胶凝材料

在一定条件下，经过自身一系列物理、化学作用后，能将散粒或块状材料黏结成整体，并使其具有一定强度的材料，统称为胶凝材料，胶凝材料在建筑工程中应用极其广泛。

胶凝材料按化学性质不同可分为有机胶凝材料和无机胶凝材料两大类。有机胶凝材料是以天然或合成高分子化合物为基本组成的一类胶凝材料。无机胶凝材料则是以无机化合物为主要成分的一类胶凝材料。

无机胶凝材料按硬化条件的不同分为气硬性胶凝材料和水硬性胶凝材料两大类。气硬性胶凝材料只能在空气中凝结、硬化，保持并发展其强度，如石灰、石膏、水玻璃等。水硬性胶凝材料既能在空气中硬化，又能很好地在水中硬化，保持并继续发展其强度，如各种水泥。胶凝材料的分类如图4.1所示。

胶凝材料{无机胶凝材料{气硬性胶凝材料:石灰、石膏、水玻璃等；水硬性胶凝材料:各种水泥}；有机胶凝材料:沥青、树脂、橡胶等}

图4.1 胶凝材料的分类

4.1.1 石灰

4.1.1.1 石灰的组成

将以碳酸钙为主要成分的天然岩石,经过900~1100 ℃高温煅烧生成生石灰。

生石灰是一种白色或灰色块状物质,其主要成分是氧化钙。正常温度下煅烧得的石灰具有多孔结构,内部孔隙率大,晶粒细小,体积密度小,与水作用速度快。

在煅烧过程中,若温度过低或煅烧时间不足,使得 $CaCO_3$ 不能完全分解,将生成“欠火石灰”;若煅烧时间过长或温度过高,将生成颜色较深、块体致密的“过火石灰”。过火石灰及欠火石灰均为不合格品,影响工程质量。

4.1.1.2 石灰的熟化及硬化

(1)石灰的熟化

生石灰与水作用生成熟石灰[$Ca(OH)_2$],即为石灰的熟化(又称消解或消化)。石灰熟化时放出大量的热量,同时体积膨胀1~2.5倍。熟化后的石灰称为熟石灰,又称消石灰。

过火石灰熟化极慢,且过火石灰在使用后,因吸收空气中的水蒸气而逐步水化膨胀,使硬化砂浆或石灰制品产生隆起、开裂等破坏。为了消除过火石灰的危害,需将石灰浆置于消化池中储存(陈伏)两周以上。陈伏期间石灰浆表面应保持一层水,隔绝空气,防止 $Ca(OH)_2$ 与 CO_2 发生碳化反应。

(2)石灰的硬化

石灰在空气中的硬化包括干燥、结晶和碳化三个交错进行的过程。

干燥时,石灰浆体中多余水分蒸发或被砌体吸收而使石灰粒子紧密接触,获得一定强度。随着游离水的减少,氢氧化钙逐渐从饱和溶液中结晶出来,形成结晶结构网,使强度继续增加。其中 $Ca(OH)_2$与空气中的 CO_2作用,生成不溶解于水的 $CaCO_3$晶体,析出的水分则逐渐被蒸发,这个过程称为碳化。$CaCO_3$晶体使硬化石灰浆体结构致密、强度提高。但由于空气中 CO_2的浓度很低,且表面碳化后,CO_2不宜进入内部,故碳化极为缓慢。

4.1.1.3 石灰的技术要求及特性

(1)石灰的技术要求

在建筑工程中石灰按是否进行熟化分为建筑生石灰和建筑消石灰。

1)建筑生石灰

建筑生石灰物理性质见表4.1。

表4.1　建筑生石灰的物理性质(JC/T 479—2013)

<table>
<tr><th rowspan="2">类型</th><th rowspan="2">名称</th><th rowspan="2">代号</th><th rowspan="2">产浆量
/(dm³/10 kg)</th><th colspan="2">细度</th></tr>
<tr><th>0.2 mm 筛余量
/%</th><th>90 μm 筛余量
/%</th></tr>
<tr><td rowspan="6">钙质石灰</td><td rowspan="2">钙质石灰 90</td><td>CL90-Q</td><td>≥26</td><td>—</td><td>—</td></tr>
<tr><td>CL90-QP</td><td>—</td><td>≤2</td><td>≤7</td></tr>
<tr><td rowspan="2">钙质石灰 85</td><td>CL85-Q</td><td>≥26</td><td>—</td><td>—</td></tr>
<tr><td>CL85-QP</td><td>—</td><td>≤2</td><td>≤7</td></tr>
<tr><td rowspan="2">钙质石灰 75</td><td>CL75-Q</td><td>≥26</td><td>—</td><td>—</td></tr>
<tr><td>CL75-QP</td><td>—</td><td>≤2</td><td>≤7</td></tr>
<tr><td rowspan="4">镁质石灰</td><td rowspan="2">镁质石灰 85</td><td>ML85-Q</td><td>—</td><td>—</td><td>—</td></tr>
<tr><td>ML85-QP</td><td>—</td><td>≤2</td><td>≤7</td></tr>
<tr><td rowspan="2">镁质石灰 80</td><td>ML80-Q</td><td>—</td><td>—</td><td>—</td></tr>
<tr><td>ML80-QP</td><td>—</td><td>≤7</td><td>≤2</td></tr>
</table>

注:其他物理特性,根据用户要求,可按照 JC/T 478.1 进行测试。

2)建筑消石灰

建筑消石灰物理性质见表4.2。

表4.2　建筑消石灰的物理性质(JC/T 481—2013)

<table>
<tr><th rowspan="2">类别</th><th rowspan="2">名称</th><th rowspan="2">代号</th><th rowspan="2">游离水/%</th><th colspan="2">细度</th><th rowspan="2">安定性</th></tr>
<tr><th>0.2 mm 筛余量/%</th><th>90 μm 筛余量/%</th></tr>
<tr><td rowspan="3">钙质消石灰</td><td>钙质消石灰 90</td><td>HCL90</td><td rowspan="5">≤2</td><td rowspan="5">≤2</td><td rowspan="5">≤7</td><td rowspan="5">合格</td></tr>
<tr><td>钙质消石灰 85</td><td>HCL85</td></tr>
<tr><td>钙质消石灰 75</td><td>HCL75</td></tr>
<tr><td rowspan="2">镁质消石灰</td><td>镁质消石灰 85</td><td>HML85</td></tr>
<tr><td>镁质消石灰 80</td><td>HML80</td></tr>
</table>

(2)石灰的特性

1)保水性和可塑性好:配制建筑砂浆可显著提高砂浆的和易性,便于施工。

2)吸湿性强:是传统的干燥剂。

3)凝结硬化慢、强度低:不宜用于重要建筑物的基础。

4)耐水性差:$Ca(OH)_2$能溶于水,如果长期受潮或受水浸泡会使硬化的石灰溃散,所以石灰不宜在潮湿的环境中应用。

5)硬化时体积收缩大:硬化过程易出现干缩裂缝,使用时常在其中掺加砂、麻刀、纸筋等，以抵抗收缩引起的开裂和增加抗拉强度。

4.1.1.4 石灰的应用

生石灰经加工处理后可得到很多品种的石灰，如生石灰粉、消石灰粉、石灰乳、石灰膏等，不同品种的石灰具有不同的用途。

(1)石灰砂浆和石灰乳涂料

将熟化好的石灰膏或石灰粉加水稀释成石灰乳，用作内墙及天棚粉刷的涂料；如果掺入适量的砂或水泥和砂，即可配制成石灰砂浆或混合砂浆，用于墙体砌筑或内墙、顶棚抹面。

(2)配制灰土和三合土

石灰粉与黏土按一定比例拌和，可制成石灰土，或与黏土、砂石等填料拌制成三合土，夯实后主要用在一些建筑物的基础、地面的垫层和公路的路基上。

(3)生产硅酸盐制品

磨细生石灰(或消石灰粉)和砂(或粉煤灰、粒化高炉矿渣、炉渣)加水拌和，经成型、蒸养或蒸压处理等工序而成的建筑材料。如粉煤灰砖、粉煤灰砌块、硅酸盐砌块等。

4.1.1.5 石灰的储存

生石灰会吸收空气中的水分和 CO_2 生成 $CaCO_3$ 固体，从而失去黏结力。所以在工地上储存时要防止受潮，且不宜太多、太久。另外，石灰熟化时要放出大量的热，因此应将生石灰与可燃物分开保管，以免引起火灾。通常进场后可立即陈伏，将储存期变为陈伏期。

4.1.2 石膏

4.1.2.1 石膏简介

(1)石膏的组成

将天然二水石膏(又称生石膏或软石膏)加热脱水，产物为 β 型半水石膏，将此石膏磨细得到的白色粉末即为建筑石膏(熟石膏)。其晶粒细小，需水量较大，因而孔隙率较大，强度较低。

若将二水石膏在蒸压条件下(0.13 MPa，125 ℃)加热可产生 α 型半水石膏(高强石膏)。其晶粒粗大，比表面积小，需水量小，硬化后密实度大，强度高。

(2)石膏的水化与凝结硬化

建筑石膏与水拌和后，很快与水发生化学反应(水化)，生成二水石膏。

二水石膏不断析出胶体微粒，水分逐渐减少并转变为晶体，浆体失去可塑性，产生强度、硬化，最终成为具有一定强度的人造石材。

4.1.2.2 石膏的技术要求与特性

(1)石膏的技术要求

根据《建筑石膏》(GB/T 9776—2008)规定，石膏按原材料分为天然建筑石膏(代号为 N)、脱硫建筑石膏(代号为 S)、磷建筑石膏(代号为 P)；按 2 h 抗折强度分为 3.0、2.0、1.6 三个等级，其中强度、细度和凝结时间三个指标均应满足各等级的技术要求，见

表4.3。其中抗折强度和抗压强度为试样与水接触2 h后测得的。

表4.3 石膏的物理力学性能(GB/T 9776—2008)

等级	细度(0.2 mm方孔筛筛余)/%	凝结时间/min		2 h强度/MPa	
		初凝	终凝	抗折	抗压
3.0	≤10	≥3	≤30	≥3.0	≥6.0
2.0				≥2.0	≥4.0
1.6				≥1.6	≥3.0

注:指标中若有一项不合格,则判定该产品不合格。

(2)石膏的特性

1)凝结硬化快:在常温下几分钟可初凝,30 min以内可达终凝。为满足施工操作的要求,一般需加缓凝剂。

2)微膨胀性:硬化过程中体积略有膨胀,硬化时不出现裂缝。

3)孔隙率大:质轻、隔热、吸声性好,且具有一定的调温调湿性,但强度低、吸水率大。

4)耐水性、抗冻性差:软化系数小(约为0.2~0.3),不宜用于室外。

5)防火性好:石膏受到火烧时,表面生成具有良好绝热性的无水石膏,起到阻止火焰蔓延和温度升高的作用。不宜长期在65 ℃以上的高温部位使用,以免二水石膏缓慢脱水分解而降低强度。

4.1.2.3 石膏的应用

石膏在建筑中的应用十分广泛,可用来制作各种石膏板、各种建筑艺术配件及建筑装饰、彩色石膏制品等。另外,石膏作为重要的外加剂,广泛应用于水泥、水泥制品及硅酸盐制品中。

(1)制备粉刷石膏

粉刷石膏是由建筑石膏或由建筑石膏和不溶性硬石膏二者混合后再掺入外加剂、细骨料等而制成的气硬性胶凝材料。按用途可分为面层粉刷石膏、底层粉刷石膏和保温层粉刷石膏三类。

(2)建筑石膏制品

建筑石膏制品的种类很多,如纸面石膏板、空心石膏条板、纤维石膏板、石膏砌块和装饰石膏板等。主要用作分室墙、内隔墙、吊顶和装饰。

4.1.2.4 石膏的储存

建筑石膏在储运过程中,应防止受潮及混入杂物。不同等级的石膏应分别储运,不得混杂。建筑石膏自生产之日起,在正常储运条件下,贮存期为3个月,超过3个月,强度将降低30%左右,超过储存期限的石膏应重新进行质量检验,以确定其等级。

4.2 水泥

水泥在混凝土中起胶结作用，是影响混凝土强度、耐久性及经济性的重要因素，在配制混凝土的过程中应正确、合理地选择水泥的品种和强度等级。水泥的品种应当根据工程性质与特点、工程所处环境及施工条件，结合各种水泥的特性合理选择。

水泥作为胶凝材料，可用来制作混凝土、钢筋混凝土和预应力混凝土构件，也可配制各类砂浆用于建筑物的砌筑、抹面、装饰等。不仅大量应用于工业和民用建筑，还广泛应用于公路、桥梁、铁路、水利和国防等工程，被称之为建筑业的粮食，在国民经济中起着十分重要的作用。

【例 4.1】工程实例分析

2011 年 4 月 20 日傍晚，上海某商品混凝土公司将一车矿粉，未按进货管理规程操作，误将矿粉送入了公司的 1 号水泥筒仓，并于 4 月 21 日上午用混入矿粉的水泥筒仓生产拌制 C30 混凝土 177 m^3。该车混入水泥筒仓的矿粉所生产的混凝土用于本市一个建设工程，导致所浇筑的混凝土部位质量严重达不到设计要求而进行拆除。在这个案例当中，为什么矿粉代替水泥会造成混凝土的强度不够？水泥在混凝土中起着什么样的作用？

分析：水泥是一种水硬性胶凝材料，在混凝土中起到胶结的作用，把粗、细骨料黏结为一个整体。水泥的硬化强度对混凝土的强度和耐久性都有直接的影响。矿粉是一种矿物掺合料，具有一定的活性，适量加入混凝土中可以调节混凝土的性能，但是加入量过多对混凝土的早期强度有很大影响。

4.2.1 水泥的分类和通用水泥的组成

4.2.1.1 水泥的分类

水泥按其主要水硬性物质可分为硅酸盐水泥、铝酸盐水泥、硫铝酸盐水泥、铁铝酸盐水泥、氟铝酸盐水泥等系列。其中硅酸盐水泥产量最大、应用最广。

水泥按用途和性能分为通用水泥、专用水泥、特性水泥三大类。通用水泥是指用于一般土木建筑工程的水泥，包括硅酸盐水泥（P·Ⅰ、P·Ⅱ）、普通硅酸盐水泥（P·O）、矿渣硅酸盐水泥（P·S·A、P·S·B）、火山灰质硅酸盐水泥（P·P）、粉煤灰硅酸盐水泥（P·F）和复合硅酸盐水泥（P·C）。专用水泥指具有专门用途的水泥，如砌筑水泥、油井水泥、道路水泥等。特性水泥指某种性能比较突出的水泥，如膨胀水泥、白色水泥等。

4.2.1.2 通用水泥的组成

以硅酸盐水泥熟料、适量石膏及规定的混合材料制成的水硬性胶凝材料称为通用硅酸盐水泥。

（1）硅酸盐水泥熟料

硅酸盐水泥熟料主要有四种矿物成分：硅酸三钙、硅酸二钙、铝酸三钙和铁铝酸四钙。其中前两种占总量的 75% ~82%，此外，还有少量的游离氧化钙和游离氧化镁。硅酸盐水泥熟料的主要矿物质成分和特性见表 4.4。水泥中各熟料矿物的相对含量，决定着水泥某一方面的性能。可通过调整原材料的配料比例来改变熟料矿物成分之间的比例,制得不同性能的水泥。

表4.4 硅酸盐水泥熟料的主要矿物成分和特性

矿物组成				矿物特性				
矿物名称	简写式	含量/%	密度/(g/cm^3)	强度	28 d水化热/(J/g)	凝结硬化速度	耐腐蚀性	干缩
硅酸三钙	C_3S	37~60	3.25	高	大	快	差	中
硅酸二钙	C_2S	15~37	3.28	早期低、后期高	小	慢	好	中
铝酸三钙	C_3A	7~15	3.04	低	最大	最快	最差	大
铁铝酸四钙	C_4AF	10~18	3.77	低	中	中	中	小

(2)石膏

在生产硅酸盐系列水泥时,必须掺入适量石膏。在硅酸盐水泥和普通硅酸盐水泥中,石膏主要起缓凝作用;而在掺较多混合材料的水泥中,石膏还起激发混合材料活性的作用。水泥中石膏一般为二水石膏或无水石膏。

(3)混合材料

在硅酸盐水泥中掺加一定量的混合材料能增加水泥品种,利用工业废料、降低水泥成本,改善水泥的性能,扩大水泥的应用范围。

【知识链接】

水泥的生产

硅酸盐系列水泥的生产工艺可简单概括为"两磨一烧",具体步骤是:先把几种原材料按适当比例配合后磨细,制得具有适当化学成分的生料,再将生料在水泥窑中经过1400~1450 ℃的高温煅烧至部分熔融,冷却后即得硅酸盐水泥熟料;再把煅烧好的熟料和适量石膏、0~5%的石灰石或粒化高炉矿渣混合磨细至一定的细度,即得水泥成品。见图4.2。

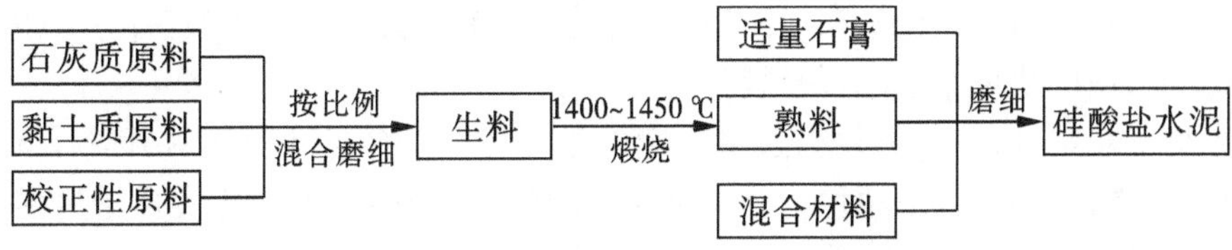

图4.2 通用硅酸盐水泥生产工艺流程图

4.2.2 通用硅酸盐水泥的技术性质

4.2.2.1 化学指标

通用硅酸盐水泥中不溶物、烧失量、三氧化硫、氧化镁和氯离子等的含量，应符合《通用硅酸盐水泥》(GB 175—2023)的规定。

4.2.2.2 物理指标

(1)标准稠度用水量

水泥净浆标准稠度用水量是指水泥净浆达到标准规定的稠度时所需的加水量，常以水和水泥质量之比的百分数表示。标准法是以试杆沉入净浆并距底板(6±1)mm 时的水泥净浆为标准稠度净浆。各种水泥的矿物成分、细度不同，拌和成标准稠度时的用水量也各不相同，水泥的标准稠度用水量一般为 24% ~33%。拌和水泥浆时的用水量对水泥凝结时间和体积安定有影响，因此，测定水泥凝结时间和体积安定时必须采用标准稠度的水泥浆。

(2)凝结时间

水泥的凝结时间分为初凝时间和终凝时间。初凝时间是指从水泥加水到标准净浆开始失去可塑性的时间；终凝时间是指从水泥加水到水泥浆标准净浆完全失去可塑性的时间。

水泥的凝结时间在工程施工中有重要作用。为有足够的时间对混凝土进行搅拌、运输、浇筑和振捣，初凝时间不宜过短。为使混凝土尽快硬化并具有一定强度，以利于下道工序的进行，故终凝时间不宜过长。

国家标准规定，通用硅酸盐水泥初凝不小于 45 min；硅酸盐水泥终凝时间不迟于 390 min，其余五种通用硅酸盐水泥终凝不大于 600 min。

(3)安定性

水泥安定性是指水泥在凝结硬化过程中体积变化的均匀性。当水泥浆体在硬化过程中体积发生不均匀变化时，会导致水泥混凝土膨胀、翘曲、产生裂缝等，即所谓安定性不良。安定性不良的水泥会降低建筑物质量，甚至引起严重事故。

水泥体积安定性不良的原因是由于水泥熟料中游离氧化钙、游离氧化镁过多或石膏掺量过多。游离氧化钙和游离氧化镁是在高温烧制水泥熟料时生成，处于过烧状态，水化极慢，它们在水泥硬化后开始或继续进行水化反应，其水化产物体积膨胀使水泥石开裂。此外，若水泥中所掺石膏过多，在水泥硬化后，过量石膏还会与水化铝酸钙作用，生成钙矾石，体积膨胀，使已硬化的水泥石开裂。

国家标准规定，由游离氧化钙过多引起的水泥体积安定性不良可采用沸煮法检验。沸煮法包括试饼法和雷氏法两种。有争议时，以雷氏法为准。由氧化镁含量过多引起的水泥安定性不良可用压蒸法检验。

【例 4.2】工程实例分析

某水泥厂生产的普通硅酸盐水泥游离氧化钙含量较高，加水拌和后，初凝时间仅为 40 min，本属于不合格品，但放置一个月后，凝结时间达到标准要求，而强度下降，试分析原因。

分析:水泥放置一段时间后,部分受潮,水泥中的游离氧化钙水化变为氢氧化钙,水泥的水化活性降低,凝结时间变长,强度下降,所以水泥的保质期为三个月,因为水泥放置时间较长就会造成凝结时间变长,强度下降。

(4)强度

水泥的强度是评定其质量的重要指标。国家规定按水泥胶砂强度检验方法(ISO 法)来测定其强度,按规定龄期的抗压强度和抗折强度来划分水泥的强度等级,并按照 3 d 强度的大小分为普通型和早强型(用 R 表示)。通用硅酸盐水泥的强度等级和各龄期强度应符合表 4.5 的规定。

表 4.5 通用硅酸盐水泥强度等级(GB 175—2023)

强度等级	抗压强度/MPa		抗折强度/MPa	
	3 d	28 d	3 d	28 d
32.5	≥12.0	≥32.5	≥3.0	≥5.5
32.5R	≥17.0		≥4.0	
42.5	≥17.0	≥42.5	≥4.0	≥6.5
42.5R	≥22.0		≥4.5	
52.5	≥22.0	≥52.5	≥4.5	≥7.0
52.5R	≥27.0		≥5.0	
62.5	≥27.0	≥62.5	≥5.0	≥8.0
62.5R	≥32.0		≥5.5	

(5)细度

水泥的细度是指水泥颗粒的粗细程度。水泥的许多性质(凝结时间、收缩性、强度等)都与水泥的细度有关。一般认为,当水泥颗粒小于 40 μm 时才具有较高的活性。水泥的颗粒越细,水泥水化速度越快,强度也越高。但水泥太细,其硬化收缩较大,磨制水泥的成本也较高。因此细度应适宜。国家标准规定:硅酸盐水泥细度以比表面积表示,不低于 300 m^2/kg,但不大于 400 m^2/kg。普通硅酸盐水泥、矿渣硅酸盐水泥、粉煤灰硅酸盐水泥、火山灰质硅酸盐水泥、复合硅酸盐水泥的细度以 45 μm 方孔筛筛余表示,筛余不小于 5%。当有特殊要求时,由买卖双方协商确定。

国家标准规定:化学要求、凝结时间、安定性、强度、细度均符合要求的为合格品。反之,不符合上述任何一项技术要求者为不合格品。

4.2.3 通用硅酸盐水泥的特性

4.2.3.1 硅酸盐水泥

(1)凝结硬化快,强度高。硅酸盐水泥凝结硬化速度快,早期强度和后期强度都较高,适用于早期强度有较高要求的混凝土、重要结构的高强度混凝土和预应力混凝土工程等。

(2)水化热大、抗冻性好。硅酸盐水泥水化时放出的热量大,有利于冬季施工,但不宜用于大体积混凝土工程。硬化后的水泥石结构密实,抗冻性好,适用于严寒地区遭受反复冻融的工程和抗冻性要求高的工程。

(3)干缩小、耐磨性好。硅酸盐水泥硬化时干缩小,不易产生干缩裂缝,可用于干燥环境工程。由于干缩小,表面不易起粉尘,因此耐磨性好,可用于道路工程。

(4)耐腐蚀性差。硅酸盐水泥石中有较多的氢氧化钙和水化铝酸钙,因此耐软水和耐化学腐蚀性差,不宜用于有腐蚀性介质的环境。

(5)耐热性差。硅酸盐水泥不宜用于耐热要求高的工程,也不宜用于配制耐热混凝土。

4.2.3.2 普通硅酸盐水泥

普通硅酸盐水泥中混合材料的掺量比硅酸盐水泥稍多,由于其矿物组成的比例与硅酸盐水泥相近,所以其性能、应用范围与同强度等级的硅酸盐水泥相近。与硅酸盐水泥相比,普通硅酸盐水泥早期凝结硬化速度略慢,其他技术性质与硅酸盐水泥相同。

4.2.3.3 矿渣硅酸盐水泥、火山灰质硅酸盐水泥、粉煤灰硅酸盐水泥、复合硅酸盐水泥

这四种水泥都是在硅酸盐水泥熟料的基础上掺入较多的活性混合材料,水泥熟料含量少,因此具有以下共性:

(1)早期强度较低,但后期强度增长较快。

(2)水化热较低。由于熟料含量少,水化热小且放热缓慢,适合在大体积混凝土中使用。

(3)耐腐蚀性较好。抵抗海水、软水及硫酸盐腐蚀的能力较强,适用于抗硫酸盐和软水侵蚀的工程。

(4)碱度低,抗碳化能力差。

(5)对养护温、湿度敏感,适合蒸汽养护。

(6)抗冻性、耐磨性不及硅酸盐水泥及普通硅酸盐水泥。

除上述的共性外,由于不同混合材料结构上的不同,他们相互之间又具有各自的特性:矿渣硅酸盐水泥的保水性差,与水拌和时易产生泌水,造成水泥石内部形成较多的连通孔隙,因此矿渣水泥的抗渗性差,且干缩较大,不适合用于有抗渗要求的混凝土工程。由于矿渣硅酸盐水泥掺入的矿渣本身是耐火材料,因此其耐热性好,可用于高温车间和耐热要求高的混凝土工程。

火山灰质混合材料粗糙、多孔,故火山灰水泥的保水性好,拌制时需水量大,泌水性较

小;抗渗性好,适合用于有抗渗要求的混凝土工程。火山灰质硅酸盐水泥的干缩大,水泥石易产生微细裂纹,在干热环境中水泥石的表面易产生起粉现象,故火山灰质硅酸盐水泥的耐磨性也较差。

粉煤灰是表面致密的球形颗粒,比表面积小,所以粉煤灰硅酸盐水泥拌和需水量小,因而干缩值小、抗裂性好。粉煤灰硅酸盐水泥适用于抗裂性要求较高的构件以及有抗硫酸盐侵蚀要求的工程。

复合硅酸盐水泥的性能取决于所掺混合材料的种类、掺量及相对比例。复合硅酸盐水泥由于采用了复合混合材料,所以综合性能好,是一种大力发展的新型水泥。

【知识链接】

水泥的腐蚀

在通常使用条件下,通用硅酸盐水泥硬化后形成的水泥石有较好的耐久性。但当水泥石长时间处于侵蚀性介质中(如流动的淡水、酸性水、强碱等),会发生腐蚀,导致强度降低,甚至破坏。引起水泥石腐蚀的外在因素是侵蚀性介质以液相形式与水泥石接触,并具有一定的浓度和数量。内在因素主要有两个:一是水泥石中存在易引起腐蚀的成分(氢氧化钙、水化铝酸钙等),二是水泥石本身结构不密实,使侵蚀性介质易于进入内部。因此,减轻或防止水泥石的腐蚀,可采取以下措施:根据侵蚀介质特点,合理选用水泥品种;提高水泥石的密实度,改善孔隙结构;表面加做保护层。

【例4.3】工程实例分析

某大体积的混凝土工程,浇注两周后拆模,发现挡墙有多道贯穿型的纵向裂缝。该工程使用某立窑水泥厂生产42.5Ⅱ型硅酸盐水泥。

分析:由于该工程所使用的Ⅱ型硅酸盐水泥水化热高,且在浇注混凝土中,混凝土的整体温度高,以后混凝土温度随环境温度下降,混凝土产生冷缩,造成混凝土贯穿型的纵向裂缝。对大体积的混凝土工程宜选用低水化热的水泥。其次,水泥用量及水灰比也需适当控制。

4.2.4 通用硅酸盐水泥的应用

应根据通用硅酸盐水泥的主要技术性质及特性,针对各类混凝土工程的性质和所处环境条件以及水泥供应商的情况综合考虑。对于一般建筑结构及预制构件的普通混凝土,宜选用通用硅酸盐水泥;高强度混凝土和有抗冻要求的混凝土宜选用硅酸盐水泥或普通硅酸盐水泥;有预防混凝土碱骨料反应要求的混凝土工程宜采用低碱硅酸盐水泥;大体积混凝土宜采用中、低热硅酸盐水泥或低热矿渣硅酸盐水泥。用于生产混凝土的水泥温度不宜高于60 ℃。常用水泥的参考见表4.6。

表4.5 常用水泥选用参考表

混凝土工程特点或所处的环境条件		优先选用	可以使用	不宜使用
环境条件	1. 在一般气候环境中的混凝土	普通硅酸盐水泥	矿渣硅酸盐水泥、火山灰质硅酸盐水泥、粉煤灰硅酸盐水泥、复合硅酸盐水泥	—
	2. 在干燥环境中的混凝土	普通硅酸盐水泥	矿渣硅酸盐水泥	粉煤灰硅酸盐水泥、火山灰质硅酸盐水泥
	3. 在高湿环境中或长期处在水中的混凝土	矿渣硅酸盐水泥	普通硅酸盐水泥、火山灰质硅酸盐水泥、粉煤灰硅酸盐水泥	—
	4. 严寒地区的露天混凝土、寒冷地区处在水位升降范围内的混凝土	普通硅酸盐水泥	矿渣硅酸盐水泥	火山灰质硅酸盐水泥、粉煤灰硅酸盐水泥
	5. 严寒地区处在水位升降范围内的混凝土	硅酸盐水泥	普通硅酸盐水泥	火山灰质硅酸盐水泥、矿渣硅酸盐水泥、粉煤灰硅酸盐水泥、复合硅酸盐水泥
	6. 受侵蚀性环境水或侵蚀性气体作用的混凝土	根据侵蚀性介质的种类、浓度等具体条件,按专门(或设计)规定选用。		
工程特点	1. 要求快硬的混凝土	快硬硅酸盐水泥、硅酸盐水泥	普通硅酸盐水泥	矿渣硅酸盐水泥、火山灰质硅酸盐水泥、粉煤灰硅酸盐水泥
	2. 厚大体积的混凝土	粉煤灰硅酸盐水泥、矿渣硅酸盐水泥、复合硅酸盐水泥	普通硅酸盐水泥、火山灰质硅酸盐水泥	硅酸盐水泥、快硬硅酸盐水泥
	3. 高强混凝土	硅酸盐水泥	普通硅酸盐水泥、矿渣硅酸盐水泥	火山灰质硅酸盐水泥、粉煤灰硅酸盐水泥
	4. 有抗渗性要求的混凝土	普通硅酸盐水泥、火山灰质硅酸盐水泥		矿渣硅酸盐水泥
	5. 有耐磨性要求的混凝土	硅酸盐水泥、普通硅酸盐水泥	矿渣硅酸盐水泥	火山灰质硅酸盐水泥、粉煤灰硅酸盐水泥

注:蒸汽养护时用的水泥品种,宜根据具体条件,通过试验确定。

水泥强度等级的选择应与混凝土的设计强度等级相适应。原则上配制高强度等级的混凝土,选用高强度等级的水泥;配制低强度等级的混凝土,选用低强度等级的水泥。一般以水泥强度等级为混凝土强度等级的1.5~2.0倍为宜,对于高强度混凝土可取0.9~1.5倍。

4.2.5 通用硅酸盐水泥的质量验收

交货时水泥的质量验收可抽取实物试样以其检验结果为依据,也可以生产者同编号水泥的检验报告为依据。采取何种方法验收由买卖双方商定,并在合同或协议中注明。检验报告内容应包括执行标准、水泥品种、代号、出厂编号、混合材料种类及掺量等出厂检验项目以及密度(仅限硅酸盐水泥)、标准稠度用水量、石膏和助磨剂的品种及掺加量、合同约定的其他技术要求等。当买方要求时,生产者应在水泥发出之日起10 d内寄出除28 d强度以外的各项检验结果,35 d内补发28 d强度的检验结果。

以抽取实物试样的检验结果为验收依据时,买卖双方应在发货前或交货地共同取样和签封。抽取数量为24 kg,缩分为二等份。一份由卖方保存40 d,一份由买方按标准规定的项目和方法进行检验。(在40 d以内,买家检验认为产品质量不符合标准要求,而卖方又有异议时,则双方应将卖方保存的另一份试样送双方认可的第三方水泥质量检验机构进行检验。水泥安定性检验时,应在取样之日10 d以内完成。)

以生产者同编号水泥的检验报告为验收依据时,在发货前或交货时买方在同编号水泥中取样,双方共同签封后由卖方保存90 d,或认可卖方自行取样,签封并保存90 d的同编号水泥的封存样。在90 d内,买方对水泥质量有疑问时,则买卖双方应将共同认可的试样送双方认可的第三方水泥质量检验机构进行检验。

检验结果符合标准《通用硅酸盐水泥》(GB 175—2023)的化学要求、凝结时间、安定性、强度、细度规定为合格品;检验结果不符合国家标准的化学要求、凝结时间、安定性、强度、细度中的任何一项技术要求为不合格品。

4.2.6 通用硅酸盐水泥的包装、标识、运输与贮存

4.2.6.1 包装

国家标准规定:水泥可以散装或袋装,包装形式由买卖双方协商确定。袋装水泥每袋净含量不应少于标识质量的99%,随机抽取20袋的总质量(含包装袋)应不少于标识质量的100%。

4.2.6.2 标识

国家标准规定水泥包装袋上应清楚标明执行标准、水泥品种、代号、强度等级、生产者名称、生产许可证标准(QS)及编号、出厂编号、包装日期、净含量。包装袋两侧应根据水泥的品种采用不同的颜色印刷水泥名称和强度等级,硅酸盐水泥和普通硅酸盐水泥采用红色,矿渣硅酸盐水泥采用绿色,火山灰质硅酸盐水泥、粉煤灰硅酸盐水泥和复合硅酸盐水泥采用黑色或蓝色。散装水泥发运时应提交和袋装标志相同内容的卡片。

4.2.6.3 运输与贮存

水泥在储存和运输时不得受潮和混入杂质,不同品种、标号、批次的水泥由于矿物组

成不同，凝结时间不同，严禁混杂使用。袋装水泥堆放高度一般不超过 10 袋，应注意先到先用，避免积压过期。通用水泥出厂超过 3 个月应进行复检，合格者方可使用。

4.2.7 其他品种水泥

4.2.7.1 白色和彩色硅酸盐水泥

(1)白色硅酸盐水泥

由氧化铁含量少的硅酸盐水泥熟料加入适量石膏，磨细制成的水硬性胶凝材料称为白色硅酸盐水泥，简称白水泥。代号 P·W。白色硅酸盐水泥按照强度分为 32.5 级、42.5 级和 52.5 级，按照白度分为 1 级和 2 级，代号分别为 P·W-1 和 P·W-2。

硅酸盐水泥呈暗灰色，主要原因是其含 Fe_2O_3 较多。生产白水泥要严格控制石灰石及黏土原料中的 Fe_2O_3 的含量。在生产过程中还需采取以下措施：采用无灰分的气体燃料或液体燃料；在粉磨生料和熟料时，要严格避免带入铁质。

按照国家标准《白色硅酸盐水泥》(GB 2015—2017)的规定：水泥白度值不应低于 87；白色硅酸盐水泥各龄期的强度值不得低于表 4.7 中规定的数值；白水泥的初凝时间不得早于 45 min，终凝不得迟于 600 min；熟料中三氧化硫的含量不得超过 3.5%。白色硅酸盐水泥的其他技术要求与普通硅酸盐水泥相同。

表 4.7 白水泥各龄期强度要求(GB/T 2015—2017)

水泥标号	抗折强度/MPa		抗压强度/MPa	
	3 d	28 d	3 d	28 d
32.5	3.0	6.0	12.0	32.5
42.5	3.5	6.5	17.0	42.5
52.5	4.0	7.0	22.0	52.5

白色硅酸盐水泥主要用于配制白色或彩色灰浆、砂浆及混凝土，来满足装饰装修工程的需要。

(2)彩色硅酸盐水泥

彩色硅酸盐水泥简称彩色水泥，根据其着色方法不同，有三种生产方式：一是直接烧成法，在水泥生料中加入着色原料而直接煅烧成彩色水泥熟料，再加入适量石膏共同磨细；二是染色法，将白色硅酸盐水泥熟料或硅酸盐水泥熟料、适量石膏和碱性着色物质共同磨细制得彩色水泥；三是将干燥状态的着色物质直接掺入白水泥或硅酸盐水泥中。当工程使用量较少时，常用第三种办法。

白色和彩色硅酸盐水泥，主要用于建筑装饰工程中，常用于配制各种装饰混凝土和装饰砂浆，如水磨石、水刷石、人造大理石、干粘石等，也可配制彩色水泥浆用于建筑物的墙面、柱面、天棚等处的粉刷，或用于陶瓷铺贴的勾缝等。

4.2.7.2 铝酸盐水泥

铝酸盐水泥是以铝矾土和石灰石为主要原料，经高温煅烧所得以铝酸钙为主要矿物的水泥熟料，经磨细制成的水硬性胶凝材料，代号为 CA。

国家标准《铝酸盐水泥》(GB 201—2015)根据 Al_2O_3 含量将铝酸盐水泥分为：CA-50、CA-60、CA-70 和 CA-80 四类。

(1)铝酸盐水泥的技术指标

1)细度。比表面积不小于 300 m^2/kg，或 45 μm 的方孔筛筛余量不大于 20%；

2)凝结时间。CA-50、CA-70、CA-80 的初凝时间不得早于 30 min，终凝时间不得迟于 6 h；CA-60 的初凝时间不得早于 60 min，终凝时间不得迟于 18 h。

3)强度。各类型铝酸盐水泥各龄期强度指标应符合表 4.8 的规定。

(2)铝酸盐水泥的特性与应用

铝酸盐水泥具有快凝、早强、高强、低收缩、耐热性好和耐硫酸盐腐蚀性强等特点，适用于工期紧急的工程、抢修工程、冬季施工的工程和耐高温工程，还可以用来配制耐热混凝土、耐硫酸盐混凝土等。但铝酸盐水泥的水化热大、耐碱性差，不宜用于大体积混凝土，不宜采用蒸汽等湿热养护。长期强度会降低 40% ~ 50%，不适用于长期承载的承重构件。

表 4.8　水泥胶砂强度　(MPa)

类型		抗压强度				抗折强度			
		6 h	1 d	3 d	28 d	6 h	1 d	3 d	28 d
CA50	CA50-Ⅰ	≥20*	≥40	≥50	—	≥3*	≥5.5	≥6.5	—
	CA50-Ⅱ		≥50	≥60	—		≥6.5	≥7.5	—
	CA50-Ⅲ		≥60	≥70	—		≥7.5	≥8.5	—
	CA50-Ⅳ		≥70	≥80	—		≥8.5	≥9.5	—
CA60	CA60-Ⅰ	—	≥65	≥85	—	—	≥7.0	≥10.0	—
	CA60-Ⅱ	—	≥20	≥45	≥85	—	≥2.5	≥5.0	≥10.0
CA70		—	≥30	≥40	—	—	≥5.0	≥6.0	—
CA80		—	≥25	≥30	—	—	≥4.0	≥5.0	—

* 用户要求时，生产厂家应提供试验结果。

4.2.7.3　膨胀水泥

一般水泥在凝结硬化过程中会产生不同程度的收缩，使水泥混凝土构件内部产生微裂缝，影响混凝土的强度及其他许多性能。而膨胀水泥在硬化过程中能够产生一定的膨胀，消除由收缩带来的不利影响。

按膨胀值大小，可将膨胀水泥分为膨胀水泥和自应力水泥两大类。膨胀水泥的膨胀率较小，主要用于补偿水泥在凝结硬化过程中产生的收缩，因此又称为无收缩水泥或收缩补偿水泥。自应力水泥的膨胀值较大，在限制膨胀的条件下(如配有钢筋时)，由于水泥石的膨胀作用，使混凝土受到压应力，从而达到了预应力的目的，同时还增加了对钢筋的握裹力。

常用的膨胀水泥品种有：

(1)硅酸盐膨胀水泥。主要用于防水混凝土，加固结构、浇筑机器底座或固结地角螺栓，还可用于接缝及修补工程，但禁止在有硫酸盐侵蚀的工程使用。

(2)低热微膨胀水泥。主要用于要求较低水化热和要求补偿收缩的混凝土以及大体积混凝土，还可用于要求抗渗和抗硫酸盐侵蚀的工程。

(3)膨胀硫铝酸盐水泥。主要用于配置接点、抗渗和补偿收缩的混凝土工程。

(4)自应力水泥。主要用于自应力钢筋混凝土压力管及其配件。

4.2.7.4 道路水泥

随着我国经济建设的发展，高等级公路越来越多，水泥混凝土路面已成为主要路面之一。对专供公路、城市道路和机场跑道所用的道路水泥，我国制定了国家标准《道路硅酸盐水泥》(GB/T 13693—2017)。

由道路硅酸盐水泥熟料、0～10%活性混合材料和适量石膏共同磨细制成的水硬性胶凝材料，称为道路硅酸盐水泥，简称道路水泥，代号P·R。道路硅酸盐水泥熟料中硅酸钙和铁铝酸四钙的含量较多，要求铁铝酸四钙的含量不得低于15.0%，铝酸三钙的含量不得大于5.0%。道路水泥各龄期的强度值不得低于表4.8中规定的数值。

表4.8 道路水泥各龄期的强度(GB/T 13693—2017)

强度等级	抗折强度/MPa，≥		抗压强度/MPa，≥	
	3 d	28 d	3 d	28 d
7.5	4.0	7.5	21.0	42.5
8.5	5.0	8.5	26.0	52.5

道路硅酸盐水泥标准

对道路水泥的性能要求是耐磨性好、收缩小，抗冻性、抗冲击性好，有较高的抗折强度和良好的耐久性。使用道路水泥铺筑路面，可减少混凝土路面的断板、温度裂缝和磨耗，减少路面维修费用，延长道路使用年限。道路水泥适用于公路路面、机场跑道、人流量较多的广场等工程的面层混凝土。

章后小结

1.胶凝材料按照凝结硬化条件不同分为气硬性胶凝材料及水硬性胶凝材料。

2.工程上常用的气硬性胶凝材料主要有石灰、石膏等。石灰、石膏有不同的技术要求及特性，这也决定了在工程中应用的不同。

3.通用硅酸盐水泥分为硅酸盐水泥、普通硅酸盐水泥、矿渣硅酸盐水泥、粉煤灰硅酸盐水泥、火山灰质硅酸盐水泥和复合硅酸盐水泥六种，组分为熟料、混合材料和适量石膏。六种通用硅酸盐水泥的特性直接影响其应用。通用硅酸盐水泥的技术性能包括化学指标、安定性、凝结时间、强度等。

实训题

进场42.5号普通硅酸盐水泥,检验28 d强度结果如下:抗压破坏荷载:62.0 kN,63.5 kN,61.0 kN,65.0 kN,61.0 kN,64.0 kN。抗折破坏荷载:3.38 kN,3.81 kN,3.82 kN。问该水泥28 d试验结果是否达到原强度等级?若该水泥存放期已超过三个月,可否凭以上试验结果判定该水泥仍按原强度等级使用?

习 题

一、选择题

1. 石灰在消化(熟化)过程中(　　)。

A. 体积缩小　　B. 放出大量热

C. 体积不变　　D. 与 $Ca(OH)_2$ 作用形成 $CaCO_3$

2. 为了保证石灰的质量,应使石灰储存在(　　)

A. 潮湿的空气中　　B. 干燥的环境中

C. 水中　　D. 蒸汽的环境中

3. 石膏制品具有较好的(　　)

A. 耐水性　　B. 抗冻性

C. 加工性　　D. 导热性

4. 石灰在硬化过程中的“陈伏”是为了(　　)

A. 有利于结晶　　B. 蒸发多余水分

C. 消除过火石灰的危害　　D. 减低发热量

5. 测定水泥标准稠度用水量,以试杆距底板的距离为(　　)作为水泥净浆达到标准稠度的判定标准。

A. 3 mm±1 mm　　B. 4 mm±1 mm

C. 5 mm±1 mm　　D. 6 mm±1 mm

6. 水泥现行技术标准规定硅酸盐水泥的初凝时间不得早于(　　)

A. 45 min　　B. 30 min

C. 1 h　　D. 1.5 h

7. 高湿度环境或水下环境的混凝土应优先选择(　　)

A. 硅酸盐水泥　　B. 普通水泥

C. 矿渣水泥　　D. 粉煤灰水泥

8. 厚大体积混凝土不宜使用(　　)

A. 硅酸盐水泥　　B. 普通水泥

C. 矿渣水泥　　D. 粉煤灰水泥

二、填空题

1. 石灰浆体的硬化过程包含______、______、______ 三个交错进行的过程。

2. 水泥属于______胶凝材料。

3. 通用硅酸盐水泥包括______、______、______、______、______、______六个品种。

4. 引起硅酸盐水泥体积安定性不良的原因是______________________。

5. 生产硅酸盐水泥时,掺入适量的石膏,其目的是______ ,当石膏掺量过多时会导致______。

6. 游离氧化钙过多引起的水泥体积安定性不良可采用______方法检验。

7. 普通硅酸盐水泥的终凝时间为______。

第5章 混凝土材料

学习要求

了解混凝土各种组成材料的生产和组成;掌握通用硅酸盐水泥的品种、技术性质、特点和应用,熟悉混凝土常用掺合料、外加剂的品种、作用以及选择,熟悉砂子和石子的分类和技术要求,掌握混凝土用水的要求。通过本章内容的学习,能够分析工程建设中混凝土的各种组成材料出现问题的原因。

【引入案例】

世界上第一座钢筋混凝土建筑

钢筋混凝土的发明出现在近代,通常认为法国园丁约瑟夫·莫尼尔(Joseph Monier)于1849年发明钢筋混凝土并于1867年取得包括钢筋混凝土花盆以及紧随其后应用于公路护栏的钢筋混凝土梁柱的专利。1872年,世界第一座钢筋混凝土结构的建筑在美国纽约落成,1875年,法国的一位园艺师蒙耶(1828—1906)建成了世界上第一座钢筋混凝土桥。20世纪初,有人发表了水灰比等学说,初步奠定了混凝土强度的理论基础。以后相继出现了轻集料混凝土、加气混凝土及其他混凝土,各种混凝土外加剂也开始使用。20世纪60年代以来,广泛应用减水剂,并出现了高效减水剂和相应的流态混凝土;高分子材料进入混凝土材料领域,出现了聚合物混凝土;多种纤维被用于分散配筋的纤维混凝土。现代测试技术也越来越多地应用于混凝土材料科学的研究。

混凝土是现代工程结构的主要材料,我国每年混凝土用量约20亿 m^3,钢筋用量约20 000万t,规模之大,耗资之巨居世界前列,可以预见,钢筋混凝土仍将是我国在今后相当长时期内的一种重要的工程结构材料。物质是技术发展的基础,混凝土组成材料的发展对钢筋混凝土结构的设计方法、施工技术、实验技术以及维护管理起着决定性的作用,纵观混凝土的发展史,各种高性能混凝土的出现背后都有着新的混凝土组成材料的应用。

5.1 混凝土概述

5.1.1 混凝土的定义

混凝土源于拉丁文“concretus”，原意是共同生长的意思，从广义上讲，混凝土是指由胶凝材料、骨料和水按适当的比例配合、拌制成的混合物，经一定时间后硬化而成的人造石材。目前使用最多的是以水泥为胶凝材料的混凝土，称为普通（水泥）混凝土，它是当前土木工程最常用的材料，广泛用于各种工业与民用建筑、桥梁、公路、铁路、水利、海洋、地下、矿山等工程中。

5.1.2 混凝土的分类

（1）按其表观密度的大小分类

1）轻混凝土：干表观密度小于 1950 kg/m^3，可用作结构混凝土、保温用混凝土以及结构兼保温混凝土。

2）普通混凝土：干表观密度为 2000 ~ 2800 kg/m^3，一般多在 2400 kg/m^{3}左右。主要用在建筑工程中的各种承重结构。

3）重混凝土：干表观密度 2800 kg/m^{3}以上。主要用作核能工程的屏蔽结构材料。

（2）按混凝土强度等级分类

1）普通混凝土：强度等级一般在 C60 以下，其中抗压强度等级小于 C30 的混凝土为低强度等级混凝土，抗压强度等级 C30 ~ C60 为中强度等级混凝土。

2）高强混凝土：混凝土强度等级为 C60 ~ C100。

3）超高强混凝土：混凝土强度等级在 C100 以上。

（3）按混凝土拌合物坍落度分类

可分为干硬性混凝土、塑性混凝土、流动性混凝土、大流动性混凝土。

（4）按胶凝材料种类分类

可分为水泥混凝土、沥青混凝土、聚合物水泥混凝土、树脂混凝土、石膏混凝土、水玻璃混凝土、硅酸盐混凝土等。

（5）按生产和施工方法分类

可分为商品混凝土、泵送混凝土、喷射混凝土、压力灌浆混凝土（又称预填骨料混凝土）、挤压混凝土、离心混凝土、真空吸水混凝土、碾压混凝土、热拌混凝土等。

（6）按用途分类

可分为结构混凝土、水工混凝土、海洋混凝土、道路混凝土、防水混凝土、装饰混凝土、耐酸混凝土、耐碱混凝土、防辐射混凝土等。

5.1.3 混凝土的特点

混凝土在土建工程中能够得到广泛的应用，是由于它具有优越的技术性能及良好的经济效益。它具有以下优点：原材料来源丰富，可就地取材，造价低廉；性能可调，可以配制不同用途的混凝土;可塑性好,可以浇筑成各种形状的构件或整体结构;与钢筋的握裹力强,混凝土能与钢筋牢固地结合成坚固、耐久、抗震且经济的钢筋混凝土结构;耐久性好,维修费用低。

混凝土也存在一定的缺点:抗拉强度低、易产生裂缝,受拉时易产生脆性破坏;自重大,比强度小,不利于建筑物向高层、大跨方向发展。此外,混凝土配制生产的周期较长,易受自然环境的影响,需要严格质量控制。

5.2 细骨料(砂)

细骨料又称细集料,是指粒径为0.15~4.75 mm的岩石颗粒,按产源分为天然砂、机制砂和混合砂。天然砂是指在自然条件下岩石产生破碎、风化、分选、运移、堆/沉积,形成的粒径小于4.75 mm的岩石颗粒。机制砂是指以岩石、卵石、矿山废石和尾矿等为原料,经除土处理,由机械破碎、筛分、粉控等工艺制成的,级配、粒形和石粉含量满足要求且粒径小于4.75 mm的颗粒,但不包括软质、风化的颗粒,俗称人工砂。混合砂是指由机制砂和天然砂按一下的比例混合而成的砂。砂按细度模数分为粗、中、细和特细四种规格。砂按技术要求分为Ⅰ类、Ⅱ类和Ⅲ类。

5.2.1 细骨料的技术性能

《建设用砂》(GB/T 14684—2022)对细骨料的技术要求有粗细程度与颗粒级配、含泥量、石粉含量和泥块含量、有害物质含量、坚固性、碱骨料反应、表观密度、堆积密度和空隙率等几个方面。

5.2.1.1 粗细程度和颗粒级配

砂的粗细程度是指不同粒径的砂粒混合在一起的平均粗细程度。在砂用量相同的条件下,若砂子过细,则砂的总表面积就较大,需要包裹砂粒表面的水泥浆的数量多,水泥用量就多;若砂子过粗,虽能少用水泥,但混凝土拌合物黏聚性较差,容易发生分层离析现象。所以,用于混凝土的砂粗细应适中。

砂的颗粒级配是指粒径不同的砂粒相互之间的搭配情况。在混凝土中砂粒之间的空隙是由水泥浆所填充,为了节约水泥和提高混凝土强度,就应尽量减小砂粒之间的空隙。从图5.1可以看出:如果是相同粒径的砂,空隙就大[图5.1(a)];用两种不同粒径的砂搭配起来,空隙就减小了[图5.1(b)];用三种不同粒径的砂搭配,空隙就更小了[图5.1(c)]。因此,要减小砂粒间的空隙,就必须用粒径不同的颗粒搭配。

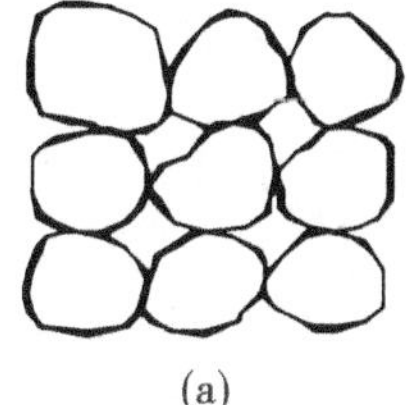

(a)

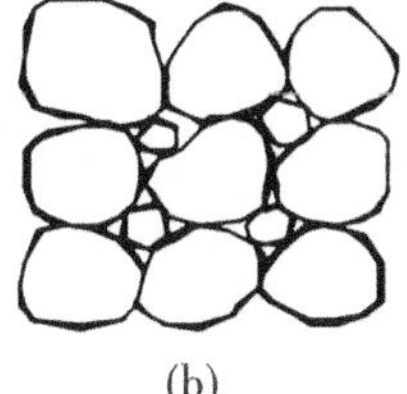

(b)

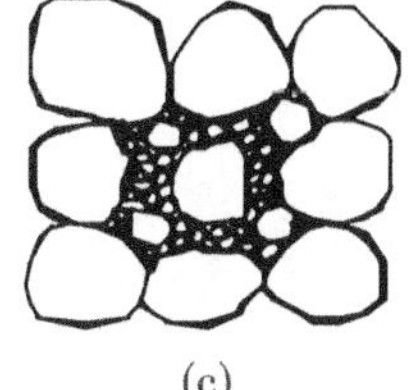

(c)

图5.1 砂的颗粒级配

综上所述,混凝土用砂应同时考虑砂的粗细程度和颗粒级配。当砂的颗粒较粗且级配良好时,砂的空隙率和总表面积均较小,这样不仅节约水泥,还可以提高混凝土的强度和密实性。

砂的粗细程度和颗粒级配常用筛分析的方法进行评定。筛分析法是用一套公称直径分别为4.75 mm、2.36 mm、1.18 mm、0.600 mm、0.300 mm、0.150 mm的标准方孔筛各一只,并附有筛底和筛盖;将500 g干砂试样倒入按筛孔尺寸大小从上到下组合的套筛上进行筛分,分别称取各号筛上筛余量,并计算出各筛上的分计筛余百分率(各筛上的筛余量除以试样总量的百分率,简称分计筛余)及累计筛余百分率(该筛的分计筛余与筛孔大于该筛的各筛的分计筛余之和,简称累计筛余)。砂的筛余量、分计筛余、累计筛余的关系见表5.1。根据累计筛余百分率可计算出砂的细度模数和划分砂的级配区,以评定砂子的粗细程度和颗粒级配。

表5.1 筛余量、分计筛余、累计筛余的关系

筛孔尺寸	筛余量/g	分计筛余/%	累计筛余/%
4.75 mm	m_1	$a_1=(m_1/500)\times100$	$A_1=a_1$
2.36 mm	m_2	$a_2=(m_2/500)\times100$	$A_2=a_1+a_2$
1.18 mm	m_3	$a_3=(m_3/500)\times100$	$A_3=a_1+a_2+a_3$
0.600 mm	m_4	$a_4=(m_4/500)\times100$	$A_4=a_1+a_2+a_3+a_4$
0.300 mm	m_5	$a_5=(m_5/500)\times100$	$A_5=a_1+a_2+a_3+a_4+a_5$
0.150 mm	m_6	$a_6=(m_6/500)\times100$	$A_6=a_1+a_2+a_3+a_4+a_5+a_6$

砂的细度模数计算公式为:

$$M_x=\frac{(A_2+A_3+A_4+A_5+A_6)-5A_1}{100-A_1}$$

细度模数越大,表示砂越粗。混凝土用砂的细度模数范围:3.7~3.1为粗砂,3.0~2.3为中砂,2.2~1.6为细砂,1.5~0.7为特细砂。

Ⅰ类砂的累计筛余应符合2区的规定,分计筛余就符合表5.2的规定。Ⅱ、Ⅲ类砂的累计筛余应符合表5.3的规定。配制混凝土时宜优先选用2区砂。当采用1区砂时,应提高砂率,并保证足够的水泥用量,满足混凝土的和易性;当采用3区砂时,宜适当降低砂率以保证混凝土的强度;配制泵送混凝土,宜选用中砂。天然砂的级配范围曲线见图5.2。

表 5.2　砂的分计筛余(GB/T 14684—2022)

方孔筛尺寸/mm	4.75[a]	2.36	1.18	0.60	0.30	0.15[b]	筛底[c]
分计筛余%	0~10	10~15	10~25	20~31	20~31	5~15	0~20

a. 对于机制砂,4.75 mm 筛的分计筛余不应大于 5%。

b. 对于 MB>1.4 的机制砂,10.15 mm 筛和筛底的分计筛余之和不应大于 25%。

c. 对于天然砂,筛底的分计筛余不应大于 10%。

表 5.3　砂的颗粒级配(GB/T 14684—2022)

砂的分类	天然砂			机制砂、混合砂		
级配区	1 区	2 区	3 区	1 区	2 区	3 区
方筛孔	累计筛余/%					
4.75 mm	10~0	10~0	10~0	5~0	5~0	5~0
2.36 mm	35~5	25~0	15~0	35~5	25~0	15~0
1.18 mm	65~35	50~10	25~0	65~35	50~10	25~0
0.600 mm	85~71	70~41	40~16	85~71	70~41	40~16
0.300 mm	95~80	92~70	85~55	95~80	92~70	85~55
0.150 mm	100~90	100~90	100~90	97~85	94~80	94~75

注:砂的实际颗粒级配,除 4.75 mm 和 0.600 mm 筛档外,可以超出,但各级累计筛余超出值总和不应大于 5%。

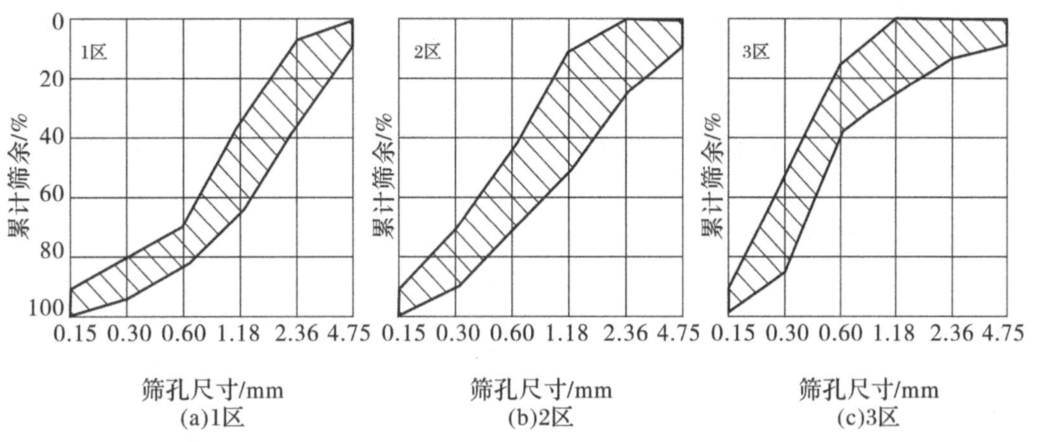

图 5.2　天然砂的级配范围曲线

【例 5.1】检验某砂的级配

某烘干砂试样 500 g 进行筛分,其结果如表 5.4 所示,试评定该试样的粗细程度和颗粒级配。

解：计算结果见表5.4。

表5.4　砂筛分结果及计算结果

筛孔尺寸/mm	4.75	2.36	1.18	0.600	0.300	0.150	<0.150
第一次筛余量/g	16	67	72	145	96	92	12
第二次筛余量/g	20	68	74	148	94	90	6
第一次分计筛余/%	$a_1=3.2$	$a_2=13.4$	$a_3=14.4$	$a_4=29.0$	$a_5=19.2$	$a_6=18.4$	—
第二次分计筛余/%	$a_1=4.0$	$a_2=13.6$	$a_3=14.8$	$a_4=29.6$	$a_5=18.8$	$a_6=18.0$	—
第一次累计筛余/%	$A_1=3.2$	$A_2=16.6$	$A_3=31.0$	$A_4=60.0$	$A_5=79.2$	$A_6=97.6$	—
第二次累计筛余/%	$A_1=4.0$	$A_2=17.6$	$A_3=32.4$	$A_4=62.0$	$A_5=80.8$	$A_6=98.8$	—
累计筛余平均数/%	$A_1=4$	$A_2=17$	$A_3=32$	$A_4=61$	$A_5=80$	$A_6=98$	—

$$M_{x_1}=\frac{(A_2+A_3+A_4+A_5+A_6)-5A_1}{100-A_1}=2.77$$

$$M_{x_2}=\frac{(A_2+A_3+A_4+A_5+A_6)-5A_1}{100-A_1}=2.83$$

$$\overline{M}_x=(M_{x_1}+M_{x_2})\div 2=2.8$$

第一次细度模数计算精确至0.01，两次筛分计算的细度模数的差未超过0.2，计算得两次细度模数的算术平均值2.8（精确至0.1）。细度模数为2.8，在2.3～3.0之间，故该砂为中砂。

累计筛余百分数平均值为$A_1=4\%$、$A_2=17\%$、$A_3=32\%$、$A_4=61\%$、$A_5=80\%$、$A_6=98\%$（精确至1%）。

将计算结果（累计筛余平均值）与表5.3对照比较，0.600 mm筛上的累计筛余百分率61%，属于2区，其余各筛上累计筛余百分率均没有超出2区的要求，因此，该砂级配良好。

5.2.1.2　含泥量、石粉含量和泥块含量

砂中含泥量是指粒径小于0.075 mm的颗粒含量；泥块含量是指原粒径大于1.18 mm，经水浸洗、手捏后小于0.600 mm的颗粒含量。含泥量多会降低骨料与水泥石的黏结力，影响混凝土的强度和耐久性。泥块比泥土对混凝土的影响更大，因此必须严格控制其含量。

天然砂的含泥量和泥块含量应符合表5.5的规定。

表5.5　天然砂的含泥量和砂的泥块含量（GB/T 14684—2022）

类别	Ⅰ类	Ⅱ类	Ⅲ类
天然砂含泥量（按质量计，%）	≤1.0	≤3.0	≤5.0
天然砂、机制砂泥块含量	0	≤1.0	≤2.0

石粉含量是指机制砂中粒径小于0.075 mm的颗粒含量。机制砂的石粉含量和泥块含量应符合《建设用砂》(GB/T 14684—2022)的相关规定。

5.2.1.3 有害物质含量

用来配制混凝土的砂要求清洁不含杂质,以保证混凝土的质量。但实际上砂中常含有云母、轻物质、有机物、硫化物、硫酸盐、氧化物及贝壳等有害杂质,这些杂质黏附在砂的表面,妨碍水泥与砂的黏结,降低混凝土的强度,同时还增加混凝土的用水量,从而加大混凝土的收缩,降低混凝土的耐久性。一些硫酸盐、硫化物,还对水泥石有腐蚀作用。氯化物容易加剧钢筋混凝土中钢筋的锈蚀,也应进行限制。《建设用砂》(GB/T 14684—2022)对砂中有害物质含量作了具体规定,见表5.6。

表5.6 砂中有害物质限量(GB/T 14684—2022)

类 别	Ⅰ类	Ⅱ类	Ⅲ类
云母含量(按质量计,%)[a]	≤1.0	≤2.0	
轻物质含量(按质量计,%)	≤1.0		
硫化物及硫酸盐含量(按 SO_3,质量计,%)	≤0.5		
有机物	合格		
氯化物(以氯离子质量计,%)	≤0.01	≤0.02	≤0.06[b]
贝壳[c]	≤3.0	≤5.0	≤8.0

a. 天然砂中如有浮石、火山渣等天然轻骨料时,经试验试证后,该指标可不作要求。

b. 对于钢筋混凝土用净化处理的海砂,其氯化物含量应≤0.02%。

c. 该指标仅适用于净化处理海砂,其他砂种不作要求。

注:对于有抗冻、抗渗或其他特殊要求的≤C25混凝土用砂,其含泥量不应大于3.0%,泥块含量不应大于1.0%。

5.2.1.4 坚固性

砂子的坚固性,是指砂在外界物理化学因素作用下抵抗破裂的能力。通常用硫酸钠溶液干湿循环5次后的质量损失来表示砂子坚固性的好坏,对天然砂的坚固性要求见表5.7。机制砂还可以采用压碎指标法进行试验,压碎指标值应符合表5.8的规定。

表5.7 砂的坚固性指标(GB/T 14684—2022)

类别	Ⅰ类	Ⅱ类	Ⅲ类
质量损失/%	≤8		≤10

表5.8 机制砂的压碎指标(GB/T 14684—2022)

类别	Ⅰ类	Ⅱ类	Ⅲ类
单级最大压碎指标/%	≤20	≤25	≤30

5.2.1.5 针片状颗粒

机制砂中的片状颗粒是指粒径 1.18 mm 以上的机制砂颗粒中最小一维尺寸小于该颗粒所属粒级的平均粒径 0.45 倍的颗粒。

Ⅰ类机制砂的片状颗粒含量应不大于 10%。

5.2.1.6 含水率和饱和面干吸水率

当需方提出要求时,应出示其实测值。

5.2.1.7 放射性

符合《建筑材料放射性核素限量》(GB 6566—2010)的规定。

5.2.1.8 碱-骨料反应

碱-骨料反应砂中碱活性矿物与水泥、矿物掺合料、外加剂等混凝土组成物及环境中的碱在潮湿环境下缓慢发生并导致混凝土开裂破坏的膨胀反应。规范中指出由砂制备的试件经碱骨料反应试验后,应无裂缝、酥裂、胶体外溢等现象,在规定的试验龄期膨胀率应小于 0.10%。当需方提出要求时,应出示膨胀率实测值及碱活性评定结果。

【知识链接】

碱-骨料反应有三种类型:第一种为碱-硅酸反应,积累时间一般为 10~20 年,最快的也是在混凝土浇筑 5 年后开始出现裂缝;第二种为碱-碳酸盐反应,多在混凝土施工 2~3 年后即出现膨胀裂缝,最快的可能在混凝土施工一年后出现裂缝;第三种为慢膨胀型碱-硅酸盐反应,其反应的酝酿时间最长,一般为 40~50 年。

混凝土发生碱-骨料反应损坏有两个特点:一是发生膨胀损坏;二是反应需要积累时间。因此,由碱-骨料反应造成的工程损坏,一般先从裂缝开始,随着时间的延长,会造成构件整个膨胀、中间上拱等损坏。

5.2.1.9 表观密度、堆积密度和空隙率

砂的表观密度、松散堆积密度应符合如下规定:表观密度不小于 2500 kg/m^3;松散堆积密度不小于 1400 kg/m^3;孔隙率不大于 44%。

5.2.2 细骨料的验收、标志、储存和运输

砂的检验分为出厂检验和型式检验。天然砂的出厂检验项目为:颗粒级配(含细度模数)、含泥量、泥块含量、云母含量、松散堆积密度。净化处理的海砂出厂检验项目还包括氯化物含量、贝壳含量。机制砂的出厂检验项目:颗粒级配、亚甲蓝值(MB 值)、泥块含量、压碎指标、松散堆积密度。Ⅰ类机制砂出厂检验项目还包括片状颗粒含量、放射性和碱骨料反应的要求。砂出厂时,供需双方在场内验收产品,生产厂应提供产品质量合格证书,其内容包括:砂的分类、规格、类别和生产厂信息;批量编号及供货数量;出厂检验结果、日期及执行标准编号;合格证编号及发放日期;检验部门及检验人员签章。砂应按分类、规格、类别分别堆放和运输,防止人为碾压、混合及污染产品。运输时,应有必要的防遗撒设施,严禁污染环境。

5.3 粗骨料(石子)

在自然条件作用下岩石产生破碎、风化、分选、运移、堆(沉)积而形成的,粒径大于4.75 mm的岩石颗粒,称为卵石;由天然岩石、卵石或矿山废石经破碎、筛分等机械加工而成的,粒径大于4.75 mm的岩石颗粒,称为碎石。卵石、碎石按技术要求分为Ⅰ类、Ⅱ类和Ⅲ类。

卵石多为圆形,表面光滑,与水泥的黏结较差;碎石则多棱角,表面粗糙,与水泥黏结较好。当采用相同混凝土配合比时,用卵石拌制的混凝土拌合物流动性较好,但硬化后强度较低;而用碎石拌制的混凝土拌合物流动性较差,但硬化后强度较高。配制混凝土选用碎石还是卵石,要根据工程性质、当地材料的供应情况、成本等因素综合考虑。

5.3.1 粗骨料的技术性能

《建设用卵石、碎石》(GB/T 14685—2022)对粗骨料的技术要求主要有以下几个方面:最大粒径和颗粒级配、含泥量、泥块含量和有害物质含量、针片状颗粒含量、坚固性和强度、碱骨料反应、表观密度、连续级配松散堆积空隙率和吸水率。

5.3.1.1 最大粒径和颗粒级配

(1)最大粒径

公称粒级的上限称为该粒级的最大粒径。最大粒径是用来表示粗骨料粗细程度的。例如:5～25 mm粒级的粗骨料,其最大粒径为25 mm。粗骨料最大粒径增大时,粗骨料总表面积减小,包裹粗骨料所需的水泥浆量就少,有利于节约水泥。对中低强度的混凝土,尽量选择最大粒径较大的粗骨料,但一般不宜超过40 mm;配制高强混凝土时最大粒径不宜大于20 mm,因为减少用水量获得的强度提高,被大粒径骨料造成的黏结面减少和内部结构不均匀所抵消。同时,选用粒径过大的石子,会给混凝土搅拌、运输、振捣等带来困难,所以需要综合考虑各种因素来确定石子的最大粒径。

《混凝土质量标准》(GB 50164—2011)从结构和施工的角度,对粗骨料最大粒径作了以下规定:混凝土用粗骨料的最大粒径不得超过结构截面最小尺寸的1/4,且不得超过钢筋最小净距的3/4;对混凝土实心板,粗骨料最大粒径不宜超过板厚的1/3,且不得超过40 mm。对于泵送混凝土,粗骨料最大粒径与输送管内径之比应满足《混凝土泵送施工技术规程》(JGJ/T 10—2011)的相关要求。

(2)颗粒级配

粗骨料的级配原理与细骨料基本相同,也要求有良好的颗粒级配,以减小空隙率,节约水泥,提高混凝土的密实度和强度。粗骨料的颗粒级配也是通过筛分析的方法来评定,碎石、卵石的颗粒级配应符合表5.9的规定。

粗骨料的颗粒级配按供应情况分连续粒级和单粒级。连续粒级是指颗粒由小到大连续分级,每一级粗骨料都占有一定的比例,且相邻两级粒径相差较小(比值<2)。连续粒级的级配、大小颗粒搭配合理,配制的混凝土拌合物和易性好,不易发生分层、离析现象,且水泥用量小,混凝土用石应采用连续粒级。单粒级是从1/2最大粒径至最大粒径,粒径大小差别小,单粒级宜用于组合成满足要求的连续粒级,也可与连续粒级混合使用,以改

善其级配或配成较大粒度的连续粒级。

表 5.9 碎石或卵石的颗粒级配(GB/T 14685—2022)

公称粒级/mm		累计筛余/%											
		方孔筛/mm											
		2.36	4.75	9.50	16.0	19.0	26.5	31.5	37.5	53.0	63.0	75.0	90
连续粒级	5~16	95~100	85~100	30~60	0~10	0				—	—	—	
	5~20	95~100	90~100	40~80	—	0~10	0				—		
	5~25	95~100	90~100	—	30~70	—	0~5	0			—		
	5~31.5	95~100	90~100	70~90	—	15~45	—	0~5	0		—		
	5~40	—	95~100	70~90	—	30~65	—	—	0~5	0	—		
单粒粒级	5~10	95~100	80~100	0~15	0						—		
	10~16	—	95~100	80~100	0~15						—		
	10~20	—	95~100	85~100		0~15	0				—		
	16~25	—	—	95~100	55~70	25~40	0~10	0			—		
	16~31.5	—	95~100		85~100			0~10	0		—		
	20~40	—	—	95~100		80~100			0~10	0	—		
	25~31.5	—	—	—	95~100	—	80~100	0~10	0				
	40~80	—	—			95~100			70~100		30~60	0~10	0

注:"—"为不做要求。

5.3.1.2 含泥量和泥块含量、有害物质及针、片状颗粒含量

石子中的有害杂质大致与砂相同,另外石子中还可能含有针状颗粒(颗粒最大一维尺寸大于该颗粒所属粒级的平均粒径 2.4 倍)和片状颗粒(最小一维尺寸小于该颗粒所属粒级的平均粒径的 0.4 倍),针、片状颗粒易折断,其含量多时,会降低混凝土拌合物的流动性和硬化后混凝土的强度。石子中含泥量和泥块含量、有害物质及针、片状颗粒含量应符合表 5.10 的规定。

表 5.10 卵石中含泥量、碎石泥粉含量和泥块含量、有害物质及针片状颗粒含量(GB/T 14685—2022)

类别	Ⅰ	Ⅱ	Ⅲ
卵石含泥量(质量分数)/%	≤0.5	≤1.0	≤1.5
泥块含量(质量分数)/%	≤0.1	≤0.2	≤0.7
碎石、泥粉含量(质量分数)/%	≤0.5	≤1.5	≤2.0
硫化物及硫酸盐含量(以 SO_3 质量计)/%	≤0.5	≤1.0	≤1.0
有机物	合格	合格	合格
针、片状颗粒含量(质量分数)/%	≤5	≤8	≤15

【例5.2】工程实例分析

某混凝土搅拌站原混凝土配合比均可产出性能良好的泵送混凝土,后因供应问题进场一批针片状多的碎石,当班技术人员未引起重视仍按照原配方配制混凝土,后发觉混凝土坍落度明显下降,难以泵送。试分析原因。

分析:当粗骨料中的针片状颗粒过多时,由于针片状颗粒的形状,混凝土在泵送的过程中容易出现堵塞泵送管的问题,在浇筑的时候针片状颗粒容易卡在钢筋网中,所以必须严格控制混凝土粗骨料当中的针片状颗粒含量。

5.3.1.3 强度和坚固性

(1)强度

石子的强度可以用岩石的抗压强度和压碎指标两种方法表示。

在水饱和状态下,碎石强度用母岩的岩石抗压强度表示。岩石抗压强度是指用母岩制成50 mm×50 mm×50 mm的立方体(或直径与高度均为50 mm的圆柱体),在浸水饱和状态下(48 h),测其极限抗压强度。6个试件为一组,取6个试件检测结果的算术平均值,精确至1 MPa。其抗压强度:岩浆岩应不小于80 MPa,变质岩应不小于60 MPa,沉积岩应不小于45 MPa。

压碎指标是将一定质量气干状态下粒径为9.50~19.0 mm的石子装入一定规格的圆桶内,在压力机上按1 kN/s均匀加荷至200 kN,并稳荷5 s,然后卸荷后称取试样质量(G_1),再用孔径为2.36 mm的方孔筛筛除被压碎的细粒,称出留在筛上的试样质量(G_2)。压碎值指标按下式计算:

$$Q_e = \frac{G_1 - G_2}{G_1} \times 100$$

压碎指标值越小,说明石子的强度越高。

卵石的强度可用压碎值指标表示。碎石的强度,可用压碎值指标和岩石立方体强度两种方法表示。岩石的抗压强度应比所配制的混凝土强度至少高20%。当混凝土强度等级大于或等于C60时,应进行岩石抗压强度检验。岩石强度首先应由生产单位提供,工程中可用压碎值指标进行质量控制。

对不同强度等级的混凝土,所用石子的压碎指标应满足表5.11的要求。

表5.11 碎石或卵石压碎指标(GB/T 14685—2022)

类别	Ⅰ	Ⅱ	Ⅲ
碎石压碎指标/%	≤10	≤20	≤30
卵石压碎指标/%	≤12	≤14	≤16

(2)坚固性

卵石、碎石在外界物理化学因素作用下抵抗破裂的能力称为坚固性。坚固性试验是用硫酸钠溶液浸泡法检验,试样经5次干湿循环后,其质量损失:Ⅰ类应不大于5%,Ⅱ类应不大于8%,Ⅲ类应不大于12%。

5.3.1.4 表观密度、吸水率及连续级配松散堆积空隙率

卵石、碎石表观密度不小于2600 kg/m^3，吸水率及连续级配松散堆积空隙率应符合表5.12 的规定。

不规则颗粒：卵石、碎石颗粒的最小一维尺寸小于该颗粒所属粒级的平均粒径0.5 倍的颗粒。Ⅰ类卵石、碎石≤10%。

表5.12 吸水率及连续级配松散堆积空隙率(GB/T 14685—2022)

类别	Ⅰ	Ⅱ	Ⅲ
吸水率/%	≤1.0	≤2.0	≤2.5
空隙率/%	≤43	≤45	≤47

5.3.1.5 碱-骨料反应

碱-骨料反应砂中碱活性矿物与水泥、矿物掺合料、外加剂等混凝土组成物及环境中的碱在潮湿环境下缓慢发生并导致混凝土开裂破坏的膨胀反应。规范中指出由砂制备的试件经碱骨料反应试验后，应无裂缝、酥裂、胶体外溢等现象，在规定的试验龄期膨胀率应小于0.10%。当需方提出要求时，应出示膨胀率实测值及碱活性评定结果。

5.3.16 含水率和堆积密度

当需方提出要求时，应出示其实测值。

5.3.2 粗骨料的验收、标志、储存和运输

粗骨料的检验分为出厂检验和型式检验。出厂检验项目为：松散堆积密度、颗粒级配、含泥量、泥块含量、针片状颗粒含量；连续粒级的石子应进行孔隙率检验；吸水率应根据用户需要进行检验。碎石、卵石出厂时，供需双方在场内验收产品，生产厂应提供产品质量合格证书，其内容包括：分类、类别、公称粒级和生产厂家信息、批量编号及供货数量；出厂检验结果、日期及执行标准编号；合格证标号及发放日期；检验部门及检验人员签章。碎石、卵石应按分类、类别、公称粒级分别堆放和运输，防止人为碾压及污染产品。运输时，应有必要的防遗撒设施，严禁污染环境。

5.4 混凝土掺合料

5.4.1 混凝土掺合料的定义与分类

在混凝土搅拌前或搅拌过程中，与混凝土其他组分一起，直接加入的人造或天然的矿物掺合料以及工业废料，掺量一般大于水泥质量的5%，又称为矿物粉或矿物外加剂。是调配混凝土性能，配制大体积混凝土、高强混凝土、高性能混凝土等不可缺少的组成部分。

用于混凝土中的掺合料可分为活性矿物掺合料和非活性矿物掺合料两大类。非活性

矿物掺合料一般与水泥组分不起化学作用,或化学作用很小,如磨细石英砂、石灰石、硬矿渣之类材料。活性矿物掺合料虽然本身不硬化或硬化速度很慢,但能与水泥水化生成的$Ca(OH)_2$生成具有水硬性的胶凝材料。如粒化高炉矿渣、火山灰质材料、粉煤灰、硅灰等。

常用的混凝土掺合料有粉煤灰、粒化高炉矿渣、火山灰类物质。尤其是粉煤灰、超细粒化电炉矿渣、硅灰等应用效果良好。

矿物掺合料的品种和掺量应根据矿物掺合料本身的品质,结合混凝土其他参数、工程性质、所处环境等因素来确定。混凝土的水胶比较小、浇注温度与气温较高、混凝土强度验收龄期较长时,矿物掺合料宜采用较大掺量;对混凝土构件最小截面尺寸较大的大体积混凝土、水下工程混凝土及有腐蚀性要求的混凝土等,可适当增加矿物掺合料的掺量;对最小尺寸小于150 mm的构件混凝土,宜采用较小坍落度,矿物掺合料宜采用较小掺量;对早期强度要求较高或环境温度较低条件下施工的混凝土,矿物掺合料宜采用较小掺量。

5.4.2 粉煤灰

粉煤灰是由燃烧煤粉的锅炉烟气中收集到的细粉末,其颗粒多呈球形,表面光滑。粉煤灰有高钙粉煤灰和低钙粉煤灰之分,由褐煤燃烧形成的粉煤灰,其氧化钙含量较高(一般CaO含量大于10%),呈褐黄色,称为高钙粉煤灰,它具有一定的水硬性;由烟煤和无烟煤燃烧形成的粉煤灰,其氧化钙含量很低(一般CaO含量小于10%),呈灰色或深灰色,称为低钙粉煤灰,一般具有火山灰活性。低钙粉煤灰来源比较广泛,是当前国内外用量最大、使用范围最广的混凝土掺合料。粉煤灰的电镜照片见图5.3。

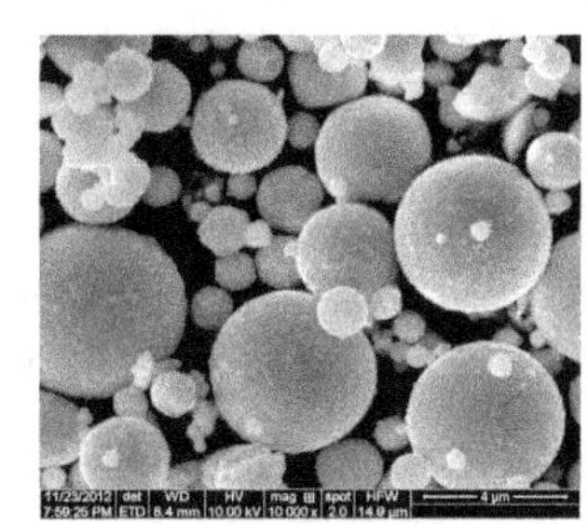

图5.3 粉煤灰的电镜照片

粉煤灰用作掺合料有两方面的效果:

(1)节约水泥,一般可节约水泥10%～15%,有显著的经济效益;

(2)改善和提高混凝土的下述技术性能:

①改善混凝土拌合物的和易性、可泵性和抹面性;

②降低了混凝土水化热,是大体积混凝土的主要掺合料;

③提高混凝土抗硫酸盐性能;

④提高混凝土抗渗性;

⑤抑制碱-骨料反应。

配制泵送混凝土、大体积混凝土、抗渗结构混凝土、抗硫酸盐和抗软水侵蚀混凝土、蒸养混凝土、轻骨料混凝土、地下工程和水下工程混凝土、压浆和碾压混凝土等,均可掺用粉煤灰。国家标准《矿物掺合料应用技术规范》(GB/T 51003—2014)将粉煤灰分为F类粉煤灰和磨细粉煤灰两种,各分为两个等级,其技术要应符合表5.13规定。

表 5.13 粉煤灰和磨细粉煤灰的技术要求(GB/T 51003—2014)

质量指标		F 类粉煤灰		磨细粉煤灰	
		Ⅰ类	Ⅱ类	Ⅰ类	Ⅱ类
细度	(0.045 mm)方孔筛的筛余量/%,≤	12.0	25.0	—	—
	比表面积/(m^2/kg),≥	—	—	600	400
需水量比/%,≤		95	105	95	105
烧失量/%,≤		5.0	8.0	5.0	8.0
含水量/%,≤		1.0			
三氧化硫/%,≤		3.0			
游离氧化钙/%,≤		1.0			
氯离子含量/%,≤		—		0.02	

粉煤灰用于混凝土工程,根据等级不同,适用范围也不同:

①Ⅰ级粉煤灰适用于钢筋混凝土和跨度小于 6 m 的预应力钢筋混凝土;

②Ⅱ级粉煤灰适用于钢筋混凝土和无钢筋混凝土;

③用于预应力钢筋混凝土、钢筋混凝土及强度等级要求等于或大于 C30 的无筋混凝土的粉煤灰等级,经试验论证,可采用比上述规定低一级的粉煤灰。

5.4.3 粒化高炉矿渣粉(矿粉)

粒化高炉矿渣粉是指将粒化高炉矿渣经干燥、磨细达到相当细度且符合相应活性指数的粉状材料,细度一般大于 350 m^2/kg。将其掺入混凝土中,其活性比粉煤灰高。1862 年,德国的 E. Langen 发现通过碱性激发,能发挥水淬矿渣的潜在水硬性。此后在欧洲,矿渣作为一种水硬性材料进行了研究与开发,现在矿粉已经成为一种常用的工程材料。《用于水泥、砂浆和混凝土中的粒化高炉矿渣》(GB/T 18046—2017)将粒化高炉矿渣按照比表面积、活性指数和流动度比分为了三个级别。粒化高炉矿渣粉的技术要求见表 5.14。

表 5.14 粒化高炉矿渣粉的技术要求(GB/T 18046—2017)

指标		级别		
		S105	S95	S75
比表面积/(m^2/kg)		≥500	≥400	≥300
活性指数/%	7 d	≥95	≥70	≥55
	28 d	≥105	≥95	≥75
流动度比/%		≥95		

矿粉具有潜在的水硬性,单独加水可以缓慢地水化硬化,在碱性激发下,可以提高矿

粉的活性，矿粉加入混凝土中能提高混凝土的抗化学侵蚀性，混凝土强度的后期增长率高，且抗碳化性能较高，但是当矿粉的比表面积超过400 m^2/kg 时，不影响混凝土的温度上升，且混凝土的自收缩会随矿粉掺量(<75%)增加，混凝土的开裂情况加剧。

5.4.4　硅灰

硅灰又称硅粉或硅烟灰，是从生产硅铁合金或硅钢等所排放的烟气中收集到的颗粒极细的烟尘，呈浅灰色到深灰色。硅灰的颗粒是微细的玻璃球体，其粒径为0.1～1.0 μm，是水泥颗粒粒径的1/50～1/100，比表面积为18.5～20 m^2/g。硅灰有很高的火山灰活性，可配制高强、超高强混凝土，其掺量一般为水泥用量的5%～10%，在配制超强混凝土时，掺量可达20%～30%。

由于硅灰具有高比表面积，因而其需水量很大，将其作为混凝土掺合料须配以减水剂方可保证混凝土的和易性。

5.4.5　沸石粉

沸石粉是天然的沸石岩磨细而成的。沸石岩是一种经天然煅烧后的火山灰质铝硅酸盐矿物。会有一定量活性二氧化硅和三氧化铝，能与水泥水化析出的氢氧化钙作用，生成胶凝物质。沸石粉具有很大的内表面积和开放性结构，细度为0.08 mm筛筛余小于5%，平均粒径为5.0～6.5 μm。颜色为白色。沸石岩系有30多个品种，用作混凝土掺合料的主要为斜发沸石和丝光沸石。

沸石粉的适宜掺量为：配制高强混凝土时的掺量为10%～15%，以高标号水泥配制低强度等级混凝土时掺量可达40%～50%，可置换水泥30%～40%；配制普通混凝土时掺量为10%～27%，可置换水泥10%～20%。

5.4.6　矿物掺合料的检验、验收与存储

根据《矿物掺合料应用技术规范》(GB/T 51003—2014)规定，矿物掺合料应按批进行检验，供应单位应出具出厂合格证或出厂检验报告。合格证或检验报告的内容应包括：厂名、合格证或检验报告编号、级别、生产日期，代表数量及本批检验结果和结论等，并应定期提供型式检验报告。矿物掺合料的验收应按批进行，符合检验项目规定技术要求的方可使用，当其中任一检验项目不符合规定要求，应降级使用或不宜使用，也可根据工程和原材料实际情况，通过混凝土试验论证，确能保证工程质量时方可使用。

矿物掺合料存储时，应符合相关环境保护的规定，不得与其他材料混杂，矿物掺合料存储期超过3个月时，应进行复验，合格者方可使用。

5.5　混凝土外加剂

5.5.1　混凝土外加剂的定义与分类

混凝土外加剂是在拌制混凝土的过程中掺入的用以改善混凝土性能的化学物质。除

特殊情况外,外加剂掺量一般不超过水泥量的5%。

混凝土外加剂的使用是近代混凝土技术的重大突破,虽掺量很小,但其对混凝土和易性、强度、耐久性及节约水泥都有明显的改善,成为混凝土的第五组分,特别是高性能外加剂的使用成为现代高性能混凝土的关键技术,发展和推广使用外加剂有重要的技术和经济意义。

混凝土外加剂种类繁多,根据《混凝土外加剂术语》(GB/T 8075—2017),混凝土外加剂按其主要功能可分为四类:

(1)改善混凝土拌合物流变性能的外加剂,包括减水剂、泵送剂等;

(2)调节混凝土凝结时间、硬化性能的外加剂,包括早强剂、缓凝剂、速凝剂等;

(3)改善混凝土耐久性的外加剂,包括引气剂、防水剂、阻锈剂等;

(4)改善混凝土其他性能的外加剂,包括防冻剂、膨胀剂、着色剂等。

5.5.2 减水剂

减水剂是指在混凝土坍落度基本相同的条件下,能减少拌和用水量的外加剂。

按减水能力及其兼有的功能分为普通减水剂、高效减水剂、早强减水剂及引气减水剂等,减水剂多为亲水性表面活性剂。

(1)减水剂的作用机理

水泥加水拌和后,会形成絮凝结构,流动性很低。当掺入减水剂后,由于减水剂的表面活性作用,水泥颗粒互相分开,导致絮凝结构解体,将其中的游离水释放出来,从而大大增加了拌合物的流动性,其作用机理如图5.4所示。

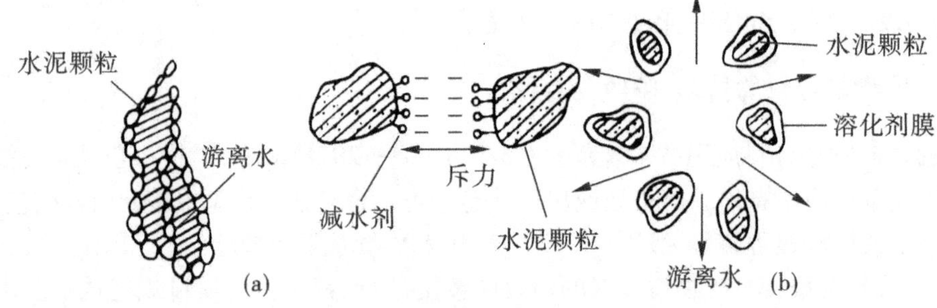

图5.4 减水剂作用机理

(2)减水剂的技术经济效果

1)增大流动性。在保持水灰比和水泥用量不变的情况下,可提高混凝土拌合物的流动性;

2)节约水泥。在保持混凝土强度和坍落度不变的情况下,可节约水泥用量;

3)提高强度。在保证混凝土拌合物和易性和水泥用量不变的条件下,可减少用水量,使水灰比降低,从而提高混凝土的强度;

4)改善其他性能。掺入减水剂,还可减少拌合物的泌水离析现象,延缓拌合物的凝结时间,降低水泥水化放热速度,提高混凝土的抗渗性、抗冻性、耐久性等。

(3)常用减水剂种类

减水剂是使用最广泛和效果最显著的一种外加剂。其种类繁多,常用减水剂有木质素磺酸系、萘磺酸盐系(简称萘系)、树脂系、糖蜜系、氨基磺酸系、脂肪族系及聚羧酸系等。根据减水剂的减水效果及增强能力分为普通减水剂(以木质素磺酸系为代表)、高效减水剂(包括萘系、氨基磺酸系和脂肪族系等)和高性能减水剂(以聚羧酸系减水剂为代表)。另有各种复合功能的减水剂,如缓凝型减水剂、早强型减水剂、引气型减水剂等。部分减水剂的性能见表5.15。

表5.15　常用减水剂的性能

种类	木质素系	萘系	树脂系
类别	普通减水剂	高效减水剂	高效减水剂
主要品种	木质素磺酸系	NNO、NF、UNF、FDN、JN、MF等	SM、CRS等
主要成分	木质素磺酸钙、木质素磺酸镁、木质素磺酸钠	芳香族磺酸盐、甲醛聚合物	三聚氰胺树脂磺酸钠(SM)等
适宜掺量(占水泥质量)/%	0.2~0.3	0.2~1.0	0.5~2.0
减水率/%	10~11	15~25	20~30
早强效果	—	显著	显著
缓凝效果	1~3 h	—	—
引气效果	1%~2%	—	—
适用范围	一般混凝土工程及滑模混凝土工程、泵送混凝土工程、大体积混凝土工程及夏季施工的混凝土工程	适用于所有混凝土工程,更适用于配制高强混凝土及流态混凝土、泵送混凝土等	宜用于高强混凝土、早强混凝土、流态混凝土等

【例5.3】工程实例分析

四川某工程采用木质素磺酸钙粉作减水剂,规定掺量为水泥用量的0.25%,施工时木钙粉减水剂配成溶液,加入混凝土中进行搅拌,按照配合比要求每罐混凝土中加一桶减水剂液,实际加了两桶,当时施工气温又较低,混凝土浇捣二天后还未硬化,不得不把混凝土全部挖掉,重新浇筑。试分析原因?

分析:减水剂的加入会改善混凝土的流动性,同时混凝土的凝结时间也会随之延长,在使用外加剂是一定要严格按照比例添加,该施工过程中本身施工温度较低,混凝土的凝结时间就较长,又使用了两倍的外加剂,混凝土无法正常硬化就是不按照配方施工的结果。

5.5.3　早强剂

早强剂是指能提高混凝土的早期强度并对后期强度无明显影响的外加剂。

早强剂或对水泥中的 C_3S 和 C_2S 等矿物成分的水化有催化作用,或与水泥成分发生反应生成固相产物,可有效提高水泥的早期强度。

早强剂多用于冬季施工、紧急抢修工程以及要求加快混凝土强度发展的工程。

5.5.4 防冻剂

防冻剂是能使混凝土在负温下正常水化硬化,并在规定时间内硬化到一定程度,且不会产生冻害的外加剂。常用防冻剂有:氯盐类,如氯化钙、氯化钠、氯化铵等;氯盐阻锈类,即以氯盐与阻锈剂(亚硝酸钠)为主复合的外加剂;无氯盐类,如硝酸盐、亚硝酸盐、乙酸钠、尿素等。

氯盐类防冻剂适用于无筋混凝土工程,氯盐阻锈类防冻剂可用于钢筋混凝土工程,无氯盐类防冻剂可用于钢筋混凝土工程和预应力钢筋混凝土工程。

5.5.5 引气剂

引气剂是在搅拌混凝土过程中能引入大量均匀分布、稳定而封闭的微小气泡的外加剂。按其化学成分分为松香树脂类、烷基苯磺酸类及脂肪醇磺酸类等三大类。其中,以松香树脂类应用最广,主要有松香热聚物和松香皂两种。

引气剂的主要作用是使混凝土中产生大量微小气泡,在未硬化的混凝土中,大量微小气泡的存在可以起到“滚珠”的作用,使混凝土拌合物流动性大大提高。由于气泡能隔断混凝土毛细管通道,并能缓冲因水结冰而产生的膨胀压力,故能显著提高混凝土的抗渗性及抗冻性。因此,引气剂能改善混凝土拌合物的和易性,提高混凝土耐久性。

大量气泡的存在使混凝土孔隙率增大、有效受力面积减小,使强度及耐磨性有所降低,含气量越大,强度降低越多。因此,应严格控制引气剂的掺量,其适宜掺量为水泥质量的0.005% ~0.01% 。

引气剂适用于强度要求不太高、水灰比较大的混凝土,如水工大体积混凝土。

5.5.6 速凝剂

能使混凝土迅速凝结硬化的外加剂为速凝剂。速凝剂的主要成分为铝酸钠或碳酸钠等盐类。速凝剂加入混凝土后,在碱性溶液中迅速与水泥中的石膏反应生成硫酸钠,使石膏丧失其原有的缓凝作用,导致水泥中的 C_3A 迅速水化,从而使混凝土迅速凝结。

速凝剂主要于矿山井巷、铁路隧洞、引水涵洞、地下工程以及喷锚支护时的喷射混凝土、喷射砂浆工程中。

5.5.7 外加剂的选择与使用

(1)外加剂品种的选择

外加剂品种繁多、性能各异,尤其是对不同的水泥其效果不同。选择外加剂应依据现场材料条件、工程特点和环境情况,根据产品说明及有关规定进行品种的选择。有条件的应在正式使用前进行试验检验。

(2)外加剂掺量的确定

混凝土外加剂均应有适宜掺量。掺量过小,往往达不到预期效果;掺量过大,则会影响混凝土质量，甚至造成质量事故。因此，须通过试验试配，确定最佳掺量。

(3)外加剂的掺加方法

外加剂不论是粉状还是液态状，为保持作用的均匀性，一般不能直接加入混凝土搅拌机内。对于可溶解的粉状外加剂或液态外加剂，应先配成一定浓度的溶液，使用时连同拌合水一起加入搅拌机内。对于不溶于水的外加剂，应与适量水泥或砂混合均匀后，再加入搅拌机内。

混凝土外加剂应用技术规范

5.6 混凝土用水

混凝土用水包括混凝土拌和用水和混凝土养护用水，包括饮用水、地表水、地下水、混凝土企业设备洗刷水、海水以及经适当处理或处置后的工业废水(再生水)。对混凝土拌和及养护用水的质量要求是：不得影响混凝土的和易性及凝结；不得有损于混凝土强度发展；不得降低混凝土的耐久性、加快钢筋腐蚀及导致预应力钢筋脆断；不得污染混凝土表面。混凝土用水应符合《混凝土用水标准》(JGJ 63—2006)的规定。

5.6.1 混凝土拌和用水

混凝土拌和用水不应有漂浮的油脂和泡沫，不应有明显的颜色和异味。混凝土拌和用水水质应符合表5.16的要求。

表5.16 混凝土拌和用水水质要求(JGJ 63—2006)

项目	预应力混凝土	钢筋混凝土	素混凝土
pH	≥5.0	≥4.5	≥4.5
不溶物/(mg/L)	≤2000	≤2000	≤5000
可溶物/(mg/L)	≤2000	≤5000	≤10000
氯离子/(mg/L)	≤500	≤1000	≤3500
硫酸根离子/(mg/L)	≤600	≤2000	≤2700
碱含量/(mg/L)	≤1500	≤1500	≤1500

注：碱含量按 $Na_2O+0.658K_2O$ 计算值来表示。采用非活性碱骨料时，可不检验碱含量。

(1)符合国家标准的生活饮用水，可拌制各种混凝土。

(2)地表水和地下水首次使用前，应按《混凝土用水标准》(JGJ 63—2006)规定进行检验。

(3)海水可用于拌制素混凝土，但不得用于拌制钢筋混凝土和预应力混凝土。有饰面要求的混凝土不应用海水拌制。

(4)混凝土生产厂及商品混凝土厂设备的洗刷水，可用作拌和混凝土的部分用水。但要注意洗刷水所含水泥和外加剂品种对所拌和混凝土的影响，且最终拌合水中氯化物、硫酸盐及硫化物的含量应满足标准的要求。

(5)工业废水经检验合格后可用于拌制混凝土,否则必须予以处理,合格后方能使用。

(6)用待检验水和蒸馏水(或符合国家标准的生活饮用水)试验所得的水泥初凝时间差及终凝时间差均不得大于 30 min,其初凝和终凝时间尚应符合水泥国家标准的规定。

(7)用待检验水配制的水泥砂浆或混凝土的 28 d 抗压强度(若有早期抗压强度要求时需增加 7 d 抗压强度)不得低于用蒸馏水(或符合国家标准的生活饮用水)拌制的对应砂浆或混凝土抗压强度的 90%。

5.6.2 混凝土养护用水

(1)混凝土养护用水可不检验可溶物和不溶物,其他检验项目应符合表 5.16 混凝土拌和用水水质要求的相关规定。

(2)混凝土养护用水可不检验水泥凝胶时间和水泥胶砂强度。

5.6.3 混凝土用水检验规则

地表水、地下水、再生水和混凝土企业设备洗刷水在使用前应进行检验;在使用期间,检验频率宜符合下列要求:①地表水每 5 个月检验 1 次;②地下水每年检验 1 次;③再生水每 3 个月检验 1 次,在质量稳定 1 年后,可每 6 个月检验 1 次;④混凝土企业设备洗刷水每 3 个月检验 1 次,在质量稳定 1 年后,可 1 年检验 1 次;⑤当发现水受到污染和对混凝土性能有影响时,应立即检验。

章后小结

1. 常用混凝土掺合料包括粉煤灰、矿粉、硅灰等品种。

2. 细骨料按照细度模数分为了粗砂、中砂和细砂,按照颗粒级配分为 1 区、2 区和 3 区,按照各项技术性质分为Ⅰ、Ⅱ、Ⅲ类。细度模数和颗粒级配的检测使用的是筛分析法。

3. 粗骨料的最大粒径根据结构和施工条件选择,粗骨料分为单粒级和连续粒级,按照各项技术性质分为Ⅰ、Ⅱ、Ⅲ类。

4. 常用混凝土外加剂有减水剂、早强剂、膨胀剂、防冻剂、泵送剂等。根据施工条件选择合适的外加剂,并对外加剂的性能进行检测。

5. 混凝土拌和用水、养护用水均有相关的技术要求。

习 题

一、选择题

1. 关于细骨料“颗粒级配”和“粗细程度”性能指标的说法,正确的是(　　)。

A. 级配好,砂粒之间的空隙小;骨料越细,骨料比表面积越小

B. 级配好,砂粒之间的空隙大;骨料越细,骨料比表面积越小

C. 级配好,砂粒之间的空隙小;骨料越细,骨料比表面积越大

D. 级配好,砂粒之间的空隙大;骨料越细,骨料比表面积越大

2. 细度模数相同的两种砂子,它们的级配(　　)。

A. 一定相同　　B. 一定不同

C. 可能相同,也可能不同　　D. 还需要考虑表观密度等因素才能确定

3. 冬季混凝土施工时,首先应考虑加入的外加剂是(　　)。

A. 早强剂　　B. 减水剂

C. 引气剂　　D. 速凝剂

4. 夏季混凝土施工时,应首先考虑加入(　　)。

A. 早强剂　　B. 缓凝型减水剂

C. 引气型减水剂　　D. 速凝剂

5. 在混凝土中加入减水剂,能够在用水量不变的情况下明显地提高混凝土的(　　)。

A. 流动性　　B. 保水性

C. 抗冻性　　D. 强度

二、填空题

1. 普通混凝土的干表观密度一般为__________左右,抗压强度等级为__________。

2. 常用混凝土矿物掺合料包括__________、__________、__________等。

3. 普通混凝土用细骨料是指粒径为__________的岩石颗粒。细骨料有天然砂和__________、__________三类。

4. 砂子的筛分曲线用来分析砂子的__________、细度模数表示砂子的__________。根据砂的细度模数可以把砂分为__________、__________、__________、__________。

5. 普通混凝土用粗骨料主要有__________和__________两种。石子的压碎指标值越大,则石子的强度__________。

三、计算题

1. 现有某天然砂样500 g,经筛分试验各号筛的筛余量如下表:

筛孔尺寸/mm	4.75	2.36	1.18	0.60	0.30	0.15	<0.15
筛余量/g	15	100	70	65	90	115	45
分计筛余/%							
累计筛余/%							

问:(1)计算各筛的分计筛余和累计筛余。

(2)此砂的细度模数是多少? 试判断砂的粗细程度。

(3)判断此砂的级配是否合格。

第6章 混凝土质量控制

学习要求

本章主要内容：新拌混凝土的和易性、混凝土的强度和耐久性、普通混凝土的质量控制和配合比设计。通过本章学习，掌握混凝土拌合物的性质及其测定和调整方法；硬化混凝土的力学性质、变形性质和耐久性质及其影响因素；掌握普通混凝土的配合比设计方法；了解混凝土结构现场检测的分类，检测方法的选取。熟悉混凝土结构的现场检测项目，后锚固和钢筋保护层厚度的试验方法。掌握回弹法、钻芯法检测混凝土强度的试验方法及适用范围；熟悉混凝土的质量控制和预拌混凝土；了解其他混凝土。

【引入案例】

哈利法塔——沙漠之花

哈利法塔(图6.1)目前是世界上最高的建筑，总高828 m，楼层总数162层，造价15亿美元。哈利法塔采用了全新的结构体系，下部-30～601 m为钢筋混凝土剪力墙体系；上部601～828 m为钢结构。总共使用33万m^3混凝土、6.2万t强化钢筋。

图6.1 哈利法塔

哈利法塔建造的最大困难是混凝土的配合比设计。迪拜冬天冷，夏天气温则在50 ℃以上，在同时满足强度要求和泵送要求的情况下，还要考虑混凝土的温度控制和凝结时间控制。最终采用了4种不同的配合比，混凝土有好的和易性，且达到了适合于600 m泵送高度的坍落度。哈利法塔在施工时把混凝土垂直泵上逾606 m的地方，打破了上海环球金融中心大厦建造时的492 m纪录，创造了混凝土单级泵送高度的世界纪录。

混凝土的质量控制主要包括混凝土拌合物的和易性和硬化混凝土的强度、变形性能和耐久性,以及混凝土配合比设计、混凝土质量控制和强度评定。

6.1　混凝土拌合物的和易性

6.1.1　和易性的概念

混凝土拌合物是指在凝结硬化之前的混凝土。

和易性是指混凝土拌合物易于施工操作(搅拌、运输、浇注、捣实),并能获得质量均匀、成型密实的混凝土性能。如混凝土拌合物是否易于搅拌均匀;是否易于从搅拌机中均匀卸出,运输过程是否离析泌水,施工中是否易于浇筑、振实、流满模板等。和易性是一项综合的技术指标,包括流动性、黏聚性和保水性三方面的含义。

流动性是指混凝土拌合物在自重或机械振捣作用下能产生流动,并均匀密实地填满模板的性能。流动性反映混凝土拌合物的稀稠程度。若拌合物太干稠,流动性差,施工困难。若拌合物过稀,流动性大,但容易出现分层离析,混凝土强度低,耐久性差。

黏聚性是指混凝土各组成材料间具有一定的黏聚力,不致产生分层和离析的现象,使混凝土保持整体均匀的性能。若混凝土拌合物黏聚性差,骨料与水泥浆容易分离,造成混凝土不均匀,振捣密实后会出现蜂窝、麻面等现象。

保水性是指混凝土拌合物在施工中具有一定的保水的能力,不产生严重的泌水现象。保水性差的混凝土拌合物,在施工过程中,一部分水易从内部析出至表面,在混凝土内部形成泌水通道,使混凝土的密实性变差,降低混凝土的强度和耐久性。

混凝土拌合物的流动性、黏聚性、保水性,三者之间互相关联又互相矛盾。当流动性增大时,黏聚性和保水性变差;反之黏聚性、保水性变大,则会导致流动性变差。不同的工程对混凝土拌合物和易性的要求也不同,应根据实际情况既要有所侧重,又要全面考虑。

6.1.2　和易性的测定

根据国标《普通混凝土拌合物性能试验方法标准》(GB/T 50080—2016)规定,用坍落度和维勃稠度来测定混凝土拌合物的流动性,并辅以直观经验来评定黏聚性和保水性。

6.1.2.1　坍落度法

坍落度法适用于骨料最大粒径不大于40 mm,坍落度值不小于10 mm的塑性和流动性混凝土拌合物。按要求将拌好的混凝土分层装入标准坍落度筒,每层插捣一定次数,最后刮平。垂直提起坍落度筒,待变形稳定后,测定拌合物的高度,其筒高与拌合物高度之差为坍落度值。用捣棒轻敲拌合物,若拌合物缓缓坍落,则黏聚性好;一边沿斜面下滑,则黏聚性不好;若崩坍,则黏聚性不好。观察拌合物周边是否有大量的清水流出,若有,则保水性不好;若没有,则保水性好。坍落度示意图见图6.2。

《混凝土质量控制》(GB 50164—2011)将混凝土拌合物根据坍落度大小分为五级,见表6.1。

当坍落度大于220 mm时,坍落度不能准确反映混凝土的流动性,用混凝土扩展后的平均直径(即坍落扩展度)作为流动性指标。混凝土按照扩展直径分为六级,见表6.2。

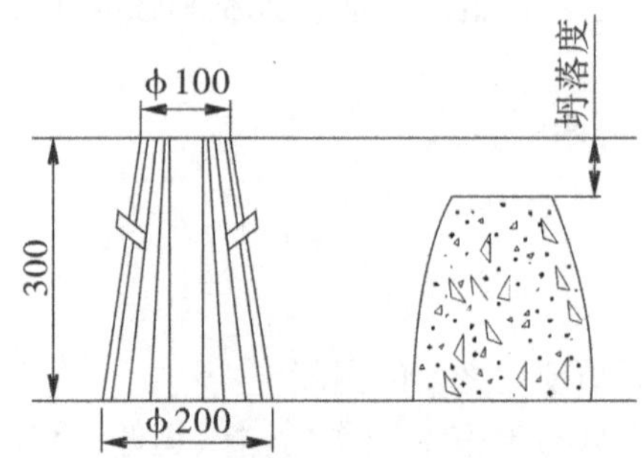

图6.2 坍落度示意图

表6.1 混凝土拌合物按坍落度的分级(GB 50164—2011)

坍落度等级	S1	S2	S3	S4	S5
坍落度/mm	10~40	50~90	100~150	160~210	≥220

注:在分级判定时,坍落度检验结果值,取舍到邻近的10 mm。

表6.2 混凝土拌合物扩展度等级划分(GB 50164—2011)

等级	F1	F2	F3	F4	F5	F6
扩展直径/mm	≤340	350~410	420~480	490~550	560~620	≥630

选择混凝土拌合物的坍落度,要根据结构类型、构件截面大小、配筋疏密、输送方式和施工捣实方法等因素来确定。在满足施工要求的前提下,一般尽可能采用较小的坍落度。混凝土浇筑地点的坍落度可参考水工混凝土施工规范的规定选择。

6.1.2.2 维勃稠度法

骨料最大粒径不大于40 mm,坍落度值小于10 mm的干硬性混凝土拌合物应采用维勃稠度法测定。具体见《普通混凝土拌合物性能试验方法标准》(GB/T 50080—2016)。所测维勃稠度越小,表明拌合物越稀,流动性越好,反之,维勃稠度越大,表明拌合物越稠,越不易振实。

混凝土质量控制

《混凝土质量控制标准》(GB 50164—2011)中,维勃稠度的大小分为五级,如表6.3所示。

表6.3 混凝土按维勃稠度值分级(GB 50164—2011)

等级	V0	V1	V2	V3	V4
时间/s	≥31	30~21	20~11	10~6	5~3

6.1.3　影响和易性的主要因素

6.1.3.1　水泥浆的用量

混凝土拌合物中的水泥浆,赋予混凝土拌合物一定的流动性。在水灰比一定的情况下,增加水泥浆的用量,拌合物的流动性增大,但浪费水泥,且会出现流浆现象,黏聚性变差,影响混凝土的强度及耐久性。水泥浆量过少,不能填满骨料空隙或不能包裹骨料表面时,易产生崩塌现象,黏聚性也变差。因此,水泥浆用量应以满足流动性和强度要求为度,不宜过量或少量。

6.1.3.2　水泥浆的稠度

水泥浆的稠度是由水灰比决定的。在水泥用量一定的情况下,水灰比越小,水泥浆就越稠,混凝土拌合物的流动性越小。当水灰比过小时,流动性太低会使施工困难,不能保证混凝土的密实性。水灰比太大易出现流浆、离析现象,严重影响混凝土的强度,降低质量。一般情况下,应根据混凝土的强度和耐久性要求合理地选用水灰比。

在一定条件下,要使混凝土拌合物获得一定的流动性,所需的单位用水量基本上是一个定值。单纯加大用水量会降低混凝土的强度和耐久性,因此,对混凝土拌合物流动性的调整,应在保持水灰比不变的条件下,以改变水泥浆用量的方法来调整,使其满足施工要求。

6.1.3.3　砂率

砂率是指混凝土中砂的质量占砂石总质量的百分率。砂的作用是填充石子间的空隙,并以水泥砂浆包裹在石子的外表面,减少石子间的摩擦阻力,赋予混凝土拌合物一定的流动性。砂率过大时,骨料的空隙率和总表面积都会增大,水泥浆用量就会增大,在水泥浆量一定的情况下,水泥浆显得少了,削弱了水泥浆的润滑作用,流动性降低。砂率过小,则不能保证粗骨料间有足够的水泥砂浆,也会降低流动性,并严重影响其黏聚性和保水性而造成离析和流浆等现象。

当采用合理砂率时,在用水量和水泥用量一定的情况下,能使混凝土拌合物获得最大的流动性且能保持良好的黏聚性和保水性;或采用合理砂率时,能使混凝土拌合物获得所要求的流动性及良好的黏聚性与保水性,而水泥用量最小。砂率与坍落度和水泥用量的关系如图6.3和图6.4所示。合理的砂率可通过试验求得。

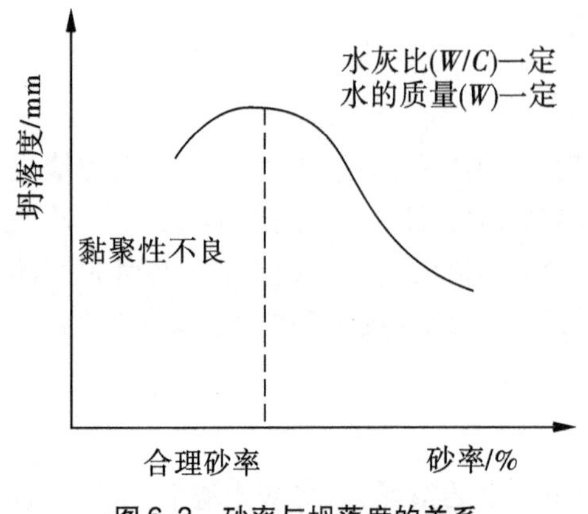

图6.3 砂率与坍落度的关系
（水与水泥用量一定）

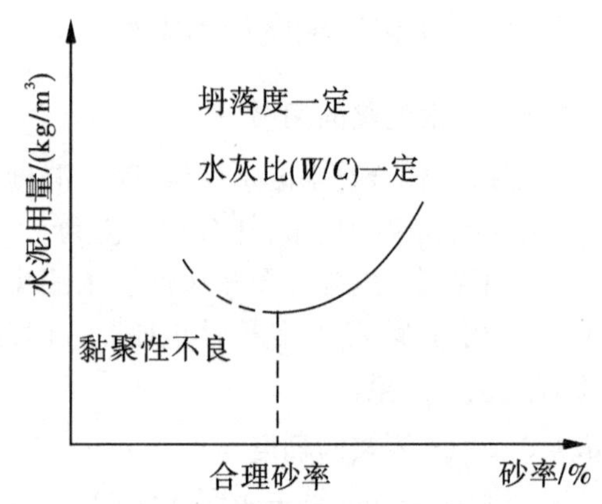

图6.4 砂率与水泥用量的关系
（达到相同的坍落度）

6.1.3.4 组成材料的品种及性质

不同品种的水泥需水量不同，因此在相同配合比时，拌合物的坍落度也将有所不同。普通硅酸盐水泥所配制的混凝土拌合物的流动性和保水性较好；矿渣硅酸盐水泥所配制的混凝土拌合物的流动性比较大，但黏聚性差，易泌水。火山灰质硅酸盐水泥需水量大，在相同加水量条件下，流动性显著降低，但黏聚性、保水性较好。

水泥颗粒的细度对混凝土拌合物的和易性也有影响，当水灰比相同时，水泥细度越大则水泥的总表面积越大，水泥浆的越稠，流动性越差。

采用级配良好、较粗大的骨料，因其骨料的空隙率和总表面积小，包裹骨料表面和填充空隙的水泥浆量少，在相同配合比时拌合物的流动性好些，但砂、石过粗大也会使拌合物的黏聚性和保水性下降。河砂及卵石多呈圆形，表面光滑无棱角，拌制的混凝土拌合物比山砂、碎石拌制的拌合物的流动性好。

6.1.3.5 时间、温度和湿度

拌和后的混凝土拌合物，随时间的延长而逐渐变得干稠，流动性减小。拌合物的和易性也受温度的影响。因为随着环境温度的升高，水分蒸发及水化反应加快，坍落度损失也变快。空气湿度小，拌合物水分蒸发较快，坍落度也会偏小。

6.1.3.6 加外剂

在拌制混凝土时，加入少量的外加剂能使混凝土拌合物在不增加水泥用量的条件下，获得良好的和易性，并且因改变了混凝土结构而提高了混凝土强度和耐久性。

另外，施工工艺、搅拌方式等也对混凝土的和易性有一定影响。采用机械拌和的混凝土比同等条件下人工拌和的混凝土坍落度大；搅拌机类型不同，拌和时间不同，获得的坍落度也不同。

【例6.1】工程实例分析

某小学建砖混结构校舍，11月中旬气温已达零下十几度，因人工搅拌振捣，故把混凝土拌得很稀，木模板缝隙又较大，漏浆严重，至12月9日，施工者准备内粉刷，拆去支柱，

在屋面上铺设保温层,大梁突然断裂,屋面塌落。

分析:经检查发现该事故是由于混凝土水灰比太大,混凝土离析现象严重,上部为水泥砂浆,下部卵石,造成强度严重降低。事后调查,强度仅为设计强度的一半。

6.1.4 改善混凝土拌合物和易性的主要措施

改善砂、石的级配;尽量采用较粗大的砂、石;尽可能降低砂率,通过试验,采用合理砂率;混凝土拌合物坍落度太小时,保持水灰比不变,适当增加水泥浆用量,当坍落度太大,但黏聚性良好时,可保持砂率不变,适当增加砂、石用量;掺用外加剂。

6.2 混凝土的强度

6.2.1 混凝土抗压强度与强度等级

强度是硬化混凝土最重要的性能之一,混凝土的其他性能均与强度有密切关系。混凝土的强度主要有抗压强度、抗折强度、抗拉强度和抗剪强度等。其中抗压强度值最大,抗拉强度值最小,因此在结构工程中混凝土主要用于承受压力。一般来说,混凝土的强度愈高,其刚性、抗渗性、抵抗风化和某些侵蚀介质的能力也愈高,混凝土的抗压强度也是配合比设计、施工控制和工程质量检验评定的主要技术指标。

6.2.1.1 混凝土立方体抗压强度

《混凝土物理力学性能试验方法标准》(GB/T 50081—2019)规定:制作150 mm×150 mm×150 mm的标准立方体试件,在标准条件[温度(20±2)℃,相对湿度≥95%]下,养护到28 d龄期,用标准试验方法测得的抗压强度值为混凝土立方体抗压强度,以f_{cu}表示。

测定混凝土立方体抗压强度,也可以采用非标准尺寸的试件,再按照换算系数进行换算。见表6.4。

表6.4 混凝土试件不同尺寸的强度换算系数(GB/T 50204—2015)

骨料最大粒径/mm	试件尺寸/(mm×mm)	换算系统
≤31.5	100×100×100	0.95
≤40	150×150×150	1
≤63	200×200×200	1.05

6.2.1.2 混凝土立方体抗压强度标准值和强度等级

混凝土立方体抗压强度标准值是指按标准方法制作和养护的边长为150 mm的立方体试件,在28 d龄期,用标准试验方法测其抗压强度,在抗压强度总体分布中,具有95%强度保证率的立方体试件抗压强度,称为混凝土立方体抗压强度标准值(以$f_{cu,k}$表示)。混凝土强度等级采用符号C与立方体抗压强度标准值(以MPa计)表示。混凝土强度等级有 C20、C25、C30、C35、C40、C45、C50、C55、C60、C65、C70、C75、C80 等。如 C25,表示混凝土立方体抗压强度标准值为:$f_{cu,k} \geqslant 25$ MPa,即大于等于 25 MPa 的概率为 95% 以上。

素混凝土结构的混凝土强度等级不应低于 C20,钢筋混凝土结构的混凝土强度等级不应低于 C25,预应力混凝土结构的混凝土强度等级不宜低于 C40,且不应低于 C30。

6.2.2 轴心抗压强度(f_{cp})

在实际工程中,混凝土结构构件大部分是棱柱体或圆柱体。为了使测得的混凝土强度接近构件的实际情况,在计算钢筋混凝土轴心受压时,常用轴心抗压强度 f_{cp} 作为设计依据。

根据国家标准 GB/T 50081—2019 的规定,采用 150 mm×150 mm× 300 mm 的棱柱体作为标准试件,在标准养护条件下养护 28 d 龄期,按照标准实验方法测得的抗压强度,即为轴心抗压强度。轴心抗压强度 f_{cp} 约为立方体抗压强度 f_{cu} 的 0.70 ~0.80 倍。

6.2.3 混凝土的抗拉强度

混凝土的抗拉强度只有抗压强度的 1/10 ~1/20,且随着混凝土强度等级的提高,这个比值有所降低。因此,在钢筋混凝土结构设计中一般不考虑抗拉强度。但混凝土的抗拉强度对抵抗裂缝的产生有着重要意义,是结构计算中确定混凝土抗裂度的重要指标,有时也用来间接衡量混凝土与钢筋间的黏结强度,并预测由于干湿变化和温度变化而产生的裂缝。我国采用劈裂法间接测定抗拉强度。

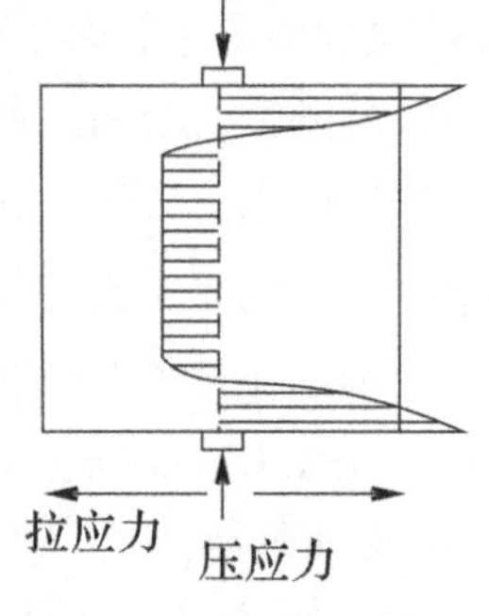

图 6.5 劈裂试验时垂直于受力面的应力分布

劈裂试验方法是采用边长为 150 mm 的立方体标准试件,在试件的两个相对表面中线上加垫条,施加均匀分布的压力,则在外力作用的竖向平面内产生均匀分布的拉力,如图 6.5 所示,该应力可以根据弹性理论计算得出。

混凝土物理力学性能试验法标准

6.2.4 影响混凝土强度的因素

混凝土的破坏可能有三种形式:水泥石与粗骨料的接合面发生破坏、水泥石本身的破坏以及骨料的破坏。因为骨料强度一般都大于水泥石强度和黏结面的黏结强度,所以混凝土强度主要取决于水泥石强度和水泥石与骨料表面的黏结强度。在混凝土结构形成过程中,多余水分残留在水泥石中形成毛细孔;水分的析出在水泥石中形成泌水通道,或聚集在粗骨料下缘处形成水囊;水泥水化产生的化学收缩以及各种物理收缩等还会在水泥石和骨料的界面上形成微细裂缝。常见的普通混凝土受力破坏一般出现在骨料和水泥石的界面上。

而水泥石强度、水泥石与骨料表面的黏结强度又与水泥强度、水胶比、骨料性质等有密切关系。此外,混凝土强度还受施工工艺、养护条件及龄期等多种因素的影响。

6.2.4.1 水泥强度和水胶比

当混凝土配合比相同时,水泥强度等级越高,所配制的混凝土强度也就越高,当水泥强度等级相同时,混凝土的强度主要取决于水胶比。若水胶比过大,混凝土硬化后,多余的水分蒸发后在混凝土内部形成过多的孔隙，混凝土的强度将会越低。所以，在水泥强度和其他条件相同的情况下，水胶比越小，混凝土的强度越高。但水胶比过小，拌合物过于干硬，造成施工困难（混凝土不易被振捣密实，出现较多蜂窝、空洞），反而导致混凝土强度下降，见图6.6。

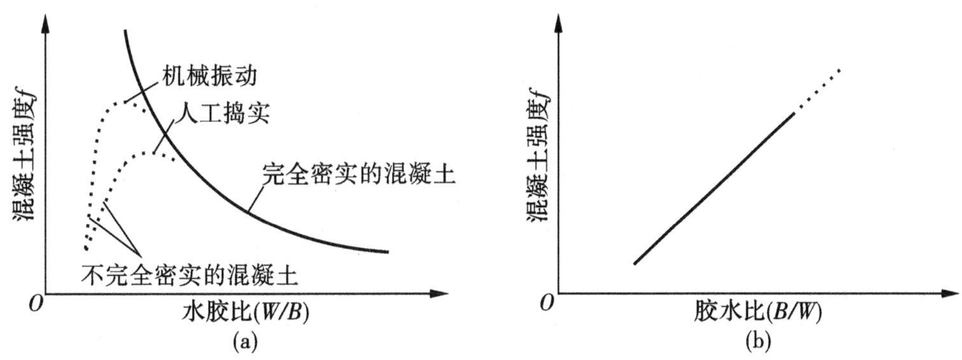

图6.6 混凝土强度与水胶比和胶水比的关系

大量试验表明，在原材料一定的情况下，混凝土28 d龄期抗压强度（$f_{cu,28}$）与水泥实际强度（f_{ce}）及水胶比（W/B）之间的关系符合下列经验公式：

$$f_{cu,28} = \alpha_a \cdot f_b \cdot \left(\frac{B}{W} - \alpha_b\right) \tag{6.1}$$

式中 $f_{cu,28}$——混凝土立方体28 d抗压强度，MPa；

α_a、α_b——回归系数，根据工程所使用的水泥和粗、细骨料种类通过试验建立的灰水比与混凝土强度关系式来确定。若无上述试验统计资料，则可按《普通混凝土配合比设计规程》（JGJ 55—2011）的规定，碎石混凝土 $\alpha_a = 0.53$，$\alpha_b = 0.20$；卵石混凝土 $\alpha_a = 0.49$，$\alpha_b = 0.13$）；

B/W——胶水比；

f_b——胶凝材料28 d胶砂强度实测值，MPa，无实测值时可按下式估算：

$$f_b = \gamma_f \cdot \gamma_s \cdot f_{ce} \tag{6.2}$$

式（6.2）中，γ_f、γ_s 分别为粉煤灰影响系数和粒化高炉矿渣影响系数，见表6.5；f_{ce}为水泥28天胶砂抗压强度值，可实测；无实测值时，按下式计算：

$$f_{ce} = \gamma_c \cdot f_{ce,g} \tag{6.3}$$

式（6.3）中，γ_c 为水泥强度等级富余系数，可按实际统计资料确定；若无时，按表6.6选用；$f_{ce,g}$为水泥强度等级值，MPa。

表6.5 粉煤灰影响系数 γ_f 和粒化高炉矿渣影响系数 γ_s（JGJ 55—2011）

掺量	粉煤灰影响系数	粒化高炉矿渣影响系数
0	1.00	1.00
10	0.85～0.95	1.00
20	0.75～0.85	0.95～1.00

续表 6.5

掺量	粉煤灰影响系数	粒化高炉矿渣影响系数
30	0.65～0.75	0.90～1.00
40	0.55～0.65	0.80～0.90
50	—	0.70～0.85

注:1.采用Ⅰ级、Ⅱ级粉煤灰取上限;

2.采用S75级粒化高炉矿渣粉宜取下限值,采用S95级粒化高炉矿渣粉宜取上限值,采用S105级粒化高炉矿渣可取上限值加0.05;

3.当超出表中掺量时,粉煤灰和粒化高炉矿渣粉影响系数应经试验确定。

表 6.6 水泥强度等级富余系数(JGJ 55—2011)

水泥强度等级值	32.5	42.5	52.5
富余系数	1.12	1.16	1.10

混凝土强度公式一般只适用于水胶比为0.4～0.8的塑性混凝土和低流动性混凝土,不适用于干硬性混凝土。利用混凝土强度经验公式,可进行下面两个问题的估算:

(1)根据所用水泥强度和水灰比来估算所配制的混凝土强度;

(2)根据水泥强度和要求的混凝土等级来计算应采用的水胶比。

【例6.2】已知某混凝土所用水泥实测强度为29.2 MPa,水胶比为0.52,碎石。试估算该混凝土28 d抗压强度值。

解:已知 $W/B=0.52$,所以 $B/W=1/0.52=1.92$

碎石混凝土 $\alpha_a=0.53$,$\alpha_b=0.20$

代入公式(6.1):$f_{cu,28}=0.53\times29.2\times(1.92-0.20)=26.62$ MPa

该混凝土28 d的强度估算值为26.62 MPa。

6.2.4.2 骨料的品种、质量及数量

当骨料级配良好、砂率适当时,由于组成了坚强密实的骨架,有利于混凝土强度的提高。如果混凝土骨料中有害杂质较多、品质低、级配不好时,会降低混凝土的强度。

由于碎石表面粗糙有棱角,在坍落度相同的条件下,用碎石拌制的混凝土比用卵石的强度要高。

骨料的强度影响混凝土的强度,一般情况下,骨料强度越高,所配制的混凝土强度越高,这在低水灰比和配制高强度混凝土时,特别明显。骨料粒形以三维长度相等或相近的球形或立方体为好,若含有较多扁平颗粒或细长的颗粒,导致混凝土强度下降。

骨料的数量对于强度等级高于C35的混凝土影响较为明显。骨料数量增多,吸水量增大,有效地降低了水灰比,使混凝土强度提高。另外,水泥浆量相对减少,混凝土内部孔隙也随之减少,骨料对混凝土强度所起作用得以更好发挥。

6.2.4.3 掺合料和外加剂

混凝土中加入的掺合料对混凝土抗压强度、和易性和耐久性等都有很大的影响。在

流动性相同的情况下，需水量较小的掺合料会增加混凝土的强度，如优质粉煤灰具有较强的减水功能，在相同胶凝材料用量下可使水胶比大幅度降低，从而使混凝土的强度得到提高。

不同的外加剂对混凝土性能影响不同，如减水剂能在保持相同坍落度的情况下减少水的用量，降低水胶比，提高强度；而引气剂的掺量加大将会使混凝土的含气量增加，强度显著下降。

6.2.4.4 养护温度、湿度

混凝土浇捣成型后，必须在一定时间内保持适当的温度和湿度以使水泥充分水化，这就是混凝土的养护。混凝土如果在干燥环境中养护，混凝土会失水干燥而影响水泥的正常水化，甚至停止水化，这不仅严重降低混凝土的强度，而且会引起干缩裂缝和结构疏松，进而影响混凝土的耐久性。

在保证足够湿度的情况下，养护温度不同，对混凝土强度影响也不同。温度升高，水泥水化速度加快，混凝土强度增长也加快；温度降低，水泥水化作用延缓，混凝土强度增长也减慢。当温度降至 0 ℃以下时，混凝土中的水分大部分结冰，不仅强度停止发展，而且混凝土内部还可能因结冰膨胀而破坏，使混凝土的强度大大降低。

为了保证混凝土的强度持续增长，必须在混凝土成型后一定时间内，维持周围环境有一定的温度和湿度。冬季施工，尤其要注意采取保温措施；夏季施工的混凝土，要通过洒水等措施保持混凝土试件潮湿。混凝土浇筑后应及时进行保湿养护，保湿养护可采用洒水、覆盖、喷涂养护剂等方式。

混凝土的养护时间应符合下列规定：采用硅酸盐水泥、普通硅酸盐水泥或矿渣硅酸盐水泥配制的混凝土，不应少于 7 d；采用其他品种水泥时，养护时间应根据水泥性能确定；采用缓凝型外加剂、大掺量矿物掺合料配制的混凝土，不应少于 14 d；抗渗混凝土、强度等级 C60 及以上的混凝土，不应少于 14 d。

同条件养护试件的养护条件应与实体结构部位养护条件相同，并应采取措施妥善保管。

混凝土构件或制品厂生产可采用蒸汽养护、湿热养护或潮湿自然养护等方法进行养护。

【知识链接】

蒸汽养护和蒸压养护、自然养护

常压蒸汽养护：将混凝土置于低于 100 ℃的常压蒸汽中养护 16 ~ 20 h 后，可获得在正常条件下养护 28 d 强度的 70% ~ 80%。

高压蒸汽养护(蒸压养护)：将混凝土置于 175 ℃、0.8 MPa 蒸压釜中进行养护，能促进水泥的水化，明显提高混凝土强度。蒸压养护特别适用于掺混合材料硅酸盐水泥拌制的混凝土。

自然养护是指在室外平均气温高于 5 ℃的条件下，选择适当的覆盖材料并适当浇水，使混凝土在规定的时间内保持湿润环境，自然养护又分为洒水养护、薄膜布养护和喷洒薄膜养生液养护等。

6.2.4.5 养护时间(龄期)

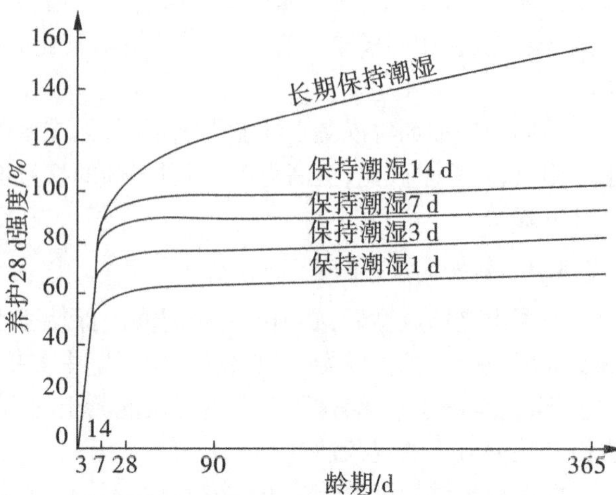

图 6.7 混凝土强度与保湿养护时间的关系

混凝土在正常养护条件下,强度将随龄期的增长而提高。混凝土的强度在最初的 3～7 d 内增长较快,28 d 后逐渐变慢,只要保持适当的温度和湿度,其强度会一直有所增长,可延续几年,甚至几十年之久,见图 6.7。一般以混凝土 28 d 的强度作为设计强度值。

在标准养护条件下,普通混凝土强度大致与龄期的对数成正比,计算式如下:

$$\frac{f_n}{f_{28}} = \frac{\lg n}{\lg 28} \qquad (6.4)$$

式中 n ——养护龄期,d;$n \geqslant 3$;

f_n——需推算 n(d)龄期时混凝土的强度,MPa;

f_{28}——28 d 龄期时混凝土的强度,MPa。

用式(6.4)可估算混凝土 28 d 的抗压强度,反之,当知道混凝土 28 d 的抗压强度,可推算 28 d 之前的任一龄期强度,以此作为确定混凝土拆模、构建起吊、放松预应力钢筋等工序的依据。

混凝土结构工程施工规范

6.2.4.6 试验条件对混凝土强度测定值的影响

试验条件是指试件的尺寸、形状、表面状态及加荷速度等。试验条件不同,混凝土强度的试验值也不同。

(1)试件尺寸

相同配合比的混凝土,试件的尺寸越小,测得的强度越高,试件尺寸影响强度的主要原因是试件尺寸大时,内部孔隙、缺陷等出现的概率也大,导致有效受力面积的减小及应力集中,从而引起强度的降低。

(2)试件的形状

当试件受压面积($a \times a$)相同,而高度(h)不同时,高宽比(h/a)越大,抗压强度越小。

(3)表面状态

混凝土试件承压面的状态也是影响混凝土强度的重要因素。当试件受压面上有油脂类润滑剂时,试件受压时的环箍效应大大减小,试件将出现直裂破坏(如图 6.8),测出的强度值也较低。

(4)加荷速度

加荷速度越快,测得的混凝土强度值也越大,当加荷速度超过 1.0 MPa/s 时,这种趋势更加显著。因此,我国标准规定混凝土抗压强度的加荷速度为 0.3～1.0 MPa/s,且应连续匀地进行加荷。

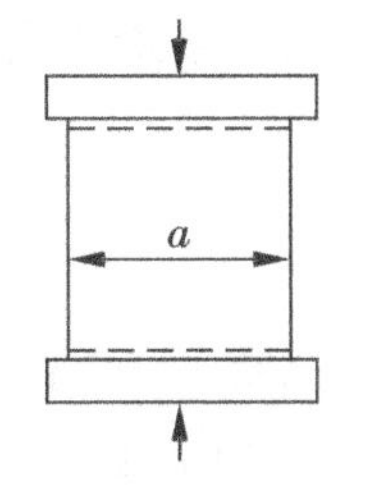

(a)压力机压板对试件的约束作用

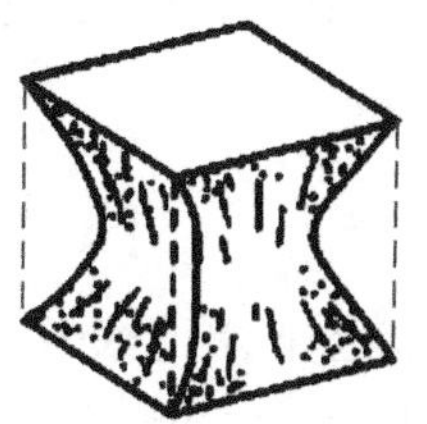
(b)试件破坏后残存的棱锥试体

(c)不受压板约束时试件的破坏情况

图6.8　混凝土受压试验

6.2.4.7　施工因素的影响

混凝土施工工艺较为复杂,在一定的施工条件下,只有配料准确,搅拌均匀,振捣密实,养护适宜(洒水养护),每一个工序都严格遵守施工规范,才能确保混凝土的强度。

6.2.5　提高混凝土强度的措施

采用高强度等级的水泥;采用较小的水灰比(掺入减水剂等);采用有害杂质少,级配良好、颗粒适当的骨料和合理的砂率;采用机械搅拌和机械振动成型(均匀、可降低用水量、密实)工艺;保持合理的养护温度和一定的湿度,条件许可时采用湿热养护提高早期强度;掺入合适的混凝土外加剂(减水剂、早强剂)、掺合料。

6.3　混凝土的耐久性

混凝土抵抗环境介质作用并长期保持其良好的使用性能和外观完整性,从而维持混凝土结构的安全、正常使用的能力称为混凝土的耐久性。简单地说,耐久性指混凝土在长期使用中能保持质量稳定的性质。混凝土耐久性是一项综合性能,主要包括抗渗性、抗冻性、抗侵蚀性、抗碳化性及碱-骨料反应抑制性。

6.3.1　抗渗性

混凝土抵抗水、油等液体在压力作用下渗透的性能称为抗渗性。混凝土用抗渗等级来表示其抗渗性,抗渗等级是以28 d龄期的标准混凝土抗渗试件,按规定试验方法,以不渗水时所能承受的最大水压(MPa)来确定。抗渗等级有P4、P6、P8、P10、P12、大于P12六个等级,它们分别表示能抵抗0.4、0.6、0.8、1.0、1.2 MPa的液体压力而不被渗透。

混凝土渗水与孔隙率的大小、孔隙的构造有关,当混凝土存在大量开口连通的孔时,水就会沿着这些孔隙形成的渗水通道进入混凝土。因此,抗渗性不但关系到混凝土本身的防渗性能,还直接影响到混凝土的抗冻性、抗侵蚀性等其他耐久性指标。由于水分渗入内部,对钢筋混凝土还可能引起钢筋的锈蚀、混凝土保护层的开裂和剥落。

提高混凝土抗渗性的主要措施是提高混凝土的密实度和改善混凝土中的孔隙结构;

减少连通孔隙,这些可通过采用低的水灰比、选择合适的骨料级配、充分振捣和养护、掺入引气剂等方法来实现。

6.3.2 抗冻性

混凝土抗冻性指混凝土在水饱和状态下,能经受多次冻融循环而不破坏,同时也不严重降低强度的性能。在寒冷地区,特别是在接触水又受冻的环境下的混凝土,应具有较高抗冻性。抗冻性以抗冻等级来评价,F50、F100、F150、F200、F250、F300、F350、F400、大于F400 等九个等级,分别表示混凝土能承受冻融循环的最大次数不小于 10、15、25、50、100、150、200、250、300、350、400 和大于 400 次。

低水灰比、密实的混凝土和具有封闭孔隙的混凝土(如引气混凝土)抗冻性较高。提高混凝土的抗冻性的措施有:掺入引气剂、减水剂和防冻剂;减小水灰比;选择合适的骨料级配、充分振捣和养护。在寒冷地区,特别是潮湿环境下受冻的混凝土工程,其抗冻性是评定混凝土耐久性的重要指标。

6.3.3 抗侵蚀性

当混凝土所处环境中含有侵蚀性介质时,混凝土便会遭受侵蚀。通常有软水侵蚀、盐的侵蚀、酸的侵蚀等,其侵蚀机理同水泥的腐蚀。混凝土在地下工程、海岸与海洋工程等恶劣环境中的应用,对混凝土的抗侵蚀性提出了更高的要求。

混凝土的抗侵蚀性与所用水泥品种、混凝土的密实程度和孔隙特征等有关,密实和孔隙封闭的混凝土,环境水不易侵入,抗侵蚀性较强。

提高混凝土抗侵蚀性的主要措施有:合理选择水泥品种、降低水灰比、提高混凝土密实度和改善孔隙结构。混凝土抗冻性能、抗水渗透性能和抗硫酸盐侵蚀性能的等级划分见表 6.7。

表 6.7 混凝土抗冻性能、抗水渗透性能和抗硫酸盐侵蚀性能的等级划分
(GB/T 50164—2011)

抗冻等级(快冻法)		抗冻标号(慢冻法)	抗渗等级	抗硫酸盐等级
F50	F250	D50	P4	KS30
F100	F300	D100	P6	KS60
F150	F350	D150	P8	KS90
F200	F400	D200	P10	KS120
>F400		>D200	P12	KS150
			>P12	>KS150

6.3.4　抗碳化性

混凝土的碳化是指混凝土内水泥石中的 $Ca(OH)_2$ 与空气中的 CO_2，在湿度适宜时发生化学反应，生成 $CaCO_3$ 和水。

水泥的碱性可使混凝土中的钢筋表面生成一层钝化膜，从而保护钢筋免于锈蚀。碳化使混凝土的碱度降低，钢筋表面钝化膜破坏，导致钢筋锈蚀。钢筋锈蚀还会导致膨胀，使混凝土保护层开裂或剥落。

混凝土的碳化是 CO_2 由表及里逐渐向混凝土内部扩散的过程。碳化消耗了混凝土中的 $Ca(OH)_2$，碱度降低，减弱了对钢筋的保护作用，同时增加了混凝土的收缩，引起混凝土表面出现微细裂缝，从而降低混凝土的抗拉、抗折强度及抗渗能力。但表面混凝土碳化时生成 $CaCO_3$，可填充水泥石孔隙，提高密实度，可防止有害介质的侵入。

影响碳化速度的主要因素有环境中 CO_2 的浓度、水泥品种、水灰比、环境湿度等。当环境中的相对湿度在 50% ~75% 时，碳化速度最快，当相对湿度小于 25% 或大于 100% 时，碳化将停止。

提高混凝土抗碳化的措施：合理选择水泥品种，降低水灰比，掺入减水剂或引气剂，保证混凝土保护层的质量与厚度；加强振捣与养护。混凝土抗碳化性能的等级划分见表 6.8。

表 6.8　混凝土抗碳化性能的等级划分（GB/T 50164—2011）

等级	T-Ⅰ	T-Ⅱ	T-Ⅲ	T-Ⅳ	T-Ⅴ
碳化深度 d/mm	≥30	≥20，<30	≥10，<20	≥0.1，<10	<0.1

6.3.5　碱-骨料反应

碱-骨料反应指混凝土中的碱与具有碱活性的骨料之间发生反应，反应产物吸水膨胀或反应导致骨料膨胀，造成混凝土开裂破坏的现象。

碱-骨料反应必须具备以下三个条件：一是水泥中碱的含量大于 0.6%；二是骨料中含有一定的活性成分；三是有水存在。

为避免碱-骨料反应发生，可采取以下措施：严格控制水泥中的碱含量（不大于 0.6%）；降低单位水泥用量，选用含碱量低的外加剂等；在水泥中掺入火山灰质混合料，以减小膨胀值；在混凝土中掺入引气剂或引气减水剂，利用气泡降低膨胀破坏应力；提高混凝土密实度，使混凝土处于干燥状态。

普通混凝土长期性能和耐久性能试验方法标准

6.3.6　提高混凝土耐久性的措施

混凝土所处的环境和使用条件不同，对其耐久性的要求也不相同。混凝土结构的环境类别见表 6.9。

表6.9 混凝土结构的环境类别（GB 50010—2010）

环境类别	条件
一	室内干燥环境、无侵蚀性静水浸没环境
二 a	室内潮湿环境； 非严寒和非寒冷地区的露天环境； 非严寒和非寒冷地区与无侵蚀性的水或土壤直接接触的环境； 严寒和寒冷地区的冰冻线以下与无侵蚀性的水或土壤直接接触的环境
二 b	干湿交替环境； 水位频繁变动环境； 严寒和寒冷地区的露天环境； 严寒和寒冷地区冰冻线以上与无侵蚀性的水或土壤直接接触的环境
三 a	严寒和寒冷地区冬季水位变动区环境； 受除冰盐影响环境； 海风环境
三 b	盐渍土壤； 受除冰盐作用环境； 海岸环境
四	海水环境
五	受人为或自然的侵蚀性物质影响的环境

注:1. 室内潮湿环境是指构件表面经常处于结露或湿润状态的环境；

2. 严寒和寒冷地区的划分应符合现行国家标准《民用建筑热工设计规范》GB 50176 的规定；

3. 海岸环境和海风环境宜根据当地情况，考虑主导风向及结构所处迎风、背风部位等因素的影响，由调查研究和工程经验确定；

4. 受除冰盐影响环境是指受到除冰盐盐雾影响的环境，受除冰盐作用环境是指被除冰盐溶液溅射的环境以及使用除冰盐地区的洗车房、停车楼等建筑。

混凝土的密实度是影响耐久性的主要因素，其次是原材料的质量、施工质量、孔隙率和孔隙特征等。提高混凝土耐久性的主要措施有：

（1）合理选择水泥品种，根据混凝土工程的特点和所处的环境条件选用水泥。

（2）选用质量良好、技术条件合格的砂石骨料。

（3）严格控制水灰（胶）比和胶凝材料的用量，是保证混凝土密实度、提高混凝土耐久性的关键。混凝土的最小胶凝材料用量应符合表6.10 的规定，设计使用年限为50 年的混凝土结构，其混凝土材料的耐久性应符合表6.11 的相关规定。

（4）掺入减水剂或引气剂，改善混凝土的孔隙率和孔结构，对提高混凝土的抗渗性和抗冻性具有良好作用。

（5）改善施工操作，保证施工质量。

表6.10　混凝土的最小胶凝材料用量(JGJ 55—2011)

最大水胶比	最小胶凝材料用量/(kg/m³)		
	素混凝土	钢筋混凝土	预应力混凝土
0.60	250	280	300
0.55	280	300	300
0.50	320		
≤0.45	330		

表6.11　结构混凝土材料的耐久性基本要求(GB 50010—2010)

环境等级	最大水胶比	最低强度等级	水溶性氯离子最大含量/%	最大碱含量/(kg/m³)
一	0.60	C20	0.30	不限
二a	0.55	C25	0.20	3.0
二b	0.50(0.55)	C30(C25)	0.10	
三a	0.45(0.50)	C35(C30)	0.10	
三b	0.40	C40	0.06	

注:氯离子含量按氯离子占水泥用量的质量百分比计算。

6.4　混凝土的变形性

混凝土在硬化和使用过程中,由于受到物理、化学、力学等因素的影响,通常会发生各种变形,这些变形会导致混凝土产生开裂等缺陷,从而影响混凝土的耐久性及强度。

混凝土的变形包括非荷载作用下的变形和荷载作用下的变形。非荷载作用下变形又包括化学收缩、塑性收缩、干湿变形、温度变形;荷载作用下变形包括短期变形和长期变形。

6.4.1　混凝土在非荷载作用下的变形

(1)化学收缩

由于水泥水化生成物的体积,比反应前物质的总体积小,而使混凝土收缩,这种收缩称为化学收缩。一般在混凝土成型后40多天内增长较快,以后就渐趋稳定。化学收缩是不可恢复的,可使混凝土内部产生微细裂缝。

(2)干湿变形

由于周围环境的湿度变化引起混凝土变形称为干湿变形,表现为干缩湿涨。混凝土因失水产生收缩,重新吸水后大部分可恢复。干缩变形对混凝土危害较大,它可使混凝土表面出现较大拉应力而开裂,使混凝土的耐久性降低。

(3)温度变形

混凝土的热胀冷缩变形称为温度变形。温度变形对大体积混凝土工程极为不利。在混凝土硬化初期,水泥水化放出较多热量,大体积混凝土内部热量不能及时散出去,内外温差大,在外表混凝土中将产生很大拉应力,严重时会使混凝土产生裂缝。因此,对大体积混凝土工程应采用低热水泥,减少水泥用量,掺加缓凝型外加剂及采取人工降温等措施。

一般纵长的钢筋混凝土结构物,每隔一段长度,应设置温度伸缩缝及温度钢筋,以减少温度变形造成的危害。

6.4.2 混凝土在荷载作用下的变形

6.4.2.1 短期荷载作用下的变形

混凝土结构中含有砂、石、水泥石(水泥石中又存在着凝胶、晶体和未水化的水泥颗粒)、游离水分和气泡,这导致混凝土本身的不均匀性。混凝土不是一种完全的弹性体,而是一种弹塑性体。混凝土在受力时,既产生可以恢复的弹性形变,又产生不可恢复的塑性变形,其应力-应变曲线见图6.9。

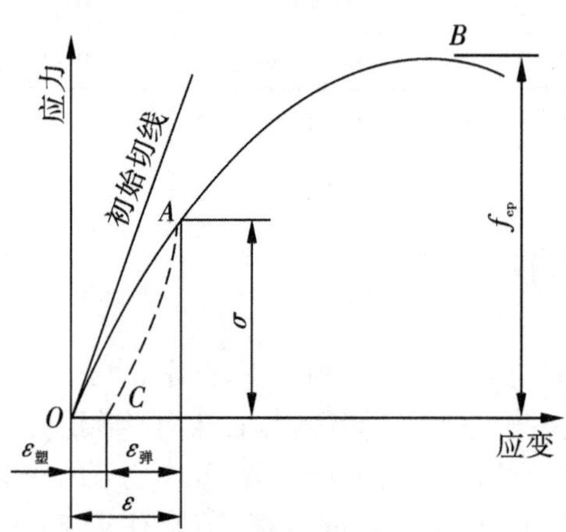

图6.9 混凝土在短期压力作用下的应力-应变曲线

混凝土受压破坏变形主要是在其凝结硬化过程中,水泥浆与骨料、水泥浆内部就已存在随机分布的微细界面裂缝。当在荷载的作用下,随着荷载的增大,这些界面裂缝逐渐增大相连,由内部表现到混凝土表面上来,说明混凝土受力达到了最大极限,混凝土被破坏。

水泥用量少,水灰比小,粗细骨料用量较多,混凝土弹性模量大;骨料弹性模量大,质量好,级配良好,混凝土弹性模量大;在相同强度情况下,早期养护温度较低的混凝土具有较大的弹性模量,蒸汽养护混凝土弹性模量比标准养护的混凝土的小;引气混凝土弹性模量较非引气的低20% ~30%。

6.4.2.2 在长期荷载作用下的变形——徐变

混凝土在长期荷载作用下,沿着作用力方向的变形会随时间不断增长,即荷载不变,而变形随时间延长不断增长,一般可持续2~3年才趋于稳定。这种现象称为徐变。

在加荷早期增长较快,然后逐渐减慢,当混凝土卸载后,一部分变形瞬时恢复,还有一部分要过一段时间才恢复,称为徐变恢复,剩余不可恢复部分称残余变形。

混凝土徐变原因,主要是水泥石的徐变引起的,是由于水泥石中的凝胶体在长期荷载作用下的黏性流动,并向毛细孔中流动,同时吸附在凝胶粒子上的吸附水因荷载应力而向毛细孔渗透的结果。早期变化大,后期变化小。

徐变有利于削弱由温度、干缩等引起的约束变形,从而防止裂缝的产生;徐变也能减弱钢筋混凝土内部的应力集中,使应力较均匀地重新分布。但在预应力结构中,徐变将使钢筋预加应力受到损失,造成不利影响。

混凝土的水灰比较小或在水中养护时,徐变较小;水灰比相同的混凝土,其水泥用量愈多,徐变愈大;混凝土所用骨料的弹性模量较大时,徐变较小;所受应力越大,徐变越大。

混凝土的质量受多种因素的影响,如原材料的质量波动、施工配料的误差、环境温湿度变化等。为了使混凝土达到设计要求的和易性、强度、耐久性,除选择适宜的原材料及确定恰当的配合外,还应在施工过程中对各个环节进行质量检验和质量控制。

6.5 混凝土质量的控制与强度评定

混凝土的质量是影响混凝土结构可靠性的一个重要因素,决定混凝土建筑物的使用寿命。混凝土的质量控制包括两个方面:一个是生产过程的控制,另一个是产品合格性控制。

6.5.1 混凝土生产过程的质量控制

6.5.1.1 原材料的质量控制

混凝土所用的原材料必须通过质量检验,满足相应的技术标准,且各组成材料的质量必须满足工程设计与施工的要求后方可使用,如混凝土的强度、坍落度、含气量等。各种原材料应逐批检查出厂合格证和检验报告,同时,为了防止产生混料及错批,或由于时间效应引起的质量变化,材料在使用前最好进行复检。

6.5.1.2 混凝土配合比的控制

根据工程的需要进行试验室配合比的设计,再结合施工现场具体情况对施工配合比进行及时调整。经常测定骨料的含水率,了解运输过程中混凝土拌合物坍落度的损失,在保证水胶比不变的条件下,调整用水量和砂率,以保证混凝土的强度。

6.5.1.3 施工过程控制

(1)拌和时应准确控制材料的称量。各组成材料的计量偏差应满足《混凝土质量控制标准》(GB 50164—2011)的规定,即胶凝材料、掺合料的误差控制在2%以内,粗、细骨料的计量误差控制在3%以内,拌和用水、外加剂计量误差控制在1%以内。

(2)混凝土搅拌应采用强制式搅拌机,原材料投放方式应满足混凝土搅拌技术要求和混凝土拌合物质量要求。

(3)拌合物在运输时要尽量减少转运次数,缩短运输时间,采取正确装卸措施,防止在运输中出现离析、泌水、流浆等不良现象。

(4)浇筑时应采取适宜的入仓方法,并严格限制卸料高度,防止离析;对每层混凝土应按顺序振捣均匀,严禁漏振和过量振动。拌合物入模温度不低于 5 ℃,且不应高于 35 ℃。

(5)浇筑后必须在一定时间内进行养护,保持必要的温度及湿度,保证水泥正常凝结硬化,从而保证混凝土的强度发展,防止混凝土发生干缩裂缝。

【例 6.3】工程实例分析

某工程使用等量的 42.5 普通硅酸盐水泥粉煤灰配制强度 C25 混凝土,工地现场搅拌,为赶进度,搅拌时间较短。拆模后检测,发觉所浇筑的混凝土强度波动大,部分低于所要求的混凝土强度指标。

分析:这是由于混凝土的质量控制不好导致的结果。该混凝土强度等级较低,而选用的水泥强度等级较高,故使用了较多的粉煤灰作掺合剂。由于搅拌时间较短,粉煤灰与水泥搅拌不够均匀,导致混凝土强度波动大,以致部分混凝土强度未达要求。

6.5.2 混凝土质量评定的数理统计方法

6.5.2.1 混凝土强度的波动规律——正态分布

由于混凝土质量的波动将直接反映到最终的强度上,而混凝土的抗压强度又与其他性能有较好的相关性,因此,在混凝土生产质量管理中,常以混凝土的抗压强度作为评定和控制其质量的主要指标。

工程实践证明,对同一强度等级的混凝土,在施工条件基本一致的情况下,其强度波动服从正态分布规律(见图 6.10)。

正态分布曲线是以平均强度为对称轴,距离对称轴越近,强度概率值越大;距离对称轴越远,强度概率值越小。对称轴两侧曲线上各有一个拐点,拐点距对称轴的水平距离为强度标准差(σ);曲线与横轴之间的面积为概率的总和,等于 100%,对称轴两边出现的概率各为 50%。在数理统计方法中,常用强度平均值、强度标准差、变异系数和强度保证率等统计参数来综合评定混凝土质量。

6.5.2.2 统计参数

(1)混凝土强度平均值$\overline{f_{cu}}$(反映混凝土强度总体的平均水平,但不能反映混凝土的波动情况)

$$\overline{f_{cu}} = \frac{1}{n}\sum_{i=1}^{n} f_{cu,i}$$

式中 $\overline{f_{cu}}$——强度平均值,MPa;

n——试件组数,$n \geqslant 30$;

$f_{cu,i}$——第 i 组混凝土试件的立方体抗压强度值,MPa。

(2)强度标准差 σ(正态分布曲线上拐点至对称轴的垂直距离)

标准差的几何意义是正态分布曲线上拐点至对称轴的垂直距离,如图6.11所示。可以看出,σ 越小,曲线高而窄,混凝土质量控制较稳定,生产管理水平较高;σ 过小,不经济。σ 越大,曲线低而宽,表明强度值离散性大,混凝土质量控制较差。因此 σ 值是评定混凝土质量均匀性的重要指标。

$$\sigma = \sqrt{\frac{\sum_{i=1}^{n} f_{cu,i}^{2} - n\overline{f_{cu}}^{2}}{n-1}}$$

式中 σ ——n 组试件抗压强度标准差,MPa;

n——统计周期内试件组数,$n \geqslant 30$;

$\bar{f}_{cu}$ ——统计周期内 n 组混凝土立方体抗压强度平均值,精确到0.1 MPa;

$f_{cu,i}$——统计周期内第 i 组混凝土试件的立方体抗压强度值,精确到0.1 MPa。

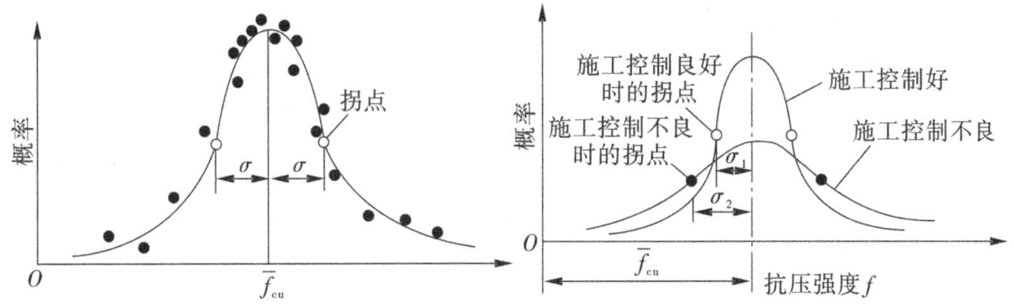

图6.10 混凝土强度正态分布曲线

图6.11 混凝土强度离散性不同的正态分布曲线

(3)变异系数 C_v(离散系数)

由于在相同生产管理水平下,混凝土的强度标准差会随平均强度的提高而增大,故平均强度水平不同时,可采用 C_v 作为评定混凝土质量均匀性的指标。C_v 值越小,混凝土质量越稳定;越大,混凝土质量稳定性越差。计算公式如下:

$$C_v = \frac{\sigma}{\bar{f}_{cu}}$$

6.5.2.3 强度保证率

强度保证率是指混凝土强度总体中,大于等于设计强度等级的概率。用正态分布曲线上的阴影部分来表示(图6.12)。

计算方法如下,首先计算出概率度 t:

$$t = \frac{\overline{f_{cu}} - f_{cu,k}}{\sigma} = \frac{\overline{f_{cu}} - f_{cu,k}}{C_v \cdot \overline{f_{cu}}}$$

强度保证率 P 与概率度 t 的对应关系见表6.12。

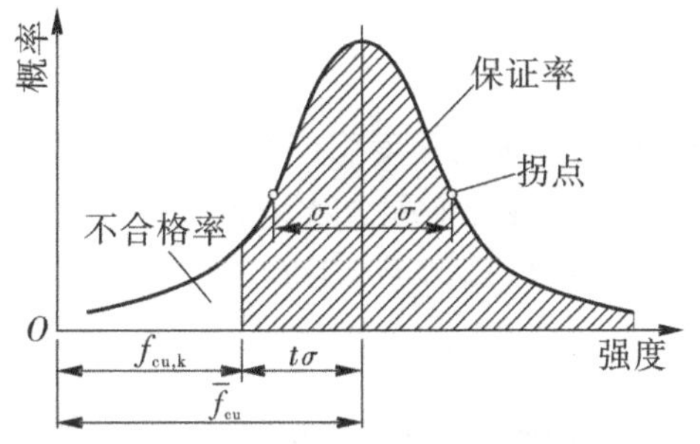

图6.12 混凝土强度正态分布曲线及保证率

表 6.12 不同 t 值的强度保证率 P

t	0.00	0.05	0.84	1.00	1.20	1.28	1.40	1.60
P/%	50.0	69.2	80.0	84.1	88.5	90.0	91.9	94.5
t	1.645	1.70	1.81	1.88	2.00	2.33	2.50	3.00
P/%	95.0	95.5	96.5	97.0	97.7	99.0	99.4	99.87

工程中强度保证率 P 值(实测强度合格率)不应小于 95%,可根据统计周期内混凝土试件强度不低于要求强度等级标准值的组数 n_0 与试件总组数 n($n \geqslant 25$)之比求得,即

$$P = \frac{n_0}{n}$$

式中 P——统计周期内,实测混凝土强度保证率,精确到 0.1%;

n_0——统计周期内,相同强度等级混凝土达到设计强度等级的试件组数;

n——统计周期内,混凝土总组数,$n \geqslant 30$。

商品混凝土搅拌站和预制混凝土构件厂的统计周期可取一个月;施工现场集中搅拌站的统计周期可根据实际情况确定但不宜超过三个月。根据生产场所不同,强度标准差应达到表 6.13 的规定。

表 6.13 混凝土强度标准差(GB 50164—2011)

生产场所	强度标准差 σ/MPa		
	≤C20	C25 ~ C45	C50 ~ C55
商品混凝土搅拌站、预制混凝土构件厂	≤3.0	≤3.5	≤4.0
施工现场集中搅拌站	≤3.5	≤4.0	≤4.5

6.5.2.4 混凝土的配制强度

在配制混凝土时,令混凝土的配制强度等于平均强度,即 $f_{cu,0} = \overline{f_{cu}}$。若直接按设计强度等级值配制混凝土,则强度保证率仅为 50%,即将有一半的混凝土达不到设计强度等级。为使混凝土强度具有足够的保证率,必须使混凝土配制时的强度高于强度等级值。由图 6.10 可得:

$$f_{cu,0} \geqslant f_{cu,k} + t\sigma \tag{6.5}$$

设计要求的强度保证率越大,配制强度越高;施工质量水平越差,配制强度也越高。根据《普通混凝土配合比设计规程》(JGJ 55—2011),混凝土配合比设计强度保证率为 95%,查表 6.12,$t = 1.645$,有

$$f_{cu,0} \geqslant f_{cu,k} + 1.645\sigma \tag{6.6}$$

6.5.3 混凝土的强度评定

混凝土强度应分批进行检验评定。一个验收批的混凝土应由强度等级、龄期、生产工

艺条件和配合比基本相同的混凝土组成。混凝土试件应在浇筑地点随机抽取。

根据《混凝土强度检验评定标准》(GB 50107—2010)，混凝土强度评定方法分为统计方法和非统计方法两种。

6.5.3.1　统计方法评定

(1)当连续生产的混凝土，生产条件在较长时间内保持一致，且同一品种、同一强度等级混凝土的强度变异性保持稳定时，一个验收批的样本容量应为连续的3组试件，其强度应同时满足下列要求：

$$m_{f_{cu}} \geqslant f_{cu,k} + 0.7\sigma_0$$

$$f_{cu,min} \geqslant f_{cu,k} - 0.7\sigma_0$$

检验批混凝土立方抗压强度的标准差应按下式计算：

$$\sigma_0 = \sqrt{\frac{\sum f_{cu,i}^2 - nm_{f_{cu}}^2}{n-1}}$$

当混凝土强度等级小于等于C20时，其强度最小值尚应满足下式要求：

$$f_{cu,min} \geqslant 0.85 f_{cu,k}$$

当混凝土强度等级大于C20时，其强度最小值尚应满足下式要求：

$$f_{cu,min} \geqslant 0.90 f_{cu,k}$$

式中　$m_{f_{cu}}$——同一检验批混凝土立方体抗压强度的平均值，精确到0.1 MPa；

$f_{cu,min}$——同一检验批混凝土立方体抗压强度的最小值，精确到0.1 MPa；

$f_{cu,k}$——混凝土立方体抗压强度标准值，精确到0.1 MPa；

σ_0——检验批混凝土立方体抗压强度的标准差，精确到0.01 MPa；当σ_0<2.5 MPa时，应取2.5 MPa；

$f_{cu,i}$——前一个检验期内同一品种、同一强度等级的第i组混凝土试件的立方体抗压强度代表值，精确到0.1 MPa，检验期不应少于60 d，也不得大于90 d；

n——前一检验期内的样本容量，在该期间内样本容量不应少于45。在该期间内样本容量不应小于45。

(2)当样本容量不少于10组时，其强度应同时满足下列要求：

$$m_{f_{cu}} \geqslant f_{cu,k} + \lambda_1 \cdot S_{f_{cu}}$$

$$f_{cu,min} \geqslant \lambda_2 \cdot f_{cu,k}$$

同一检验批混凝土立方体抗压强度的标准差应按下式计算：

$$S_{f_{cu}} = \sqrt{\frac{\sum_{i=1}^{n} {f_{cu,i}}^2 - n{m_{f_{cu}}}^2}{n-1}}$$

式中　$S_{f_{cu}}$——同一检验批混凝土立方体抗压强度的标准差，精确到0.01 MPa；当$S_{f_{cu}}$计算值小于2.5 MPa时，应取2.5 MPa；

λ_1、λ_2——合格性判定系数，按表6.14取用；

n——本检验期内的样本容量。

表 6.14 混凝土强度的合格性判定系数

试件组数	10~14	15~19	≥20
λ_1	1.15	1.05	0.95
λ_2	0.90	0.85	

6.5.3.2 非统计方法评定

当用于评定的样本容量小于 10 组时，应采用非统计方法评定混凝土强度。

按非统计方法评定混凝土强度时，其强度应同时符合下列规定：

$$m_{f_{cu}} \geqslant \lambda_3 \cdot f_{cu,k}$$

$$f_{cu,min} \geqslant \lambda_4 \cdot f_{cu,k}$$

式中 λ_3、λ_4——合格评定系数，按表 6.15 取用。

表 6.15 混凝土强度的非统计法合格评定系数

混凝土强度等级	<C60	≥C60
λ_3	1.15	1.10
λ_4	0.95	

【例 6.4】委托监理的某建设工程，混凝土工程施工时，承包商对其施工的 C20 混凝土共取了四组试块，其平均坑压强度值如下（单位：MPa）：21.0、22.4、23.0、22.0，请判断该混凝土质量是否合格。

混凝土强度检验评定标准

解：由于试块总组数小于 10 组，所以用非统计方法评定其强度，其应同时满足下列两式要求：

$$m_{f_{cu}} \geqslant \lambda_3 \cdot f_{cu,k}$$

$$f_{cu,min} \geqslant \lambda_4 \cdot f_{cu,k}$$

经查表 6.15，$\lambda_3 = 1.15$；$\lambda_4 = 0.95$

$$m_{f_{cu}} = (21.0+22.4+23.0+22.0) \times \frac{1}{4} = 22.1\ \text{MPa}$$

$1.15 f_{cu,k} = 1.15 \times 20 = 23.0$ MPa

$f_{cu,min} = 21.0$　　$0.95 f_{cu,k} = 0.95 \times 20 = 19.0$ MPa

将上述数据代入非统计方法评定两式：

22.1 MPa<23.0 MPa　　即 $m_{f_{cu}} < 1.15 f_{cu,k}$　不满足要求

21.0 MPa>19.0 MPa　　即 $f_{cu,min} > 0.95 f_{cu,k}$　满足要求

结论：该混凝土质量不合格。

6.5.3.3 混凝土强度的合格性评定

当混凝土分批进行检验评定时，若检验结果能满足以上述规定要求，则该批混凝土强度应评定为合格；当不能满足上述规定时，该批混凝土强度应评定为不合格。对于评定为

不合格的混凝土结构或构件,应进行实体鉴定,经鉴定仍未达到设计要求的结构或构件必须及时处理或加固。

6.6　普通混凝土的配合比设计

6.6.1　普通混凝土配合比的表示方法

混凝土配合比是指 1 m^3混凝土中各组成材料的质量比例。常用的表示方法有两种:

(1)以 1 m^3混凝土中各材料的质量(单位体积混凝土内各项材料的用量)来表示,如水泥 270 kg、掺合料 54 kg、砂子 706 kg、石子 1255 kg、外加剂 3.24 kg、水 180 kg;

(2)以各种材料相互间的质量比来表示,以胶凝材料质量为 1,按水泥和矿物掺合料(粉煤灰)的总量、砂子、石子和水的顺序排列,将上例换算成质量比(1 m^3各项材料用量的比值)表示:m(水泥+掺合料):m(砂子):m(石子):m(外加剂)=(270+54):706:1255:3.24=1:2.24:3.87:0.01,W/B=0.55。

6.6.2　普通混凝土配合比设计的基本要求、基本资料

6.6.2.1　配合比设计的基本要求

混凝土配合比应根据原材料的性能和对混凝土的技术要求进行计算,然后再进行试配、调整,以达到满足工程需要的技术指标和经济指标。其基本要求如下:

(1)满足施工要求的和易性;

(2)满足结构设计的强度等级;

(3)满足工程所处环境和设计规定的耐久性;

(4)在保证混凝土质量的前提下,尽可能节约水泥,降低混凝土成本。

6.6.2.2　配合比设计的基本资料

在设计混凝土配合比之前,首先要通过调查研究,掌握下列基本资料:

(1)混凝土设计强度等级;

(2)施工方面要求的混凝土拌合物和易性;

(3)工程所处环境对混凝土耐久性的要求;

(4)施工方法、施工管理水平及强度标准差、结构构件的截面尺寸及钢筋配置情况;

(5)各种原材料的基本情况,包括:水泥的品种、强度等级、实际强度、密度,砂、石骨料的种类、级配、最大粒径、表观密度、含水率等,拌和用水的水质情况,外加剂的品种、性能、掺合料品种等。

6.6.3　混凝土配合比设计的三个重要参数确定的原则

普通混凝土配合比设计,实质是确定水泥(胶凝材料)、水、砂子、石子用量间的三个比例关系。即水与水泥(胶凝材料)之间的比例关系——水灰(胶)比;砂子与石子之间比例关系——砂率;水泥(胶凝材料)加水形成的浆体浆与骨料之间的比例关系——单位用

水量(1 m^3混凝土的用水量)。水胶比、砂率、单位用水量是混凝土配合比设计的三个重要参数。

(1)水胶比确定原则

根据混凝土强度和耐久性确定水胶比。在满足混凝土设计强度和耐久性的前提下,选用较大水胶比,以节约水泥,降低混凝土成本。

(2)砂率确定原则

砂率对混凝土和易性、强度和耐久性影响很大,尤其对和易性中的黏聚性和保水性有显著影响,也直接影响水泥用量。故应尽可能选用最优砂率。确定砂率的原则是在保证黏聚性和保水性的前提下,尽量选小值。

(3)单位用水量确定原则

根据坍落度要求和粗骨料品种、最大粒径确定单位用水量。混凝土用水量的多少主要影响混凝土拌合物流动性的大小。所以在满足流动性的基础上,尽量选用较小的单位用水量,以节约水泥。

6.6.4 普通混凝土配合比设计的步骤

混凝土配合比设计按照《混凝土配合比设计规程》(JGJ 55—2011)所规定的步骤来进行。主要包括以下步骤:首先计算出基本满足强度和耐久性要求的"初步配合比"(理论配合比);然后经实配、检测,进行和易性的调整,对配合比进行修正得出"基准配合比"(满足和易性);再通过对水胶比的微量调整,在满足设计强度的前提下,确定胶凝材料用量最少的配合比——"设计配合比"(满足强度);最后,再根据施工现场骨料的含水情况计算出"施工配合比"。

6.6.4.1 初步配合比的计算

(1)确定混凝土配制强度

1)当混凝土的设计强度等级小于 C60 时,按下式计算:

$$f_{cu,0} \geqslant f_{cu,k} + 1.645\sigma$$

式中 $f_{cu,0}$——混凝土配制强度,MPa;

$f_{cu,k}$——混凝土立方体抗压强度标准值,MPa;

σ——混凝土强度标准差,MPa。

混凝土强度标准差应按照下列规定确定:

①当具有近 1~3 个月的同一品种、同一强度等级混凝土的强度资料时,其混凝土强度标准差 σ 可根据施工单位以往的生产质量水平进行测算。

对于强度等级不大于 C30 的混凝土,当 σ 计算值不小于 3.0 MPa 时,应按计算结果取值;当 σ 计算值小于 3.0 MPa 时,σ 应取 3.0 MPa。

对于强度等级大于 C30 且小于 C60 的混凝土,当 σ 计算值不小于 4.0 MPa 时,应按计算结果取值;当 σ 计算值小于 4.0 MPa 时 σ 应取 4.0 MPa。

②当没有近期的同一品种、同一强度等级混凝土强度资料时,其强度标准差 σ 可按表 6.16 取值。

表 6.16　混凝土强度标准差 σ(JGJ 55—2011)

混凝土强度等级	≤C20	C25 ~ C45	C50 ~ C55
σ/MPa,≤	4.0	5.0	6.0

2)当设计强度等级不小于 C60 时,配制强度应按下式确定:

$$f_{cu,0} \geq 1.15 f_{cu,k}$$

(2)确定水胶比(W/B)

根据已确定的混凝土配制强度 $f_{cu,0}$,按下式计算水胶比:

$$\frac{W}{B} = \frac{\alpha_a \cdot f_b}{f_{cu,0} + \alpha_a \cdot \alpha_b \cdot f_b}$$

式中　$f_{cu,0}$——混凝土配制强度,MPa;

α_a、α_b——回归系数;碎石混凝土 $\alpha_a = 0.53$,$\alpha_b = 0.20$。

卵石混凝土 $\alpha_a = 0.49$,$\alpha_b = 0.13$。

f_b——胶凝材料 28 d 胶砂强度,MPa;当无实测强度,矿物掺合料为粉煤灰和粒化高炉矿渣时,可按式(6.2)和式(6.3)推算 f_b。

为了满足耐久性要求,计算所得混凝土水胶比值应满足表 6.11 的规定。如果计算所得的水胶比大于规定值,应按规定最大水胶比取值。

(3)确定单位用水量(m_{wo})和外加剂用量(m_{ao})

1)干硬性和塑性混凝土用水量的确定。水灰比在 0.40 ~ 0.80 时,根据粗骨料的品种、粒径及施工要求的混凝土拌合物稠度,按表 6.17,表 6.18 选取。水灰比小于 0.4 的混凝土以及采用特殊成型工艺的混凝土用水量应通过试验确定。

表 6.17　塑性混凝土的用水量(JGJ 55—2011)　(kg/m^3)

坍落度/mm	卵石最大公称粒径/mm				碎石最大公称粒径/mm			
	10.0	20.0	31.5	40.0	16.0	20.0	31.5	40.0
10 ~ 30	190	170	160	150	200	185	175	165
35 ~ 50	200	180	170	160	210	195	185	175
55 ~ 70	210	190	180	170	220	205	195	185
75 ~ 90	215	195	185	175	230	215	205	195

表 6.18　干硬性混凝土的用水量(JGJ 55—2011)　(kg/m^3)

拌合物稠度		卵石最大粒径/mm			碎石最大粒径/mm		
项目	指标	10.0	20.0	40.0	16.0	20.0	40.0
维勃稠度	16 ~ 20 s	175	160	145	180	170	155
	11 ~ 15 s	180	165	150	185	175	160
	5 ~ 10 s	185	170	155	190	180	165

2)掺外加剂时,流动性和大流动性混凝土的用水量,按下式计算:

$$m_{wo}=m'_{wo}(1-\beta)$$

式中 m_{wo}——每立方米混凝土的用水量,kg/m^3。

m'_{wo}——未掺外加剂时推定的满足实际坍落度要求的每立方米混凝土的用水量,kg/m^3;以表6.17中90 mm坍落度的用水量为基础,按每增大20 mm坍落度相应增加5 kg用水量来计算,但坍落度增大到180 mm以上时,随坍落度相应增加的用水量可减少。

β——外加剂的减水率,%,应经混凝土试验确定。

3)每立方米混凝土中外加剂用量按下式计算:

$$m_{ao}=m_{bo}\beta_a$$

式中 m_{ao}——每立方米混凝土中外加剂的用量,kg/m^3。

m_{bo}——每立方米混凝土中胶凝材料的用量,kg/m^3。

β_a——外加剂的掺量,应经混凝土试验确定,%。

(4)确定胶凝材料 m_{bo}、矿物掺合料 m_{fo}、水泥用量 m_{co}

$$m_{bo}=\frac{m_{wo}}{W/B}$$

$$m_{fo}=m_{bo}\beta_f$$

$$m_{co}=m_{bo}-m_{fo}$$

式中 m_{bo}——每立方米混凝土的胶凝材料用量。

m_{fo}——每立方米混凝土的矿物掺合料用量;

β_f——矿物掺合料掺量,%。

m_{co}——每立方米混凝土的水泥用量。

混凝土的最小胶凝材料用量应符合表6.10的规定,配置C15及其以下强度等级的混凝土,可不受此表限制。

矿物掺合料在混凝土中的掺量应通过试验确定。钢筋混凝土和预应力钢筋混凝土中矿物掺合料最大掺量见表6.19。

表6.19 混凝土中矿物掺合料最大掺量(JGJ 55—2011)

矿物掺合料种类	水胶比	钢筋混凝土中矿物掺合料最大掺量/%		预应力混凝土中矿物掺合料最大掺量/%	
		硅酸盐水泥	普通水泥	硅酸盐水泥	普通水泥
粉煤灰	≤0.4	45	35	35	30
	>0.4	40	30	25	20
粒化高炉矿渣粉	≤0.4	65	55	55	45
	>0.4	55	45	45	35
钢渣粉	—	30	20	20	10
磷渣粉	—	30	20	20	10

续表 6.19

矿物掺合料种类	水胶比	钢筋混凝土中矿物掺合料最大掺量/%		预应力混凝土中矿物掺合料最大掺量/%	
		硅酸盐水泥	普通水泥	硅酸盐水泥	普通水泥
硅灰	—	10	10	10	10
复合掺合料	≤0.4	65	55	55	45
	>0.4	55	45	45	35

注:1. 采用其他通用硅酸盐水泥时,宜将水泥混合材料掺量20%以上的混合材料计入矿物掺合料;

2. 复合掺合料各组分的掺量不宜超过单掺时的最大掺量;

3. 在混合使用两种或两种以上矿物掺合料时,矿物掺合料总量应符合表中复合掺合料的规定。

(5)选取合理砂率(β_s)

应根据骨料的技术指标、混凝土拌合物性能和施工要求参考既有历史资料确定。

当缺乏砂率的历史资料时-混凝土砂率的确定应符合下列规定:

①坍落度小于10 mm的混凝土,其砂率应经试验确定。

②坍落度为10~60 mm的混凝土砂率,可根据粗骨料品种、最大公称粒径及水灰比按表6.20选取。

③坍落度大于60 mm的混凝土砂率,可经试验确定,也可在表6.20的基础上,按坍落度每增大20 mm、砂率增大1%的幅度予以调整。

(6)计算砂、石用量(m_{so}和m_{go})

计算砂、石用量有两种方法,即质量法和体积法。

1)质量法。假定混凝土拌合物湿表观密度值是一个固定值。

$$m_{fo} + m_{co} + m_{so} + m_{go} + m_{wo} = m_{cp}$$

$$\frac{m_{so}}{m_{so} + m_{go}} = \beta_s$$

式中　m_{fo}——每立方米混凝土的矿物掺合料用量,kg/m^3;

m_{co}——每立方米混凝土的水泥用量,kg/m^3;

m_{so}——每立方米混凝土的细骨料用量,kg/m^3;

m_{go}——每立方米混凝土的粗骨料用量,kg/m^3;

m_{wo}——每立方米混凝土的用水量,kg/m^3;

β_s——砂率,%;

m_{cp}——每立方米混凝土拌合物的假定质量,kg/m^3,可在2350~2450 kg/m^{3}范围内选定。

表 6.20 混凝土砂率(JGJ 55—2011) (%)

水灰比(W/C)	卵石最大粒径/mm			碎石最大粒径/mm		
	10	20	40	16	20	40
0.40	26~32	25~31	24~30	30~35	29~34	27~32
0.50	30~35	29~34	28~33	33~38	32~37	30~35
0.60	33~38	32~37	31~36	36~41	35~40	33~38
0.70	36~41	35~40	34~39	39~44	38~43	36~41

注:表中数值系中砂选用的砂率,对细砂或者粗砂可相应地减少或增大砂率;采用人工砂配制混凝土时,砂率可适当增大;只用一个单粒级粗集料配制混凝土时,砂率应适当增大。

2)体积法。假设混凝土拌合物的体积等于各组成材料绝对体积和混凝土拌合物中所含空气体积之总和。

$$\begin{cases}\dfrac{m_{co}}{\rho_c}+\dfrac{m_{fo}}{\rho_f}+\dfrac{m_{so}}{\rho_s}+\dfrac{m_{go}}{\rho_g}+\dfrac{m_{wo}}{\rho_w}+0.01\alpha=1\\ \dfrac{m_{so}}{m_{so}+m_{go}}=\beta_s\end{cases}$$

式中 ρ_c——水泥密度(可取 2900~3100),kg/m^3;

ρ_f——矿物掺合料的表观密度,kg/m^3,可按《水泥密度测定方法》(GB/T 208—2014)测定。

ρ_g——粗骨料的表观密度,kg/m^3;

ρ_s——细骨料的表观密度,kg/m^3;

ρ_w——水的密度(可取 1000),kg/m^3;

α——混凝土的含气量百分数(在不使用引气型外加剂时,可取 1.0)。

联立以上两式,即可求出 m_{go}、m_{so}。

(7)初步配合比

通过以上计算即可将 1 m^3混凝土中水泥、掺合料、砂子、石子、水、外加剂的用量全部求出,得到混凝土的初步配合比。

以上混凝土配合比计算公式和表格,均以干燥状态骨料(指含水率小于 0.5% 的细骨料或含水率小于 0.2% 的粗骨料)为基准。

6.6.4.2 配合比的试配、调整——试配配合比的确定

混凝土试配时应采用工程中实际使用的原材料,混凝土应采用强制式搅拌机进行搅拌,搅拌方法宜与生产时使用的方法相同。

(1)拌合物数量的确定

每盘混凝土试配的最小搅拌量应符合表 6.21 的规定,并应不小于搅拌机公称容量的 1/4,且不应大于搅拌机公称容量。

表6.21 混凝土试配的最小搅拌量(JGJ 55—2011)

粗骨料最大公称粒径/mm	≤31.5	40.0
拌合物数量/L	20	25

(2)试拌配合比的确定

试拌配合比是通过试拌、调整拌合物的和易性得到的。按计算的配合比进行试配,当试拌的混凝土和易性不符合设计要求时,水胶比保持不变,应通过调整配合比其他参数使混凝土拌合物符合设计和施工要求。可做如下调整:

①当坍落度小于设计要求值时,应保持水胶比不变,同时增加水和胶凝材料用量或外加剂用量。

②当坍落度过大时,应在保持砂率不变的情况下,增加砂、石用量。如出现含砂不足,黏聚性、保水性不良时,可适当增大砂率;反之减小砂率。这样重复测试,直至符合要求为止。

试拌完成后,应测出混凝土拌合物的湿表观密度,并计算出1 m^3混凝土中各拌合物的实际用量。

$$m'_{fo}=\frac{m_{fb}}{m_{fb}+m_{cb}+m_{sb}+m_{gb}+m_{wb}}\times\rho_{0c,t}$$

$$m'_{co}=\frac{m_{cb}}{m_{fb}+m_{cb}+m_{sb}+m_{gb}+m_{wb}}\times\rho_{0c,t}$$

$$m'_{so}=\frac{m_{sb}}{m_{fb}+m_{cb}+m_{sb}+m_{gb}+m_{wb}}\times\rho_{0c,t}$$

$$m'_{go}=\frac{m_{gb}}{m_{fb}+m_{cb}+m_{sb}+m_{gb}+m_{wb}}\times\rho_{0c,t}$$

$$m'_{wo}=\frac{m_{wb}}{m_{fb}+m_{co}+m_{sb}+m_{gb}+m_{wo}}\times\rho_{0c,t}$$

式中 m'_{fo}、m'_{co}、m'_{so}、m'_{go}、m'_{wo}——分别为试拌调整后1 m^3混凝土中矿物掺合料、水泥、砂、石子、水的用量,kg/m^3;

m_{fb}、m_{cb}、m_{sb}、m_{gb}、m_{wb}——分别为试拌调整后矿物掺合料、水泥、砂、石子、水的实际用量,kg;

$\rho_{0c,t}$——混凝土拌合物的表观密度实测值,kg/m^3。

6.6.4.3 设计配合比的确定

通过调整的试拌配合比,和易性已满足设计要求,但是否满足强度要求尚未可知。检验强度应采用三个不同的配合比,其一为已确定的试拌配合比,另外两个配合比的水胶比宜较试拌配合比分别增加和减少0.05;用水量应与试拌配合比相同,砂率可分别增加和减少1%。进行强度试验时,拌合物性能应符合设计和施工要求。

在制作混凝土试件时,每种配合比至少制作一组(三块)试件,标准养护到28 d或设计规定龄期时试压。根据混凝土强度试验结果,宜绘制强度和胶水比的线性关系图或插值法确定略大于配制强度的强度值,找到其对应的胶水比。

在试拌配合比的基础上,确定 1 m^3 混凝土拌合物的各组成材料用量:

(1)用水量(m_w)和外加剂(m_a)应根据确定的水胶比作调整;

(2)胶凝材料用量(m_g)应以用水量乘以确定的胶水比计算得出;

(3)粗骨料和细骨料用量(m_g 和 m_s)应根据用水量和胶凝材料的用量进行调整。

(4)经强度复核之后的配合比,还应根据混凝土拌合物的表观密度实测值 $\rho_{c,t}$ 和表观密度计算值 $\rho_{c,c}$ 进行校正。

计算表观密度:

$$\rho_{c,c} = m_c + m_f + m_s + m_g + m_w$$

校正系数:

$$\delta = \frac{\rho_{c,t}}{\rho_{c,c}}$$

当混凝土拌合物的表观密度实测值与计算值之差的绝对值不超过计算的 2% 时,不必校正;当二者之差超过 2% 时,应将配合比中每项材料用量均乘以校正系数 δ 。

配合比调整后,应测定拌合物水溶性氯离子含量,并应对耐久性有设计要求的混凝土进行相关耐久性试验,符合设计规定的配合比即为最终的设计配合比。

6.6.4.4 换算施工配合比

上述设计配合比中材料是以干燥状态为基准计算出来的。而施工现场砂石常含一定量水分,并且含水率经常变化,为保证混凝土质量,应根据现场砂石含水率对配合比设计值进行修正。修正后的配合比,称为施工配合比。

若施工现场实测砂含水率为 $a\%$,石子含水率为 $b\%$,则将上述设计配合比换算为施工配合比为:

$$\begin{cases} m_c' = m_c \\ m_f' = m_f \\ m_s' = m_s(1+a\%) \\ m_g' = m_g(1+b\%) \\ m_w' = m_w - (m_s \times a\% + m_g \times b\%) \end{cases}$$

【例 6.5】工程实例分析

某县城一住宅三层砖混结构,混凝土梁拆模时突然断裂倒塌。施工队是根据当地经验配制的混凝土配合比,m(水泥):m(砂):m(碎石)= 1 : 2.33 : 4,水灰比为 0.68。现场未粉碎混凝土用回弹仪测试,读数最高为 13.5 MPa,最低为 0 MPa。

分析:混凝土的配合比未严格按照设计程序计算和验证,致使混凝土不仅达不到设计要求,还出现了工程事故。

6.6.5 普通混凝土配合比设计实例

【例 6.6】某教学楼现浇钢筋混凝土梁(室内干燥环境),混凝土设计强度等级为 C30,要求强度保证率为 95%,施工要求坍落度为 30 ~ 50 mm。原材料:采用 42.5 硅酸盐水泥,实测强度为47.50 MPa，密度为3.10 g/cm^3；砂子为中砂，表观密度为2.65 g/cm^3，堆积密度为1500 kg/m^3，施工现场含水率为3%；石子为碎石（最大粒径40 mm），表观密度为2.70 g/cm^3，堆积密度为1560 kg/m^3，施工现场含水率为1%；混凝土采用机械搅拌、振捣，施工单位无历史统计资料。试设计该混凝土的初步配合比、实验室配合比和施工配合比。

解：（一）初步配合比的计算

1. 确定配制强度$f_{cu,0}$

由于施工单位无历史统计资料，查表6.16得：$\sigma = 5.0$ MPa

$$f_{cu,0} = 30 + 1.645 \times 5.0 = 38.23 \text{ MPa}$$

2. 确定水胶比（W/B）

采用碎石混凝土：$\alpha_a = 0.53$，$\alpha_b = 0.20$；水泥实际强度$f_b = 47.50$ MPa

$$\frac{W}{B} = \frac{\alpha_a f_b}{f_{cu,0} + \alpha_a \alpha_b f_b} = \frac{0.53 \times 47.50}{38.23 + 0.53 \times 0.20 \times 47.50} = 0.58$$

经查表6.11检验，满足耐久性要求的最大水胶比为0.60>0.58，故取设计水灰比$W/B = 0.58$。

3. 确定1 m^{3}混凝土的用水量（m_{wo}）

查表6.17，根据石子最大粒径及施工所需的坍落度，选用$m_{w0} = 175$ kg。

4. 确定1 m^{3}混凝土的水泥用量（m_{co}）

$$m_{co} = m_{bo} = \frac{m_{wo}}{W/B} = \frac{175}{0.58} = 302 \text{ kg}$$

经查表6.10检验，满足本工程要求的最小胶凝材料用量，故取$m_{co} = 302$ kg满足要求。

5. 选取合理的砂率（β_s）

查表6.20，取砂率为36%。

6. 计算1 m^{3}混凝土中砂子（m_{so}）、石子（m_{go}）的用量

采用体积法（取$\alpha = 1.0$）计算，可列出以下两个方程：

$$\frac{302}{3100} + \frac{m_{so}}{2650} + \frac{m_{go}}{2700} + \frac{175}{1000} + 0.01 = 1$$

$$\frac{m_{so}}{m_{so} + m_{go}} \times 100\% = 36\%$$

解方程组得：$m_{so} = 693$ kg；$m_{go} = 1232$ kg

混凝土的初步配合比为：1 m^{3}混凝土中水泥302 kg，水175 kg，砂子693 kg，石子1232 kg。

（二）确定试拌配合比

1. 配合比试配、调整

按初步配合比试拌25 L混凝土拌合物，其材料用量：

水泥　　302×25/1000 = 7.55 kg

砂子　　693×25/1000 = 17.33 kg

石子　　1232×25/1000 = 30.80 kg

水　　175×25/1000=4.38 kg

将称好的材料均匀拌和后，进行坍落度试验。测得坍落度为 25 mm，小于施工要求的 35～50 mm，黏聚性、保水性均良好。保持水灰比不变，增加 5% 水泥浆后，测得坍落度为 40 mm，黏聚性、保水性均良好，满足施工要求。此时各材料实际用量为：

水泥　　7.55+7.55×5% =7.93 kg

砂　　17.33 kg

石　　30.80 kg

水　　4.38+4.38×5% =4.60 kg

同时测得每立方米拌合物质量为 $\rho_{0c,t}=2380\ \text{kg/m}^3$，得到试拌配合比：

$$\frac{7.93}{60.66}\times 2380=311\ \text{kg}$$

$$\frac{17.33}{60.66}\times 2380=680\ \text{kg}$$

$$\frac{30.80}{60.66}\times 2380=1208\ \text{kg}$$

$$\frac{4.6}{60.66}\times 2380=180\ \text{kg}$$

试拌配合比为：$m'_{co}:m'_{so}:m'_{go}:m'_{wo}=311:680:1208:180$

2. 设计配合比的确定

采用水胶比为 0.53、0.58、0.63（混凝土耐久性要求的最大水胶比为 0.60）不同的配合比配制三组混凝土试件。水胶比为 0.53 和 0.63 二个配合比也均满足坍落度要求。测定三组混凝土拌合物的表观密度分别为 2386 kg/m³，2380 kg/m³ 和 2392 kg/m³，检测其 28 d 强度值，结果见表 6.22。

表 6.22　试配混凝土 28 d 强度实测值

组数	水胶比（W/B）	胶水比（B/W）	强度实测值/MPa
第一组	0.53	1.89	41.6
第二组	0.58	1.72	39.6
第三组	0.63	1.59	36.6

第二组强度为 39.1 MPa，略大于配制强度，所以取第二组配合比作为设计配合比。

设计配合比即为试拌配合比。

（三）确定施工配合比

根据现场砂的含水率为 3%，石子的含水率为 1%，可得到 1 m³ 混凝土中各项材料的实际称量为：

水泥　$m'_c=311$ kg

砂子　$m'_s=680\times(1+3\%)=700$ kg

石子　$m'_g=1208\times(1+1\%)=1220$ kg

水　$m'_w=180-680\times 3\%-1208\times 1\%=147$ kg

6.7 混凝土实体检测

6.7.1 混凝土结构实体检测概述

钢筋混凝土是建筑工程中主要的结构材料之一,其应用量大、面广,生产技术涉及面广,混凝土原材料品质、配合比设计、拌和捣制和养护工艺等控制不当,均可能导致混凝土的拌合物性能、力学性能和耐久性的下降,影响结构使用效果和使用寿命,因而质量管理十分重要。

建筑工程结构检测与施工阶段的送样和质量检查有明显的区别,前者重点在于事后的检查与测试,如在浇筑混凝土后,测定混凝土的抗压强度、钢筋的保护层厚度及间距、混凝土内部缺陷情况等。

混凝土结构现场检测可分为工程实体质量检测和结构性能检测。

工程质量实体检测:为评定混凝土结构工程实体质量与设计要求或与施工质量验收规范规定的符合性所实施的检测。

结构性能检测:为评估混凝土结构安全性、实用性、耐久性和抗灾害能力所实施的检测。

6.7.1.1 遇到下列情况之一时,应进行工程质量实体检测

(1)涉及结构工程质量的试块、试件以及有关材料检验数量不足;

(2)对结构实体质量的抽测结构达不到设计要求或施工验收规范要求;

(3)对结构实体质量争议;

(4)发生工程安全质量事故,需分析事故原因;

(5)相关标准规定进行的工程质量第三方检测;

(6)相关行政主管部门要求进行的工程质量第三方检测。

6.7.1.2 当遇到下列情况之一时,应进行结构性能检测

(1)混凝土结构改变用途、改造、加层或扩建;

(2)混凝土结构达到设计使用年限继续使用;

(3)混凝土结构使用环境改变或受到环境侵蚀;

(4)混凝土结构受偶然事件或其他灾害的影响;

(5)相关法规、标准规定的结构使用期间的鉴定。

6.7.1.3 混凝土结构的现场检测项目

(1)混凝土力学性能检测;

(2)混凝土构件尺寸偏差与变形检测;

(3)混凝土构件缺陷检测;

(4)混凝土中钢筋检测;

(5)其他特种参数的专项检测。

6.7.1.4 检测方式和抽样方法

混凝土结构现场检测可采取全数检测或抽样检测两种方式。

(1)全数检测

遇到下列情况宜采用全数检测:

1)外观缺陷或表面损伤检查;

2)受检范围较小或构件数量较少;

3)检验参数变异性或构件状况差异较大;

4)需减少结构的处理费用或处理范围;

5)委托方要求进行全数检测。

(2)抽样检测

批量检测可根据检测项目的实际目的采用计数抽样方法、计量抽样方法或分层计量抽样方法进行检测;当产品质量标准或施工质量验收规范的规定适用现场检测时,也可按相应规范进行抽样。

(3)常用的现行检测方法标准

建筑结构检测技术标准 GB/T 50344—2019

混凝土结构现场检测技术标准 GB/T 50784—2013

砌体工程现场检测技术标准 GB/T 50315—2011

回弹法检测混凝土抗压强度技术规程 JGJ/T 23—2011

混凝土结构工程施工质量验收规范 GB 50204—2015

混凝土结构后锚固技术规程 JGJ 145—2013

钻芯法检测混凝土强度技术规程 CECS 03—2007

6.7.2 混凝土结构实体常用检测方法

6.7.2.1 混凝土结构检测基本程序

混凝土结构检测基本程序如图6.13所示。

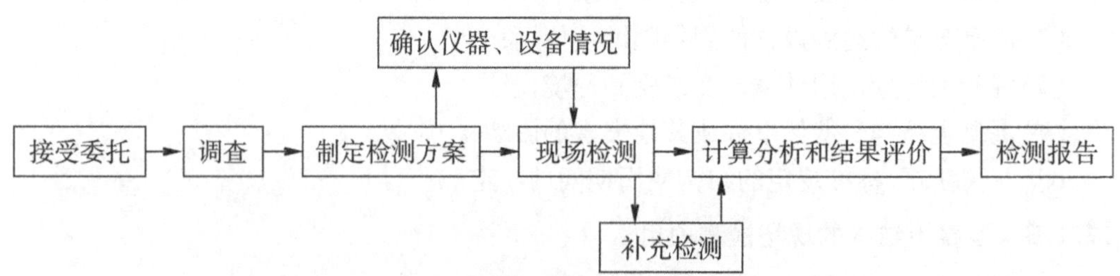

图6.13 混凝土结构检测基本程序

6.7.2.2 常用混凝土结构检测方法比较

常用混凝土结构检测方法比较见表6.23。

表6.23　常用混凝土结构检测方法比较

序号	种类	测定内容	适用范围	特点	缺点	备注
1	回弹法	混凝土表面硬度值	混凝土抗压强度、匀质性	测试简单、快速，被测物的形状、尺寸一般不受限制	测定部位仅限于测定混凝土表面	应用较多
2	超声回弹综合法	混凝土表面硬度值和超声波传播速度	混凝土抗压强度	检测过程简单，精度较高	测试前准备工作较多	应用较多
3	拔出法	预埋或后装于混凝土中的锚固件，测定拔出力	混凝土抗压强度	测定强度精度较高	对混凝土有一定损伤，检测后需进行修补	应用较多
4	钻芯法	从混凝土中钻取芯样	混凝土抗压强度、抗劈裂度、内部缺陷	测定强度精度高	设备笨重，成本较高，对混凝土有微损伤，检测后需进行修补	应用较多
5	磁测法	钢筋保护层厚度及间距	混凝土中钢筋检测	测定强度精度较高	对混凝土有一定损伤，检测后需进行修补	应用较多

6.7.3　回弹法检测混凝土抗压强度

回弹法是指通过测定回弹值及有关参数检测材料抗压强度方法。回弹仪利用弹簧驱动重锤，通过弹击杆(传力杆)，弹击混凝土表面，并测出重锤被反弹回来的距离，以回弹值(反弹距离与弹簧初始长度之比)作为与强度相关的指标，来推定混凝土强度的一种方法。由于测量在混凝土表面进行，所以属于表面硬度的一种。数显回弹仪及现场回弹检测如图6.14、图6.15所示。

回弹法检测混凝土抗压强度

图6.14　数显回弹仪

图6.15　现场回弹检测

回弹法检测视频

回弹法是非破损技术检测混凝土抗压强度的一种最常用的方法，具有准确、可靠、快速、经济等一系列的优点。因此，近几十年来其研究和应用发展很快，已成为工程建设中质量控制、质量监督和质量检验的重要方法。

6.7.4 钻芯法检测混凝土抗压强度

钻芯法是利用专用取芯钻机,从结构混凝土中钻取芯样以检测混凝强度或观察混凝土内部质量的方法。由于它对结构混凝土造成局部损伤,因此是一种微破损的现场检测手段。取芯大小、数量及检测部位应经设计和监理单位同意确认,以保证对结构构件的损伤最小。

钻芯法视频

混凝土结构经钻孔取芯后,对结构的承载能力会产生一定影响,应及时进行修补。在一般情况下宜优先采用水泥细石补偿收缩混凝土,修补的混凝土宜较原设计提高一个强度等级,并应在修补后注意养护。用钻芯法检测混凝土的强度、裂缝、接缝、分层、孔洞或离析等缺陷,具有直观、精度高等特点,因而广泛应用于工业与民用建筑、水工大坝、桥梁、公路、机场跑道等混凝土结构或构筑物的质量检测。混凝土钻芯机图及现场混凝土钻芯如图 6.16、图 6.17 所示。

图 6.16 混凝土钻芯机图

图 6.17 现场混凝土钻芯

6.7.5 结构实体钢筋保护层厚度检测

在钢筋混凝土结构设计中,钢筋的保护层厚度须符合规范要求,否则将影响结构的耐久性。施工过程中因管理疏忽,钢筋位置会产生移位,不符合受力设计严格定位的要求,质量控制中就要求对主体结构的钢筋保护层厚度进行无损检测;另一方面,在对钢筋混凝土钻孔取芯或安装钻孔设备时需要避开主筋位置等要求,均需要探明钢筋的实际位置。除此之外,为了校核所用的主筋直径、间距,或旧建筑的质量复查、修建扩建,需要查明原建筑承载力、抗震度等,在缺乏施工图纸的情况下,查明混凝土内部钢筋尺寸是十分重要的检测要求。保护层垫块如图 6.18 所示,保护层厚度测定仪和现场保护层厚度测定分别如图 6.19 和图 6.20 所示。

根据预扫描结果设定仪器量程范围,根据原位实测结果或设计资料设定仪器的钢筋直径参数。沿被测钢筋轴线选择相邻钢筋影响较小的位置,在预扫描的基础上进行扫描探测,确定钢筋的准确位置,将探头放在与钢筋轴线重合的检测面上读取保护层厚度检测值。

综上所述,钢筋混凝土中钢筋的保护层厚度、钢筋位置和钢筋的直径尺寸是无损检测技术中一项重要的内容,需要有精度高、功能优的仪器设备来保证检测工作的开展。

图6.18 保护层垫块

图6.19 保护层厚度测定仪

图6.20 现场保护层厚度测定

6.7.6 化学植筋检测

后锚固是通过相关技术手段将被连接件(非结构构件或结构构件)连接锚固到已有结构上的技术。以特制的黏结剂(锚固胶),将螺纹钢筋及长螺杆固定于混凝土基材钻孔中,通过黏结剂与螺纹钢筋及长螺杆、黏结剂与混凝土孔壁间的黏结作用,以实现对被连接件的锚固。相应于传统的预埋件——先锚,后锚固具有设计灵活(时间、空间位置不受限制)、施工简便(模板制作、混凝土浇捣、结构施工及构件安装等均比较简单)等优点,是房屋装修、设备安装、旧房改造及工程结构加固必不可少的专用技术。

化学植筋是后锚固技术中的一种,是我国工程界广泛应用的一种后锚固连接技术,包括化学植筋及长螺杆。由于长度不受限制,与现浇混凝土钢筋锚固相似,破坏形态易于控制,一般均可以控制为锚筋钢材破坏,化学植筋及黏结型锚栓的锚固性能主要取决于锚固胶(又称胶黏剂、黏结剂)和施工方法,我国使用最广的锚固胶是环氧基锚固胶。植筋加固和现场植筋检测如图6.21和图6.22所示。

混凝土结构后锚固工程质量应进行抗拔承载力的现场检验。以匀速加载至设定荷载或锚固破坏。非破坏性检验荷载下,以混凝土基材无裂缝、锚栓或植筋无滑移等宏观裂损现象,且持荷期间荷载降低≤5%时为合格。

(a)

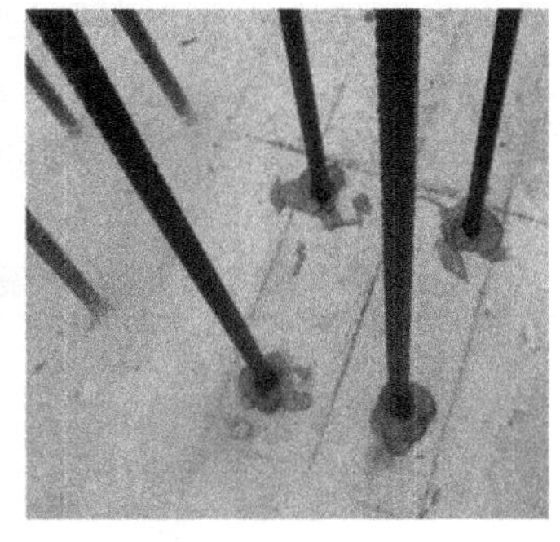

(b)

图6.21 植筋加固

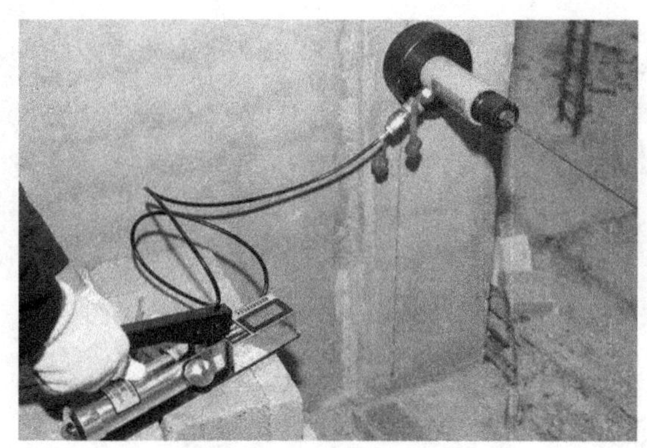

图6.22 现场植筋检测

各种结构检测方法都具有简便、易行、测试效率高、成本低等优点。同一检测参数存在多种检测方法时，应根据检测目的、检测项目、结构实际状况和现场具体条件，尽量选择直观、明了、无损、经济的检测方法。

6.8 预拌混凝土

预拌混凝土是指在搅拌站(楼)生产的、通过运输设备送至使用地点、交货时为拌合物的混凝土。预拌混凝土从搅拌机卸入搅拌运输车至卸料时的运输时间不宜超过90 min。预拌混凝土的要求应符合《预拌混凝土》(GB/T 14902—2012)的规定。

6.8.1 预拌混凝土的分类

预拌混凝土分为常规品和特制品。

(1)常规品

常规品应为除表6.24特制品以外的普通混凝土，代号A，混凝土强度等级代号C。

(2)特制品

特制品代号B，包括的混凝土种类及其代号应符合表6.24的规定。

表6.24 特制品的混凝土种类及其代号(GB/T 14902—2012)

混凝土种类	高强混凝土	自密实混凝土	纤维混凝土	轻骨料混凝土	重混凝土
混凝土种类代号	H	S	F	L	W
强度等级代号	C	C	C(合成纤维混凝土) CL(钢纤维混凝土)	LC	C

6.8.2 预拌混凝土的分级标准

(1)预拌混凝土的强度等级有C20、C25、C30、C35、C40、C45、C50、C55、C60、C65、

C70、C75、C80 等。

(2)混凝土拌合物坍落度和扩展度的等级划分与表6.1和表6.2的规定相同。

(3)预拌混凝土耐久性的等级划分如下:

混凝土抗冻性能、抗水渗透性能和抗硫酸盐侵蚀性能的等级划分、混凝土抗碳化性能的等级划分与表6.7和表6.8的规定相同,混凝土抗氯离子渗透性能(84 d)的等级划分(RCM法)见表6.25,混凝土抗氯离子渗透性能的等级划分(电通量法)见表6.26的规定。

表6.25 混凝土抗氯离子渗透性能(84 d)的等级划分(RCM法)(GB/T 14902—2012)

等级	RCM-Ⅰ	RCM-Ⅱ	RCM-Ⅲ	RCM-Ⅳ	RCM-Ⅴ
氯离子迁移系数 D_{RCM} (RCM法)/($\times 10^{-12}$ m^2/s)	≥4.5	≥3.5,<4.5	≥2.5,<3.5	≥1.5,<2.5	<1.5

表6.26 混凝土抗氯离子渗透性能的等级划分(电通量法)(GB/T 14902—2012)

等级	Q-Ⅰ	Q-Ⅱ	Q-Ⅲ	Q-Ⅳ	Q-Ⅴ
电通量 Q_S/C	≥4000	≥2000,<4000	≥1000,<2000	≥500,<1000	<500

注:混凝土龄期宜为28 d。当混凝土中水泥混合材与矿物掺合料之和超过胶凝材料用量的50%时,测试龄期可为56 d。

6.8.3 预拌混凝土的产品标记

(1)预拌混凝土的产品标记

预拌混凝土的产品标记需包括:常规品或特制品的代号,常规品可不标记;特制品混凝土种类的代号,兼有多种类情况可同时标出;强度等级;坍落度控制目标值,后附坍落度等级代号在括号中;自密实混凝土应采用扩展度控制目标值,后附扩展度等级代号在括号中;耐久性等级代号,对于抗氯离子渗透性能和抗碳化性能,后附设计值在括号中;标准号。

(2)预拌混凝土标记示例

采用通用硅酸盐水泥、砂、陶粒、矿物掺合料、外加剂、合成纤维和水泥配制的轻骨料纤维混凝土,强度等级为LC40,坍落度为210 mm,抗渗等级为P8,抗冻等级为F150,其标记为:

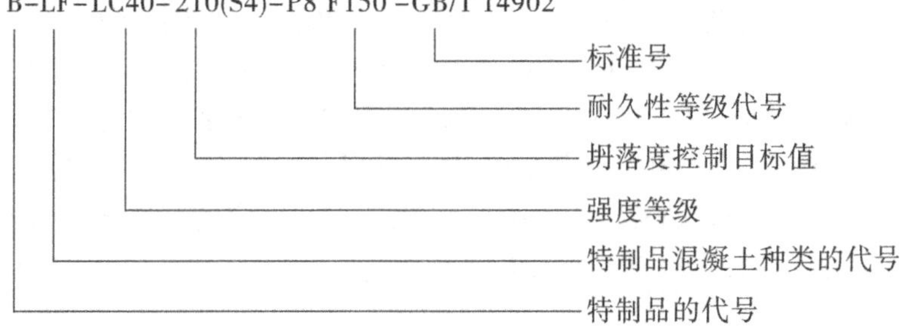

6.8.4 预拌混凝土的质量要求

预拌混凝土的质量要求包括:混凝土强度应符合设计要求,检验评定应符合《混凝土强度检验评定标准》(GB/T 50107—2010)的规定;混凝土坍落度实测值与控制目标值的允许偏差、混凝土扩展实测值与控制目标值的允许偏差应符合表6.27的规定,常规品的泵送混凝土坍落度控制目标值不宜大于180 mm,并应满足施工要求,坍落度经时损失不宜大于30 mm/h,特制品混凝土坍落度应满足相关标准规定和施工要求,自密实混凝土扩展度控制目标值不宜小于550 mm,并应满足施工要求;混凝土含气量实测值不宜大于7%,并与合同规定值的允许偏差不宜超过±1.0%;混凝土拌合物中水溶性氯离子最大含量实测值应符合《预拌混凝土》(GB/T 14902—2012)的规定;混凝土耐久性能应满足设计要求,检验评定应符合《混凝土耐久性检验评定标准》(JGJ/T 193—2009)的规定;当需方提出其他混凝土性能要求时,应按国家现行有关标准规定进行试验,无相应标准时应按合同规定进行试验;试验结果应满足标准或合同的要求。

预拌混凝土

表6.27 预拌混凝土坍落度允许偏差(GB/T 14902—2012)

项目	控制目标值	允许偏差
坍落度	≤40	±10
	50-90	±20
	≥100	±30
扩展度	≥350	±40

6.8.5 预拌混凝土的检验方法

预拌混凝土质量检验分为出厂检验和交货检验。预拌混凝土质量验收应以交货检验结果作为依据。常规品应检验混凝土强度、拌合物坍落度和设计要求的耐久性能;掺有引气型外加剂的混凝土还应检验拌合物的含气量。特制品除应检验常规品所列项目外,还应按相关标准和合同规定检验其他项目。

6.8.6 预拌混凝土的运输要求

运输车在运输时应能保证混凝土拌合物均匀且不产生分层、离析。对于寒冷、严寒或炎热的天气情况,搅拌运输车的搅拌罐应有保温或隔热措施。搅拌运输车在装料前应将搅拌罐内积水排尽,装料后严禁向搅拌罐内的混凝土拌合物中加水。当卸料前需要在混凝土拌合物中掺入外加剂时,应在外加剂掺入后采用快档旋转搅拌罐进行搅拌;外加剂掺量和搅拌时间应有经试验确定的预案。预拌混凝土从搅拌机卸入搅拌运输车至卸料时的运输时间不宜大于90 min,如需延长运送时间,则应采取相应的有效技术措施,并应通过试验验证;当采用翻斗车时,运输时间不应大于45 min。

6.9 其他混凝土

6.9.1 泵送混凝土

6.9.1.1 简介

混凝土拌合物的坍落度不低于100 mm并用混凝土泵通过管道输送拌合物的混凝土为泵送混凝土。泵送混凝土已逐渐成为混凝土施工中一个常用的品种。具有施工速度快,质量好,节省人工,施工方便等特点。因此广泛应用于一般房建结构混凝土、道路混凝土、大体积混凝土、高层建筑等工程。

泵送混凝土要求具有比一般混凝土更好的流动性、可塑性及稳定性。泵送混凝土需加入防止混凝土拌合物在泵送管道中离析和堵塞的泵送剂,以及使混凝土拌合物能在泵压下顺利通行的外加剂,减水剂、塑化剂、加气剂等均可用作泵送剂。加入适量的混合材料(如粉煤灰等),可避免混凝土施工中拌合料分层离析、泌水和堵塞输送管道。

6.9.1.2 原材料要求

(1)水泥宜选用硅酸盐水泥、普通硅酸盐水泥、矿渣硅酸盐水泥、粉煤灰硅酸盐水泥。

(2)粗骨料应采用连续级配,针片状颗粒含量不宜大于10%;粗骨料最大粒径与输送管径之比见表6.28。

(3)细骨料宜采用中砂,其通过公称直径0.315 mm筛孔的颗粒含量不宜少于15%。

(4)泵送混凝土应加泵送剂或减水剂,并宜掺用矿物掺合料。

表6.28 粗集料的最大粒径与输送管径之比(JGJ 55—2011)

粗骨料品种	泵送高度/m	粗骨料最大粒径与输送管径之比
碎石	<50	≤1∶3.0
	50~100	≤1∶4.0
	>100	≤1∶5.0
卵石	<50	≤1∶2.5
	50~100	≤1∶3.0
	>100	≤1∶4.0

6.9.1.3 配合比要求

泵送混凝土配合比,除必须满足混凝土设计强度和耐久性的要求外,尚应使混凝土满足可泵性要求。泵送混凝土配合比设计,应符合现行国家和行业标准《普通混凝土配合比设计规程》(JGJ 55—2011)、《混凝土结构工程施工质量验收规范》(GB 50204—2015)、《混凝土强度检验评定标准》(GB/T 50107—2010)和《预拌混凝土》(GB/T 14902—2012)的有关规定。并应根据混凝土原材料、混凝土运输距离、混凝土泵与混凝土输送管径、泵送距离、气温等具体施工条件试配。必要时,应通过试泵送确定泵送混凝土配合比。胶凝材料用量不宜小于 300 kg/m^3,砂率宜为 35% ~45% 。

6.9.1.4 混凝土的泵送要求

泵送混凝土的入泵坍落度不宜小于 100 mm,对强度超过 C60 的泵送混凝土,入泵坍落度不宜小于 180 mm。泵送混凝土入泵坍落度或扩展度和泵送高度之间的关系宜符合表 6.29 要求。泵送混凝土出机到泵送时间段内的坍落度经时损失控制在 30 mm/h 以内较好。泵送混凝土宜采用预拌混凝土,当需要在现场搅拌混凝土时,宜采用具有自动计量装置的集中搅拌方式,不得采用人工搅拌的混凝土进行泵送。

表 6.29 混凝土入泵坍落度与泵送高度关系表(JGJ/T 10—2011)

最大泵送高度/m	50	100	200	400	400 以上
入泵坍落度/mm	100 ~ 140	150 ~ 180	190 ~ 220	230 ~ 260	—
入泵扩展度/mm	—	—	—	450 ~ 590	600 ~ 740

6.9.1.5 泵送混凝土质量控制

泵送混凝土质量应符合现行国家标准《混凝土结构工程施工质量验收规范》(GB 50204—2015)和《预拌混凝土》(GB/T 14902—2012)的有关规定。除此之外,泵送混凝土的可泵性试验,10 s时的相对压力泌水率不宜大于 40% ,混凝土入泵时的坍落度及其允许偏差,应符合表 6.30 的规定,混凝土强度的检验评定,应符合现行国家标准《混凝土强度检验评定标准》(GB/T 50107—2010)的规定。

出泵混凝土的质量检查,应按国家现行标准《混凝土结构工程施工质量验收规范》(GB 50204—2015)的有关规定进行。用作评定结构或构件混凝土强度质量的试件,应在浇筑地点取样、制作,且混凝土的取样、试件制造、养护和试验均应符合国家现行标准《混凝土强度检验评定标准》(GB/T 50107—2010)的有关规定。

当混凝土可泵性差,出现泌水、离析,难以泵送和浇灌时,应立即对配合比、混凝土泵、配管、泵送工艺等重新进行研究,并采取相应措施。应结合施工现场具体情况,建立质量控制制度,对材料、设备、泵送工艺、混凝土强度等进行系统的科学管理。

表 6.30 混凝土坍落度允许误差(JGJ/T 10—2011)

所需坍落度/mm	坍落度允许误差/mm
100 ~ 160	±20
>160	±30

6.9.1.6 运输要求

泵送混凝土宜采用搅拌运输车运送。运输车性能应符合现行行业标准《混凝土搅拌运输车》(GB/T 26408—2011)的有关规定。混凝土搅拌运输车装料前应排净搅拌筒内积水，向混凝土泵卸料前应高速旋转拌筒，中断卸料阶段应保持拌筒低速转动。

混凝土泵送施工前应检查混凝土送料单，核对配合比，检查坍落度，必要时还应测定混凝土扩展度，在确定无误后方可进行混凝土泵送。泵送完毕时，应及时将混凝土泵和输送管清洁干净。

6.9.2 高性能混凝土

混凝土泵送技术规程

高性能混凝土是一种新型高技术混凝土，采用常规材料和工艺生产，具有混凝土结构所要求的各项力学性能，具有高耐久性、高工作性和高体积稳定性。它以耐久性作为设计的主要指标，针对不同用途要求，对下列性能重点予以保证：耐久性、工作性、适用性、强度、体积稳定性和经济性。为此，高性能混凝土在配置上的特点是采用低水胶比，选用优质原材料，且必须掺加足够数量的掺合料（矿物细掺料）和高效外加剂。

高性能混凝土特点：拌合料呈高塑或流态、可泵送、不离析，便于浇筑密实；在凝结硬化过程中和硬化后的体积稳定、水化热低、不产生微细裂缝、徐变小；耐久性好，尤其有很高的抗渗性。

高性能混凝土工作性能好，耐久性好，其成本与同级高强混凝土相比较低，因此，高性能混凝土的优越性与经济性使其用途不断扩大，在不少工程中得以推广应用。概括起来说，高性能混凝土就是能更好地满足结构功能要求和施工工艺要求的混凝土，能最大限度地延长混凝土结构的使用年限，降低工程造价。近年来，高性能混凝土我国工程实践中有着广泛的应用，如水利工程、桥梁工程、高层建筑等。

6.9.3 轻混凝土

轻混凝土是指干表观密度小于1950 kg/m^{3}的混凝土，有轻集料混凝土、多孔混凝土和大孔混凝土。

轻集料混凝土是用质轻多孔的集料和水泥配制的，如浮石、陶粒、煤渣、膨胀珍珠岩等。轻集料混凝土具有表观密度小、强度高、保温隔热性好、耐久性好等优点，特别适用于高层建筑、大跨度建筑和有保温要求的建筑。

多孔混凝土中无粗、细集料，靠向料浆中添加加气剂、泡沫剂和高压空气来产生多孔结构，孔隙率高达60%以上。常用的多孔混凝土有加气混凝土和泡沫混凝土。加气混凝土适用于框架结构、高层建筑、地震设防的建筑、保温隔热要求高的建筑及软土地基地区的建筑，可用作承重墙、非承重墙，也可作保温材料使用。泡沫混凝土主要应用于屋面保温隔热、墙体保温隔热、地面保温等。

大孔混凝土是用粒径相近的粗集料和有限的水泥浆配制而成的，应以水泥浆能均匀包裹集料表面不流淌为准，水灰比一般为0.30～0.40。大孔混凝土的导热系数小，保温性能好，吸湿性小，收缩较普通混凝土小20%～50%，适宜作墙体材料。另外，大孔混凝土还具有透气、透水性大等特点，在水工建筑中可用作排水暗道。

6.9.4 抗渗混凝土

抗渗混凝土是设法提高抗渗性能，以达到抗渗要求的混凝土。

普通混凝土内分布有许多微细孔隙,孔隙的存在使其抗渗性能很差。因此,有抗渗要求的工程,应针对抗渗等级的高低配制不同的防水混凝土。一般是通过改善混凝土组成材料的质量,合理选择混凝土配合比和集料级配,以及掺加适当外加剂,达到混凝土内部密实或堵塞混凝土毛细管通路,使混凝土具有较高的抗渗性能。

抗渗混凝土多用于地下工程及储水构筑物,其强度根据结构计算而定,抗渗性主要依据水压力值及结构厚度设计抗渗等级要求而定。

6.9.5 高强混凝土

高强混凝土是指强度等级不低于 C60 的混凝土。强度等级不小于 C100 的混凝土为超高强混凝土。

高强混凝土的特点是:强度高、耐久性好、变形小,在相同受力条件下能减小构件体积,降低钢筋用量,能适应现代工程结构向大跨度、重载、高耸发展和承受恶劣环境条件的需要。使用高强混凝土可获得明显的技术效益和经济效益。

要求混凝土高强,必须使胶凝材料本身高强,胶凝材料与集料结合力强,集料本身强度高、级配好、最大粒径适当。因此,配制高强混凝土应选用质量稳定、强度等级不低于 42.5 级的硅酸盐水泥或普通硅酸盐水泥;粗集料的最大粒径不应大于 31.5 mm,针、片状颗粒量不应大于 5.0% ,含泥量不应大于 1.0% ,泥块含量不应大于 0.5% ;细集料宜采用细度模数大于 2.6 且颗粒级配良好的中砂,含泥量不应大于 2.0% ,泥块含量不应大于 0.5% ;配制高强混凝土应采用高效减水剂或缓凝高效减水剂,并掺用活性较好的矿物掺合料。

高强混凝土主要用于高层建筑竖向承重构件、混凝土桩基、预应力轨枕、电杆、大跨度薄壳结构、桥梁及输水管等。

章后小结

1. 普通混凝土的和易性包含流动性、黏聚性、保水性;流动性的测定方法有坍落度法和维勃稠度法。

2. 普通混凝土的强度:抗压强度(最大)、抗拉强度(最小)、抗剪强度、抗弯强度。

强度等级:C20、C25、C30、C35、C40、C45、C50、C55、C60、C65、C70、C75、C80。

3. 普通混凝土的变形性:

非荷载作用下的变形——化学收缩、温度变形、干缩湿胀。

荷载作用下的变形——短期荷载作用下的变形、长期荷载作用下的变形(徐变)

4. 普通混凝土的耐久性:抗冻性、抗渗性、抗侵蚀性、抗碳化性能、碱-骨料反应抑制性能。

5. 普通混凝土的质量控制:原材料的质量控制、混凝土配合比的控制、施工过程控制。

6. 混凝土强度评定方法分为统计方法和非统计方法两种。

7. 普通混凝土的配合比设计的三个参数:水胶比、砂率、用水量。

8. 混凝土结构现场检测分为工程质量检测和结构性能检测。

9. 混凝土结构现场检测可采取全数检测或抽样检测两种方式。

10. 混凝土结构实体常用检测方法：回弹性、超声回弹综合法、钻芯法、拔出法等。

11. 其他混凝土：泵送混凝土、高性能混凝土、轻混凝土、抗渗混凝土、高强混凝土。

实训题

某教学楼的钢筋混凝土柱（室内干燥环境），施工要求坍落度为30～50 mm。混凝土设计强度等级为C30，采用52.5级普通硅酸盐水泥（$\rho_c=3.1\ g/cm^3$）；砂子为中砂，表观密度为2.65 g/cm^3，堆积密度为1450 kg/m^3；石子为碎石，粒级为5～40 mm，表观密度为2.70 g/cm^3，堆积密度为1550 kg/m^3；混凝土采用机械搅拌、振捣，施工单位无混凝土强度标准差的统计资料。

（1）根据以上条件，用绝对体积法求混凝土的初步配合比。

（2）假如用计算出的初步配合比拌和混凝土，经检验后混凝土的和易性、强度和耐久性均满足设计要求。又已知现场砂的含水率为2%，石子的含水率为1%，求该混凝土的施工配合比。

习　题

一、选择题

1. 普通混凝土的抗压强度测定，若采用100 mm×100 mm×100 mm的立方体构件，则试验结果应乘以折算系数（　　）。

A. 0.90　　B. 0.95

C. 1.05　　D. 1.10

2. 设计混凝土配合比时，确定水灰比的原则是按满足（　　）而定。

A. 强度　　B. 最大水灰比限值

C. 强度和最大水灰比限值　　D. 小于最大水灰比

3. 某建材实验室有一张混凝土用量配方，数字清晰为1∶0.61∶2.50∶4.45，而文字模糊，下列哪种经验描述是正确的？（　　）

A. *m*（水）∶*m*（水泥）∶*m*（砂）∶*m*（石）

B. *m*（水泥）∶*m*（水）∶*m*（砂）∶*m*（石）

C. *m*（砂）∶*m*（水泥）∶*m*（水）∶*m*（石）

D. *m*（水泥）∶*m*（砂）∶*m*（水）∶*m*（石）

4. 混凝土是（　　）。

A. 完全弹性体材料　　B. 完全塑性体材料

C. 弹塑性体材料　　D. 不好确定

5. 混凝土的强度等级是根据(　　)来划分。
A. 立方体试件抗压强度
B. 立方体试件抗压强度标准值
C. 棱柱体抗压强度
D. 抗弯强度值
6. 下列(　　)措施会降低混凝土的抗渗性。
A. 增加水灰比　　B. 提高水泥强度
C. 掺入减水剂　　D. 掺入优质粉煤灰
7. 测定塑性混凝土拌合物流动性的指标是(　　)。
A. 沉入度　　B. 维勃稠度
C. 扩散度　　D. 坍落度

二、填空题

1. 混凝土拌合物的和易性包含__________、__________和__________三方面含义。用坍落度法评定和易性主要是测定__________,辅以观察__________和__________。

2. 当混凝土的流动性太小,可保持__________不变,增加__________和__________的用量。

3. 一般情况下,混凝土的龄期越长,强度越__________。

4. 在混凝土配合比设计中,需要确定的三个基本参数分别是__________、__________、__________和__________。

5. 在配制混凝土时,若砂率过小,则会严重影响混凝土拌合物的__________。

6. 雨后现场配制混凝土时,若不考虑骨料的含水率,将会使混凝土的强度__________。

7. 碳化使混凝土的__________降低,减弱对混凝土中钢筋的保护作用。

8. 测定混凝土立方体抗压强度的标准试件尺寸是__________。

9. 混凝土的徐变对钢筋混凝土结构的有利作用是__________和__________,不利作用是__________。

10. 设计混凝土配合比应同时满足__________、__________、__________和__________四项基本要求。

11. 在保证混凝土强度不降低及水泥用量不变的情况下,改善混凝土拌合物的和易性最有效的方法是__________。

12. 当混凝土其他条件相同时,水灰比越大,则强度越__________,而流动性越__________。

13. 在原材料性质一定时,影响混凝土拌合物和易性的主要因素是__________、__________、__________和__________。

14. 影响混凝土强度的主要因素有__________、__________和__________,其中__________是决定因素。

15. 混凝土耐久性主要包括__________、__________、__________、__________和__________。

16. 在混凝土配合比设计中，水灰比主要由________和________等因素确定，用水量是由________确定，砂率是由________确定。

17. 卵石混凝土比同条件配合比拌制的碎石混凝土的流动性________，强度________。

18. 在混凝土施工中，统计得出混凝土强度标准差越________，则表明混凝土生产质量不稳定，施工水平越________。

19. 混凝土结构的现场检测项目有混凝土力学性能检测、________、________、________和其他特种参数的专项检测。

20. 混凝土结构现场检测可分为________和________。

21. 建筑工程结构质量检测需在浇筑混凝土后，测定混凝土的________、钢筋的________、混凝土的内部缺陷情况等。

22. 结构性能检测是为了评估混凝土结构________、________、________和抗灾害能力所实施的检测。

23. 回弹法是________检测混凝土抗压强度的一种最常用的方法，具有准确、可靠、快速、经济等一系列的优点。

24. 钻芯法对结构混凝土造成局部损伤，因此是一种________的现场检测手段。

25. 在钢筋混凝土结构设计中，钢筋的________须符合规范要求，否则将影响结构的耐久性。

26. 混凝土结构后锚固工程质量应进行________的现场检验。

三、计算题

1. 用强度等级为42.5的普通水泥、河砂及卵石配制混凝土，使用的水灰比分别为0.60和0.53，试估算混凝土28 d的抗压强度分别为多少？

2. 某工地混凝土施工时，每立方米混凝土各材料用量为：水泥308 kg，水128 kg，河砂700 kg，碎石1260 kg，其中砂的含水率为5%，石的含水率3%。求该混凝土的施工配合比。

四、简答题

1. 常用结构检测方法有哪些，它们有什么特点？

2. 当遇到什么情况时，应进行结构性能检测？

3. 检测基本程序是什么？

第7章 建筑钢材

学习要求

了解钢的分类,熟悉钢的化学成分对钢性能的影响,掌握钢材的力学性能和工艺性能;掌握常用建筑钢材的分类、标准和应用,熟悉钢材防锈和防火的处理措施,了解钢材的保管与验收。通过本章的学习,能够在工程建设中合理使用钢材。

【引入案例】

国家体育场"鸟巢"

国家体育场"鸟巢"(图7.1)是2008年第29届奥林匹克运动会的主体育场。作为国家标志性建筑,国家体育场结构特点十分显著,主体结构设计使用年限100年,耐火等级为一级,抗震设防烈度8度。主体钢结构形成整体的巨型空间马鞍形钢桁架编织式"鸟巢"结构,整个体育场总用钢量约为11万吨,混凝土浇筑约18万立方米。

图7.1 鸟巢

"鸟巢"结构设计奇特新颖,而这次搭建它的Q460E/Z35也有很多独到之处,Q460是由河南舞阳特种钢厂自主研发的一种低合金高强度钢,用作鸟巢钢板,最大厚度达到

110 mm，不仅达到要求的高强度、较高的低温韧性以及良好的抗层状撕裂性能，还具有低屈强比、高延伸率，完全满足钢结构抗震、防震的要求，且便于加工焊接。其技术要求达到了目前低合金高强度钢之最，是国内在建筑结构上的首次使用，撑起了国家体育场的钢骨脊梁。

在理论上，凡含碳量在2.06%以下，含有害杂质较少的铁碳合金称为钢材（即碳钢）。

建筑钢材是指在用于钢结构的各种型钢（圆钢、角钢、槽钢、工字钢等）、钢板和用于钢筋混凝土中的各种钢筋、钢丝、钢绞线等。

建筑钢材的优点是材质均匀、性能可靠、强度高、塑性和韧性好，能承受冲击和振动荷载，可以焊接、铆接、螺栓连接，便于装配，是建筑工程中重要的结构材料之一，但缺点是易锈蚀，维护费用高，耐火性差，施工中应对钢材进行防锈和防火处理。

7.1　钢的分类

钢的分类见表7.1。目前，建筑工程中常用的钢种是普通碳素结构钢和普通低合金结构钢。

表7.1　钢的分类

分类方式	分类	
按化学成分	碳素钢 （非合金钢）	低碳钢（含碳量<0.25%） 中碳钢（含碳量0.25%～0.6%） 高碳钢（含碳量>0.6%）
	合金钢	低合金钢（合金元素总量<5%） 中合金钢（合金元素总量5%～10%） 高合金钢（合金元素总量>10%）
按脱氧程度	沸腾钢（F）：脱氧不完全，质量差，成本低，广泛用于一般建筑工程； 镇静钢（Z）：脱氧完全，质量好，成本较高，用于承受振动冲击荷载的结构或重要的焊接钢结构； 半镇静钢（b）：脱氧较完全，介于以上两者之间； 特殊镇静钢（TZ）：脱氧更完全彻底，质量最好，用于特别重要的结构工程	
按质量	普通钢（含硫量≤0.055%，含磷量≤0.045%） 优质钢（含硫量≤0.040%，含磷量≤0.040%） 高级优质钢（含硫量≤0.030%，含磷量≤0.035%）	
按用途	结构钢：用于建筑结构、机械制造等； 工具钢：用于制作刀具、量具、模具等； 特殊钢：不锈钢、耐酸钢、耐热钢、耐磨钢等	

7.2　钢材的主要技术性能

钢材的性能主要包括力学性能、工艺性能和化学性能等，它们既是设计和施工人员选用钢材的主要依据,也是钢材生产企业质量控制的重要参数。

7.2.1 力学性能

钢材的力学性能是指钢材在受力过程中所表现出来的性能,主要包括拉伸性能、冲击韧性和疲劳强度等。

7.2.1.1 拉伸性能

拉伸是建筑钢材的主要受力方式,也是钢材最重要的性能,是选用钢材的重要技术指标。

钢材的拉伸性能可以通过室温下低碳钢拉伸试验所得的应力-应变曲线图来说明,见图7.2。低碳钢受力拉伸至拉断,全过程可划分为四个阶段:弹性阶段(*OA*)、屈服阶段(*AB*)、强化阶段(*BC*)和颈缩阶段(*CD*)。

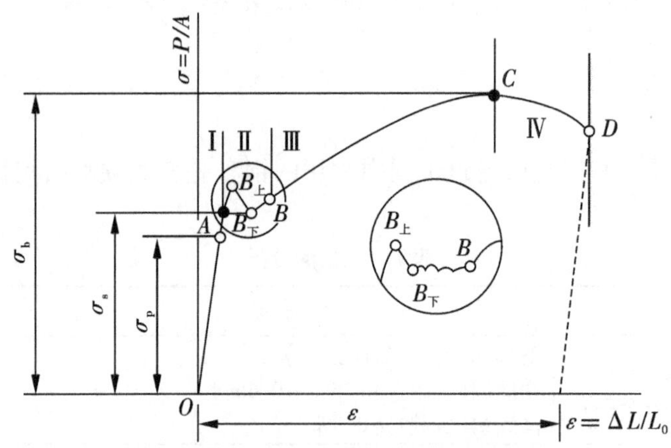

图7.2 低碳钢拉伸应力-应变曲线图

(1)弹性阶段(*OA*)

OA 段呈直线关系,即随荷载增加,应力与应变呈正比。如卸去荷载,试件能恢复原状。此阶段的变形为弹性变形。弹性阶段的最高点 *A* 所对应的应力为弹性极限,用 σ_p 表示。应力与应变的比值为一常数,即弹性模量 E($E=\sigma/\varepsilon$)。弹性模量反映钢材抵抗弹性变形的能力,弹性模量 E 越大,抵抗变形的能力越强。

(2)屈服阶段(*AB*)

应力超过 *A* 点后,应力与应变不再呈正比关系,此时卸去荷载变形不能全部恢复,即已产生塑性变形。当应力达到 $B_{上}$ 点(上屈服点)后,钢材抵抗不住所加的外力,瞬时下降至 $B_{下}$ 点(下屈服点),发生“屈服”现象,即应力在小范围内波动,而应变迅速增加,直到 *B* 点。$B_{下}$ 点对应的应力称为屈服点(屈服强度),用 R_{eL} 表示。屈服强度是结构设计中钢材强度取值的依据。

(3)强化阶段(*BC*)

当荷载超过屈服点后,钢材内部组织结构发生变化,抵抗变形的能力又重新提高。当应力达到 *C* 点时,应力达到极限值,称为抗拉强度,用 R_m 表示。

屈服强度和抗拉强度之比(即屈强比 R_{eL}/R_m)能反映钢材的利用率和结构的安全可靠程度。屈强比小,钢材的利用率低,造成浪费;但屈强比过大,其结构的安全可靠程度降低。建筑结构钢合理的屈强比一般在0.60~0.75范围内。

(4)颈缩阶段(CD)

试件受力达到最高点 C 后,其抵抗变形的能力明显降低,变形迅速增加,应力逐渐下降,试件被拉长,薄弱处的截面积急剧缩小,产生"颈缩"(图7.3),直至断裂。

将拉断后的试件拼合起来,测定出标距范围内的长度(L_1),与试件原始标距(L_0)之差为塑性变形值,该值与 L_0 之比称为伸长率(A),如图7.4所示。

伸长率(A)是衡量钢材塑性的重要指标,A 越大,则钢材塑性越好,钢材用于结构的安全性越大。

塑性变形在试件标距内的分布是不均匀的。颈缩处的变形最大,离颈缩部位越远其变形越小。通常钢筋拉伸试验中,试件取 $L_0 = 5d_0$ 或 $L_0 = 10d_0$,其伸长率分别用 A_5 和 A_{10} 表示。对于同一种钢材,其 A_5 大于 A_{10} 。

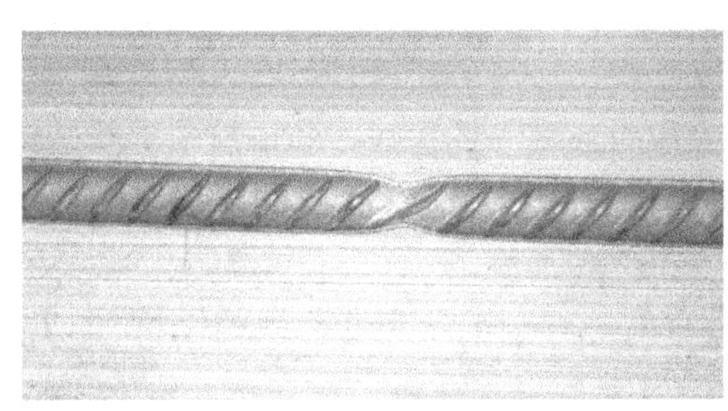

图7.3 试件颈缩

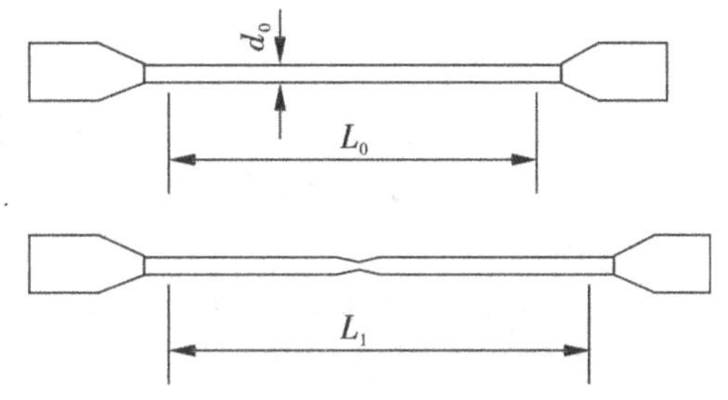

图7.4 钢材拉伸试件

中碳钢和高碳钢拉伸时,屈服现象不明显,难以测定屈服强度。规范将产生残余变形为原标距长度的0.2%时所对应的应力值作为屈服强度,称为条件屈服强度,用 $\sigma_{0.2}$ 表示。如图7.5所示。

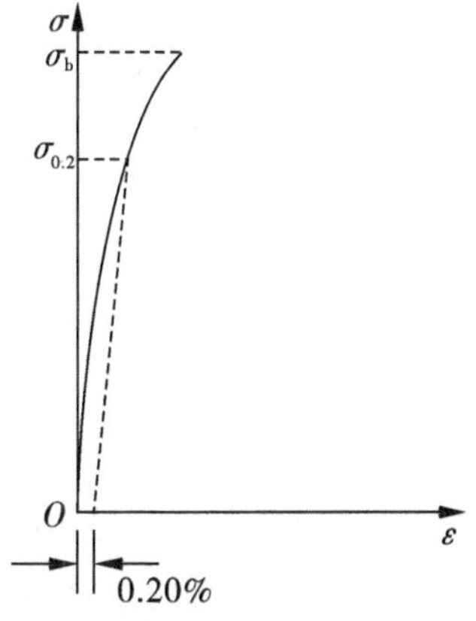

图7.5 中碳钢、高碳钢的应力-应变曲线图

7.2.1.2 冲击韧性

冲击韧性是指钢材抵抗冲击荷载而不被破坏的能力。它是通过标准试件的弯曲冲击韧性试验来确定。如图7.6所示。试验时,将试件放置在固定支座上,将摆锤举起一定高度,然后使摆锤自由落下,冲击带V形缺口试件的背面,使试件承受冲击弯曲而断裂。将试件冲断时缺口处单位面积上所消耗的功作为冲击韧性,用 α_k (J/cm^2)表示。α_k 值越大,钢材的冲击韧性越好。

钢材的冲击韧性受化学成分、组织状态、加工工艺及环境温度等影响。当钢材内硫、磷的含量高,存在化学偏析,含有非金属夹杂物及焊接形成的微裂纹时,都会使冲击韧性显著降低。另外,冲击韧性随温度的降低而下降,开始时下降缓慢,当降到一定温度范围时，冲击值急剧下降而使钢材呈脆性断裂，这种性质称为冷脆性，这时的温度称为脆性临界温度。脆性临界温度越低，钢材的低温冲击性能越好。所以在负温下使用的结构，应当选用脆性临界温度较使用温度低的钢材。

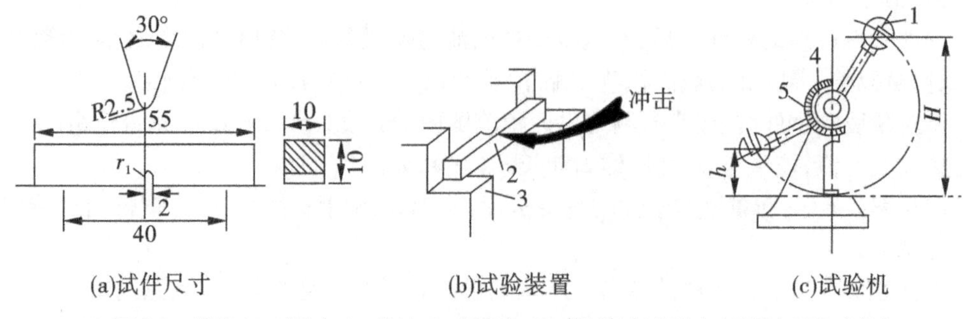

1—摆锤；2—摆件；3—试验台；4—指针；5—刻度盘；H—摆锤扬起高度；h—摆锤向后摆动高度

图 7.6 冲击韧性试验

7.2.1.3 疲劳强度

钢材在交变荷载反复多次作用下，可在最大应力远低于抗拉强度的情况下突然破坏，这种破坏称为疲劳破坏，用疲劳强度（或疲劳极限）表示。一般钢材的抗拉强度高，其疲劳强度也高。

钢材的疲劳强度与其内部组织和表面质量有关。对于承受交变荷载的结构，如工业厂房的吊车梁等，在设计时必须考虑疲劳强度。

7.2.2 工艺性能

建筑钢材在使用前，大多需进行拉、拔、弯、扭等加工，要保证钢材制品的质量不受影响，就必须具有良好的工艺性能。钢材的工艺性能包括冷弯、冷拉、冷拔及焊接性能等。

7.2.2.1 冷弯性能

冷弯性能是指钢材在常温下承受弯曲变形的能力。一般钢材的塑性好，其冷弯性能也好。冷弯性能是评定钢材塑性和保证焊接接头质量的重要指标之一。

冷弯性能通过冷弯试验得到。试验时，将钢材按规定的弯曲角度（α）和弯心直径（d）弯曲，若弯曲后试件弯曲处无裂纹、起层及断裂，即认为冷弯性能合格。如图 7.7 所示。

7.2.2.2 钢材的冷加工与时效

在建筑工地或钢筋混凝土预制构件厂，常将钢材进行冷加工来提高钢筋屈服强度，节约钢材。

（1）冷加工强化

将钢材在常温下进行冷拉、冷拔、冷轧，使钢材产生塑性变形，从而使强度和硬度提高，塑性、韧性和弹性模量明显下降，这种过程称为冷加工强化。通常冷加工变形越大，则强化越明显，即屈服强度提高越多，而塑性和韧性下降也越大，见表 7.2。

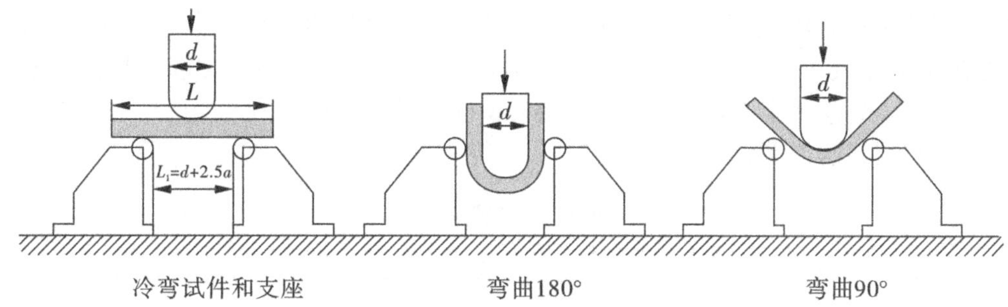

a—钢筋直径;d—弯心直径;L_1—两支辊间距;L—试件长度

图7.7 钢材冷弯

表7.2 钢材的冷加工强化

冷加工方式	特点
冷拉:将热轧钢筋用冷拉设备加力进行张拉,使之伸长	钢材经冷拉后,屈服强度提高20% ~30%,节约钢材10% ~20%。但屈服阶段缩短,伸长率降低,材质变硬
冷拔:将光面圆钢筋通过硬质钨合金拔丝模孔强行拉拔,每次拉拔断面缩小应在10%以下	经过一次或多次冷拔后的钢筋,表面光洁度高,屈服强度提高40% ~60%,但塑性大大降低,具有硬钢的性质

(2)时效强化

冷加工后的钢材随时间的延长,强度、硬度提高,塑性、韧性下降的现象称为时效强化,分为自然时效和人工时效两种,见表7.3。

表7.3 钢材的时效强化

时效强化方式	特点
自然时效:钢材经冷加工后,在常温下存放15 ~20 d	屈服强度、抗拉强度及硬度进一步提高,而塑性、韧性继续降低。通常,强度较低的钢筋宜采用自然时效,强度较高的钢筋则应采用人工时效
人工时效:钢材经冷加工后,加热至100 ~200 ℃,保持2 h左右	

7.2.2.3 焊接性能

焊接是把两块金属局部加热,并使其接缝部分迅速呈熔融或半熔融状态,而牢固地连接起来。它是各种型钢、钢板、钢筋的重要连接方式。焊接的质量取决于焊接工艺、焊接材料及钢材的焊接性能。

钢材的焊接性能(又称可焊性)是指钢材在一定焊接工艺下获得良好焊接接头的性能,即焊接后不易产生裂纹、气孔、夹渣等缺陷,焊接接头牢固可靠,焊缝及附近受热影响区的力学性能与母材相近,特别是强度不低于母材,脆硬倾向小。

焊接性能的好坏,主要取决于钢的化学成分。随着含碳量、合金元素及杂质元素(特别是硫,硫含量较多时,会使焊口处产生热裂纹,严重降低焊接质量)含量的提高,钢材的可焊性降低。含碳量小于0.25%的钢材具有良好的焊接性能。

【例7.1】工程实例分析

钢结构屋架坍塌

现象:某厂的钢结构屋架由中碳钢焊接而成,使用一段时间后,屋架坍塌,请分析事故原因。

分析:钢材选用不当,中碳钢的塑性和韧性比低碳钢差,且其焊接性能较差,焊接时钢材局部温度高,形成了热影响区,其塑性及韧性下降较多,较易产生裂纹。

防治措施:建筑工程中常选用的主要钢种是普通碳素钢中的低碳钢和合金钢中的低合金高强度结构钢。

7.2.3 钢的化学成分对钢性能的影响

钢是铁-碳合金,钢中除铁、碳外,还含有少量硫、磷、氢、氧、氮以及一些合金元素,它们对钢材的性能和质量也会产生影响。详见表7.4。

表7.4 钢的化学成分对钢性能的影响

影响因素	化学成分	钢材性能
重要元素	碳	含碳量小于0.8%时,随着含碳量的增加,钢的抗拉强度和硬度提高,而塑性、韧性、冷弯、焊接及抗腐蚀等性能降低,并增加钢的冷脆性和时效敏感性。建筑钢材中含碳量一般不应超过0.22%,焊接结构中还应低于0.20%
有害元素	磷	显著降低钢材的塑性和韧性,特别是低温下冲击韧性下降更为明显,常把这种现象称为冷脆性。磷还能使钢的冷弯性能降低,可焊性变差。但磷可使钢材的强度、硬度、耐磨性、抗腐蚀性提高
	硫	极有害,硫在钢的热加工时易引起钢的脆裂,称为热脆性。硫的存在还使钢的冲击韧性、疲劳强度、可焊性及耐蚀性降低,即使微量存在也对钢有害,因此硫的含量要严格控制
	氧、氮	可显著降低钢材的塑性、韧性、冷弯性能和焊接性能
合金元素	硅	有益元素,含量在1%以内,可提高钢的强度,对塑性和韧性没有明显影响。但含量超过1%时,冷脆性增加,可焊性变差
	锰	含量为0.8%~1%时,可显著提高钢的强度和硬度,消除热脆性,几乎不降低塑性及韧性。但含量超过1%时,在提高强度的同时,塑性及韧性有所下降,可焊性变差
	铝、钛、钒、铌	适量加入可改善钢的组织,细化晶粒,显著提高强度和改善韧性

【例7.2】工程实例分析

烧结矿仓库运输廊道发生倒塌

现象:某烧结矿仓库运输廊道发生倒塌。事故发生时室外气温为36 ℃左右。经现场调查及取样试验可知所用的沸腾钢含碳量0.23% ~0.25%,含硫量0.06%,多处焊缝明显未焊透,有焊瘤,夹杂缺陷,焊接质量差,发生脆性断裂。请分析事故原因。

分析:(1)所使用的钢材不符合标准要求,沸腾钢含碳量0.23% ~0.25%,含硫量0.06%,均超过用于焊接结构钢材的要求。(2)断裂处焊缝低劣,以及焊接结构处有应力集中现象,焊接质量差。

防治措施:用于焊接结构的钢材,其含碳量不应超过0.22%,含硫量不应超过0.055%。焊接时应规范施工,以保证焊接的质量。

7.3 建筑用钢

7.3.1 碳素结构钢

碳素结构钢的技术要求

7.3.1.1 牌号表示方法

钢的牌号又称钢号。碳素结构钢的牌号表示方式如下。

Q235-A.F,表示屈服强度为235 MPa的A级沸腾钢

- 脱氧方法F(沸腾钢)、b(半镇静钢)、Z(镇静钢)和TZ(特殊镇静钢)
- 质量等级(按硫、磷杂质含量由多到少分为A、B、C、D)
- 屈服强度数值,分195、215、235和275 MPa
- 代表屈服强度的字母

注:Z和TZ在钢的牌号中可省略。

7.3.1.2 技术要求

碳素结构钢的化学成分、力学性能、工艺性能见表7.5~表7.7。随着牌号的增大,其含碳量增加,强度提高,塑性和韧性降低,冷弯性能逐渐变差。

表 7.5 碳素结构钢的化学成分(GB/T 700—2006)

牌号	统一数字代号[a]	等级	厚度或直径/mm	化学成分/%,≤					脱氧方法
				C	Mn	Si	S	P	
Q195	U11952	—	—	0.12	0.50	0.30	0.040	0.035	F、Z
Q215	U12152	A	—	0.15	1.20	0.35	0.050	0.045	F、Z
	U12155	B					0.045		
Q235	U12352	A	—	0.22	1.40	0.35	0.050	0.045	F、Z
	U12355	B		0.20[b]			0.045		
	U12358	C		0.17			0.040	0.040	Z
	U12359	D					0.035	0.035	TZ
Q275	U12752	A	—	0.24	1.50	0.35	0.050	0.045	F、Z
	U12755	B	≤40	0.21			0.045	0.045	
			>40	0.22					
	U12758	C	—	0.20			0.040	0.040	Z
	U12759	D					0.035	0.035	TZ

注:a. 表中为镇静钢、特殊镇静钢牌号的统一数字,沸腾钢牌号的统一数字代号如下:Q195F-U11952;Q215AF-U12150, Q215BF-U12153;Q235AF-U12350, Q235BF-U12353;Q275AF-U12750;

b. 经需方同意,Q235B 的碳含量可不大于 0.22%。

表 7.6 碳素结构钢的力学性能(GB/T 700—2006)

牌号	等级	拉伸试验													冲击试验	
		屈服强度[a] R_{eH}/MPa,≥ 钢材厚度(或直径)/mm						抗拉强度[b] R_m/MPa	断后伸长率 A/%,≥ 厚度(或直径)/mm						温度/℃	冲击吸收功(纵向)/J,≥
		≤16	>16~40	>40~60	>60~100	>100~150	>150~200		≤40	>40~60	>60~100	>100~150	>150~200			
Q195	—	195	185	—	—	—	—	315~430	33	—	—	—	—		—	—
Q215	A	215	205	195	185	175	165	335~450	31	30	29	27	26		—	—
	B														20	27
Q235	A	235	225	215	215	195	185	370~500	26	25	24	22	21		—	—
	B														+20	27[c]
	C														0	
	D														-20	

续表 7.6

牌号	等级	拉伸试验												冲击试验	
		屈服强度 R_{eH}/MPa,≥						抗拉强度 R_m/MPa	断后伸长率 A/%,≥					温度/℃	冲击吸收功(纵向)/J,≥
		钢材厚度(或直径)/mm							厚度(或直径)/mm						
		≤16	>16~40	>40~60	>60~100	>100~150	>150~200		≤40	>40~60	>60~100	>100~150	>150~200		
Q275	A	275	265	255	245	225	215	410~540	22	21	20	18	17	—	—
	B													+20	27
	C													0	
	D													-20	

注:a. Q195 的屈服强度值仅供参考,不作交货条件。

b. 厚度大于 100 mm 的钢材,抗拉强度下限允许降低 20 MPa,宽带钢(包括剪切钢板)抗拉强度上限不作交货条件。

c. 厚度小于 25 mm 的 Q235 级钢材,如供方能保证冲击吸收功值合格,经需方同意,可不做试验。

表 7.7 碳素结构钢的工艺性能(GB/T 700—2006)

牌号	试样方向	冷弯试验 180° $B=2a$[a]	
		钢材厚度(直径)[b]/mm	
		≤60	>60~100
		弯心直径	
Q195	纵	0	—
	横	0.5a	
Q215	纵	0.5a	1.5a
	横	a	2a
Q235	纵	a	2a
	横	1.5a	2.5a
Q275	纵	1.5a	2.5a
	横	2a	3a

注:a. B 为试样宽度,a 为钢材厚度(或直径);

b. 钢材厚度(或直径)大于 100 mm 时,弯曲试验由双方协商确定。

7.3.1.3 特点及应用

碳素结构钢的特点及应用见表 7.8。

表 7.8　碳素结构钢的特点及应用

牌号	特点	应用
Q195、Q215	强度低，塑性和韧性较好，易于冷加工	常用作钢钉、铆钉、螺栓及铁丝等
Q235	强度较高，塑性、韧性良好，易于焊接，综合性能好，成本较低	在建筑工程中应用最广泛，可轧制成各种型材、钢板、管材和钢筋
Q275	强度较高，但韧性、塑性及可焊性较差，不易焊接和冷弯加工	可用于轧制带肋钢筋或做螺栓配件等，但更多用于机械零件和工具等

注：Q215 号钢经冷加工后可代替 Q235 号钢使用。

7.3.2　低合金高强度结构钢

低合金高强度结构钢是在碳素结构钢的基础上，加入少量合金元素的钢，所加元素主要有锰、硅、钒、钛、铌、铬、镍及稀土元素。按照交货状态分为：热轧钢材、正火、正火轧制钢材、热机械轧制（TMCP）钢材。

低合金高强度结构钢

7.3.2.1　牌号表示方法

低合金高强度结构钢牌号表示方式如下：

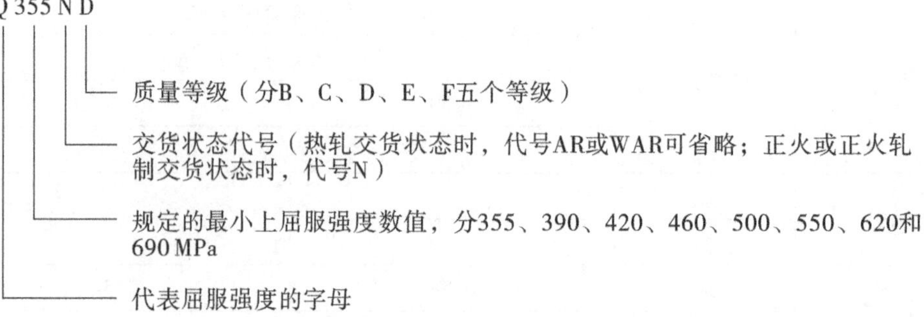

当需方要求钢板具有厚度方向性能时，则在上述规定的牌号后加上代表厚度方向（Z向）性能级别的符号，如：Q355NDZ25。

7.3.2.2　技术要求

热轧钢材、正火、正火轧制钢材、热机械轧制（TMCP）钢材的化学成分、碳当量值、拉伸性能、伸长率、冲击试验和弯曲试验均应符合《低合金高强度结构钢》（GB/T 1591—2018）的要求。其中热轧钢材的拉伸性能、伸长率、弯曲试验见表 7.9 ~ 表 7.11。

随着牌号的增大，其含碳量增加，强度提高，塑性和韧性降低，冷弯性能逐渐变差。

表7.9 热轧钢材的拉伸性能(GB/T 1591—2018)

牌号		上屈服强度 R_{eH}[a]/MPa,≥									抗拉强度 R_m/MPa			
钢级	质量等级	公称厚度或直径/mm												
		≤16	>16~40	>40~63	>63~80	>80~100	>100~150	>150~200	>200~250	>250~400	≤100	>100~150	>200~250	>250~400
Q355	B、C D	355	345	335	325	315	295	285	275	— 265[b]	470~630	450~600	450~600	— 450~600[b]
Q390	B、C、D	390	380	360	340	340	320	—	—	—	490~650	470~620	—	—
Q420[c]	B、C	420	410	390	370	370	350	—	—	—	520~680	500~650	—	—
Q460[c]	C	460	450	430	410	410	390	—	—	—	550~720	530~700	—	—

注:a. 当屈服不明显时,可用规定塑性延伸强度 $R_{p0.2}$ 代替上屈服强度。

b. 只适用于质量等级为D的钢板。

c. 只适用于型钢和棒材。

表7.10 热轧钢材的伸长率(GB/T 1591—2018)

牌号		断后伸长率 A/%,≥						
钢级	质量等级	公称厚度或直径/mm						
		试样方向	≤40	>40~63	>63~100	>100~150	>150~250	>250~240
Q355	B、C、D	纵向	22	21	20	18	17	17[a]
		横向	20	19	18	18	17	17[a]
Q390	B、C、D	纵向	21	20	20	19	—	—
		横向	20	19	19	18	—	—
Q420[b]	B、C	纵向	20	19	19	19	—	—
Q460[b]	C	纵向	18	17	17	17	—	—

注:a. 只适用于质量等级为D的钢板。

b. 只适用于型钢和棒材。

表 7.11 弯曲试验(GB/T 1591—2018)

试样方向	180°弯曲试验 D:弯曲压头直径,a:试样厚度或直径	
对于公称宽度不小于 600 mm 的钢板及钢带,拉伸试验取横向试样;其他钢材的拉伸试验取纵向试样	公称厚度或直径/mm	
	≤16	>16 ~ 100
	$D=2a$	$D=3a$

7.3.2.3 特点及应用

低合金高强度结构钢与碳素结构钢相比,它强度高,可节约钢材(20% ~30%),降低成本,减轻自重;综合性能好,如抗冲击性、耐腐蚀性、耐低温性好,使用寿命长;塑性、韧性及可焊性好,有利于加工和施工。

低合金高强度结构钢主要用于轧制各种钢筋、型钢、钢板和钢管,广泛应用于各种建筑工程,特别是重型、大跨度、高层结构及桥梁工程等。随着 Q460 以上高性能钢的发展与应用,工程结构形式、结构高度及跨度都将会不断刷新,未来钢结构工程将会得到迅猛发展。

7.4 建筑工程常用钢材品种

建筑工程常用钢材品种分为钢筋混凝土结构用钢和钢结构用钢。

7.4.1 钢筋混凝土结构用钢

钢筋混凝土结构用主要有钢筋、钢丝和钢绞线等,主要由碳素结构钢和低合金结构钢轧制而成。钢筋的分类见表 7.12。

表 7.12 钢筋的分类

分类	品种
按生产工艺	热轧钢筋、冷加工钢筋、热处理钢筋等
按轧制外形	光圆钢筋、带肋钢筋
按化学成分	碳素结构钢、低合金结构钢
按供货方式	圆盘条钢筋、直条钢筋

7.4.1.1 热轧钢筋

热轧钢筋分为热轧光圆钢筋(图 7.8)和热轧带肋钢筋(图 7.9)。

图7.8　热轧光圆钢筋

图7.9　热轧带肋钢筋

(1)牌号及表示方法

热轧光圆钢筋是用Q235碳素结构钢轧制而成,横截面为圆形,公称直径为6～25 mm,牌号为HPB300。

热轧带肋钢筋是用低合金钢轧制而成,横截面为圆形,表面通常带有两条纵肋和沿长度方向均匀分布的横肋。按肋纹的形状分为月牙肋和等高肋,如图7.10。公称直径为6～50 mm。普通热轧钢筋的牌号有HRB400、HRB400E、HRB500、HRB500E、HRB600;细晶粒热轧钢筋的牌号有HRBF400、HRBF400E、HRBF500、HRBF500E。(B为细晶粒钢筋、E为抗震钢筋。)

(a)月牙肋

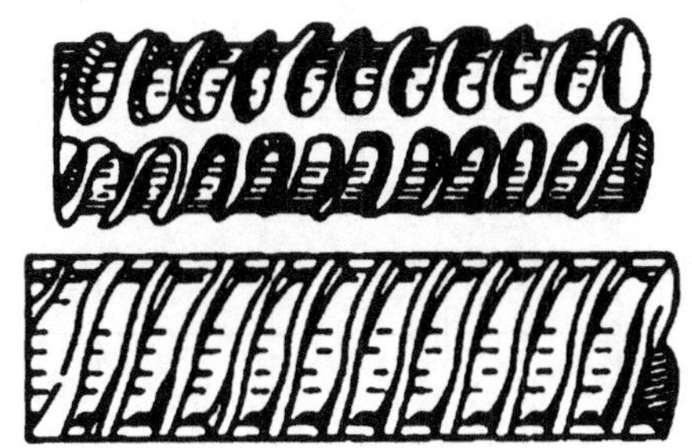
(b)等高肋

图7.10　带肋钢筋的外形

(2)技术要求

①外观质量:应无有害的表面缺陷。

②质量偏差:应符合表7.13的规定。

表 7.13 热轧钢筋的质量偏差(GB/T 1499.1—2024,GB/T 1499.2—2024)

钢筋种类	公称直径/mm	实际质量与理论质量的偏差/%
光圆钢筋	6~12	±5.5
	14~22	±4.5
	22~25	±3.5
带肋钢筋	6~12	±5.5
	14~22	±4.5
	22~50	±3.5

③力学性能及工艺性能:应符合表 7.14 的规定。

④抗震结构用钢筋的要求:除符合表 7.14 的规定外,还应满足:钢筋实测抗拉强度与实测屈服强度之比不小于 1.25;钢筋实测屈服强度与屈服强度特性值之比不大于 1.30;钢筋的最大力总伸长率 A_{gt}不小于 9%。

表 7.14 热轧光圆钢筋、热轧带肋钢筋的力学性能和工艺性能
(GB/T 1499.1—2024,GB/T 1499.2—2024)

<table>
<tr><th rowspan="2">牌号</th><th>下屈服强度 R_{eL}/MPa</th><th>抗拉强度 R_m/MPa</th><th>断后伸长率 A/%</th><th>最大力总延伸率 A_{gt}/%</th><th>R_m^o/R_{eL}^o</th><th>R_{eL}^o/R_{eL}</th><th colspan="2">冷弯试验 180°</th></tr>
<tr><th colspan="5">≥</th><th>≤</th><th>公称直径 a/mm</th><th>弯芯直径 d</th></tr>
<tr><td>HPB300</td><td>300</td><td>420</td><td>25</td><td>10.0</td><td>—</td><td>—</td><td>a</td><td>$d=a$</td></tr>
<tr><td rowspan="2">HRB400
HRBF400</td><td rowspan="4">400</td><td rowspan="4">540</td><td rowspan="2">16</td><td rowspan="2">7.5</td><td rowspan="2">—</td><td rowspan="2">—</td><td>6~25</td><td>$d=4a$</td></tr>
<tr><td rowspan="2">28~40</td><td rowspan="2">$d=5a$</td></tr>
<tr><td rowspan="2">HRB400E
HRBF400E</td><td rowspan="2">—</td><td rowspan="2">9.0</td><td rowspan="2">1.25</td><td rowspan="2">1.30</td></tr>
<tr><td>>40~50</td><td>$d=6a$</td></tr>
<tr><td rowspan="2">HRB500
HRBF500</td><td rowspan="4">500</td><td rowspan="4">630</td><td rowspan="2">15</td><td rowspan="2">7.5</td><td rowspan="2">—</td><td rowspan="2">—</td><td>6~25</td><td>$d=6a$</td></tr>
<tr><td rowspan="2">28~40</td><td rowspan="2">$d=7a$</td></tr>
<tr><td rowspan="2">HRB500E
HRBF500E</td><td rowspan="2">—</td><td rowspan="2">9.0</td><td rowspan="2">1.25</td><td rowspan="2">1.30</td></tr>
<tr><td>>40~50</td><td>$d=8a$</td></tr>
<tr><td rowspan="3">HRB600</td><td rowspan="3">600</td><td rowspan="3">730</td><td rowspan="3">14</td><td rowspan="3">7.5</td><td rowspan="3">—</td><td rowspan="3">—</td><td>6~25</td><td>$d=6a$</td></tr>
<tr><td>28~40</td><td>$d=7a$</td></tr>
<tr><td>>40~50</td><td>$d=8a$</td></tr>
</table>

注:最大力总延伸率指最大力时的总延伸(弹性延伸加塑性延伸)与引伸计标距 L_e之比,R_m^o为钢筋实测抗拉强度;R_{eL}^o为钢筋实测下屈服强度。

【例7.3】工程实例分析

"瘦身钢筋"事件

现象:"瘦身钢筋"是指将正常钢筋拉长后再用于房屋建设,2010年8月,西安被曝一些楼盘使用"瘦身钢筋"。西安市建设工程质量安全监督站对全市范围内近1000个工地进行排查,这种违规钢筋的使用占将近10%。

原因分析:追求高额利润是钢筋"瘦身"的主要原因。"瘦身钢筋"导致的质量偏差,是指钢筋实际质量与理论质量的允许偏差。检查中发现有楼盘直径6 mm的钢筋质量偏差达16%,直径8 mm的钢筋质量偏差达13%,甚至达到30%,已经远远超出了国家允许的偏差范围。

国家标准规定,盘条钢筋由弯曲状态调直加工成直条状态时,由于机械外力的作用,允许有极小的物理延伸变化。光圆钢筋的冷拉率不得大于4%,螺纹钢筋的冷拉率不得大于1%。当钢筋突破拉伸安全极限,建筑的抗震性下降,承重力也会下降,一旦发生地震,建筑物很容易垮塌,楼层越高,危害就越严重。

(3)表面标志

表面标志是在钢筋表面轧制的标记,以便鉴别钢筋的牌号。光圆钢筋表面无标志。热轧带肋钢筋表面标志(图7.11)为:数字(4、5、6)+钢种(C、E、K)+字母(生产企业代号)+数字(公称直径)。

①数字(4、5、6)代表钢筋强度级别:4、5、6分别表示HRB400、HRB500、HRB600级钢。

②钢种(C、E、K):无字母表示普通热轧钢筋;C表示细晶粒热轧钢筋;E表示抗震结构用钢筋;K表示余热处理钢筋。

③数字(公称直径):以毫米(mm)为单位,如18表示钢筋的公称直径为18 mm。直径12 mm以下不标直径。

【例7.4】工程实例分析

某热轧带肋钢筋表面标志如图7.11所示。

部分钢筋生产厂家标识符号

图7.11 热轧带肋钢筋表面标志

表面标志代表:HRB400级抗震结构用钢筋,公称直径20 mm,277是生产企业序号。

(4)交货形式

热轧光圆钢筋可按直条或盘卷交货,按盘卷交货的钢筋,每根盘条质量应不小于500 kg,每盘质量应不小于1000 kg。

热轧带肋钢筋按直条交货,直径不大于12 mm的也可按盘卷交货。

(5)应用

HPB300热轧光圆钢筋可用作小规格梁柱的箍筋和其他混凝土构件的构造配筋。

HRB400、HRB500 级高强热轧带肋钢筋主要用于纵向受力的主导钢筋，如用于梁、柱的纵向受力。HRB500 级高强钢筋用于高层建筑的柱、大跨度与重荷载梁的纵向受力配筋更为有利。

7.4.1.2 冷轧带肋钢筋

冷轧带肋钢筋

冷轧带肋钢筋是低碳钢热轧圆盘条经冷轧后，在其表面带有沿长度方向均匀分布的二面或三面横肋的钢筋。《冷轧带肋钢筋》(GB 13788—2017)规定，冷轧带肋钢筋牌号由 CRB 和钢筋的抗拉强度最小值构成，C 为冷轧(cold-rolled)、R 为带肋(ribbed)、B 为钢筋(bars)。冷轧带肋钢筋按抗拉强度划分为 CRB550、CRB650、CRB800、CRB600H、CRB800H 五个牌号。CRB550、CRB600H 为普通钢筋混凝土用钢筋，CRB650、CRB800、CRB800H 为预应力混凝土用钢筋。CRB550 钢筋的公称直径为 4 ~ 12 mm，CRB600H 钢筋的公称直径为 4 ~ 16 mm，CRB650、CRB800、CRB800H 公称直径为 4 mm、5 mm、6 mm。CRB550 为普通钢筋混凝土用钢筋，其他牌号为预应力混凝土钢筋。

7.4.1.3 低碳钢热轧圆盘条

低碳钢热轧圆盘条是由屈服强度较低的碳素结构钢轧制的盘条，大多通过卷线机卷成盘卷供应，也称为盘圆或线材，大量用作钢筋混凝土构造配筋，还可供拉丝等深加工及其他一般用途。

7.4.1.4 预应力混凝土用钢丝和钢绞线

低碳钢热轧圆盘条力学性能和工艺性能

(1)预应力混凝土用钢丝

预应力混凝土用钢丝是指以优质碳素钢制成的专用线材。根据《预应力混凝土用钢丝》(GB/T 5223—2014)，按加工状态分为冷拉钢丝(代号为 WCD)和消除应力钢丝(低松弛钢丝)(代号为 WLR)两类。按外形分为光圆钢丝(代号为 P)、螺旋肋钢丝(代号为 H)(如图 7.12)、刻痕钢丝(代号为 I)三种。

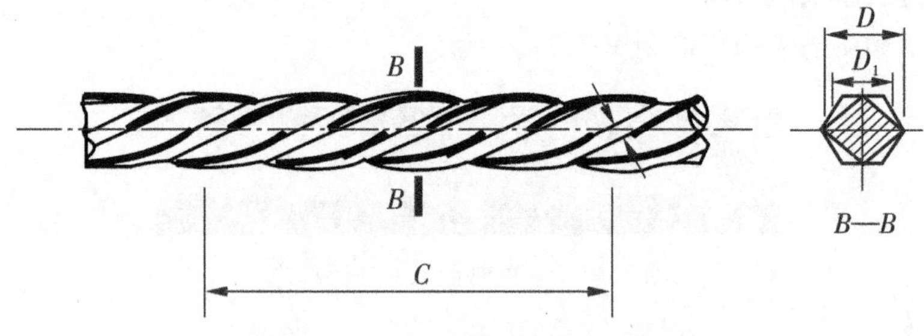

图 7.12 螺旋肋钢丝外形示意图

预应力混凝土用钢丝质量稳定、安全可靠、强度高、无接头、施工方便，主要用于大跨度的屋架、薄腹架、吊车梁或桥梁等大型预应力混凝土构件，还可用于轨枕、压力管道等预应力混凝土构件。

(2)预应力混凝土用钢绞线

是将数根钢丝经绞捻和消除内应力热处理后制成的。根据《预应力混凝土用钢绞线》(GB/T 5224—2014)规定,用于预应力混凝土的钢绞线按其结构分为八类,结构代号为:用两根钢丝捻制的钢绞线(1×2);用三根钢丝捻制的钢绞线(1×3);用三根刻痕钢丝捻制的钢绞线(1×3I);用七根钢丝捻制的标准型钢绞线(1×7);用六根刻痕钢丝和一根光圆中心钢丝捻制的钢绞线(1×7I);用七根钢丝捻制又经模拔的钢绞线(1×7)C;用十九根钢丝捻制的1+9+9西鲁式钢绞线(1×19S);用十九根钢丝捻制的1+6+6/6瓦林吞式钢绞线(1×19W)。

预应力钢绞线截面如图7.13所示。

预应力钢绞线强度高、柔韧性好、无接头、质量稳定、施工简便,使用时可根据长度切割,适用于大荷载,大跨度、曲线配筋的预应力钢筋混凝土结构。

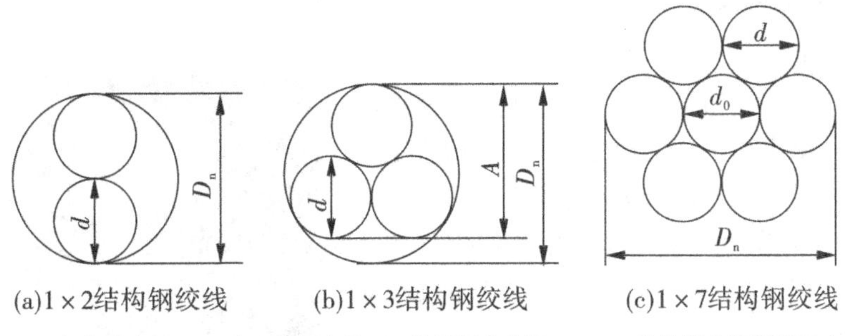

(a)1×2结构钢绞线　(b)1×3结构钢绞线　(c)1×7结构钢绞线

D_n—钢绞线直径;d_0—中心钢丝直径;d—外层钢丝直径;A—1×3结构钢绞线测量尺寸

图7.13 预应力钢绞线截面图

7.4.2 钢结构用钢

钢结构构件一般应直接选用各种型钢。构件之间可直接或辅以连接钢板进行连接。连接方式有铆接、螺栓连接或焊接。所用母材主要是碳素结构钢及低合金高强度结构钢。型钢按加工方法有热轧和冷轧两种。

7.4.2.1 热轧型钢

热轧型钢的常用品种有角钢、工字钢、H型钢、T型钢、Z型钢、槽钢等,角钢、H型钢、槽钢如图7.14。

我国建筑用热轧型钢主要采用碳素结构钢Q235-A,其强度适中,塑性及可焊性较好,成本低,在建筑工程中广泛使用。在钢结构设计规范中,推荐使用的低合金钢主要有两种,Q345及Q390,可用于大跨度、承受动荷载的钢结构中。

（a）角钢

（b）槽钢

图7.14 型钢品种

7.4.2.2 冷弯薄壁型钢

冷弯薄壁型钢通常是用厚度2 ~6 mm薄钢板冷弯或模压而成，有角钢、槽钢等开口薄壁型钢及方型、矩形等空心薄壁型钢。主要用于轻型钢结构。

7.4.2.3 钢板

用光面轧辊轧制而成的扁平钢材，以平板状态供货的称钢板，以卷装供货的称钢带，如图7.15。按轧制温度不同，分为热轧和冷轧两种。热轧钢板按厚度分为厚板（厚度大于4 mm）和薄板（厚度为0.35 ~4 mm），冷轧钢板只有薄板（厚度为0.2 ~4 mm）。

图7.15 钢带

建筑用钢板及钢带主要是碳素结构钢。一些重型结构、大跨度桥梁等也采用低合金钢板。

7.4.2.4 压型钢板

薄钢板经冷压或冷轧成波形、双曲形、V形等形状，称为压型钢板。彩色钢板（又称有机涂层薄钢板）、镀锌薄钢板、防腐薄钢板等可用来制作压型钢板。主要用于围护结构、楼板、屋面板等。

7.4.2.5 钢管

钢管按制造方法不同，分为无缝钢管和焊接钢管两类。

无缝钢管主要用作输送水、蒸汽和煤气的管道和建筑构件，机械零件及高压管道等。焊接钢管是供低压流体输送用的直缝焊接管，主要用作输送水、煤气及采暖系统的管道，也可用作建筑构件，如扶手、栏杆、施工脚手架等。

7.5 钢筋连接

施工中钢筋往往因长度不足或施工工艺的要求必须连接。连接方式可分为三类：绑扎连接、焊接和机械连接。

7.5.1 绑扎连接

绑扎连接是将相互搭接的钢筋,用18~22号镀锌铁丝扎牢它的中心及两端,将其绑扎在一起。绑扎连接是传统的钢筋接头连接方式。

绑扎连接的特点是不需要电源和设备,对工人的劳动技能要求低,但对接头应用部位的限制比较多,浪费钢材,接头质量不易保证。

绑扎连接适用于较小直径的钢筋连接,但轴心受拉及小偏心受拉构件的纵向受力钢筋不得采用绑扎搭接接头,当受拉钢筋的直径 $d>28$ mm 及受压钢筋的直径 $d>32$ mm 时,不宜采用绑扎搭接接头。

7.5.2 焊接

焊接是利用电阻、电弧或气体加热等方法使钢筋表面或端部熔化后施加一定压力或添加部分金属材料,使之连为一体。焊接的特点是节省钢材、接头成本较低,但焊接质量稳定性差,接头质量受人为、环境因素影响大。

钢筋连接宜优先选用焊接的方式,但直接承受动力荷载结构构件中不宜使用。常用的焊接方法有闪光对焊、电弧焊、电渣压力焊和气压焊等,闪光对焊按工艺可分为连续闪光焊、预热闪光焊、闪光-预热-闪光焊三种,电渣压力焊见图7.16。电弧焊主要有搭接焊、帮条焊、坡口焊等三种接头形式。

常用钢筋焊接方式的特点及应用见表7.15。

图7.16 电渣压力焊焊接方式

表7.15 常用焊接方式的特点及应用

焊接方法	特点	应用
闪光对焊	效率高、操作方便、节约能源、节约钢材、接头受力较好	连续闪光焊适用于焊接直径25 mm以下的HPB300和HRB400钢筋;预热闪光焊适用于直径25 mm以上的端部平整的钢筋;闪光-预热-闪光焊适用于直径25 mm以上的端部不平整的钢筋

续表 7.15

焊接方法	特点	应用
电弧焊	简单灵活,适应性强,应用范围广	广泛用于钢筋的接长、钢筋骨架的焊接、装配式结构钢筋接头焊接及钢筋与钢板、钢板与钢板的焊接
电渣压力焊	操作方便,效率高,成本较低,质量易保证	适用于直径 14 ~ 40 mm 的 HPB300 竖向或斜向钢筋的连接
气压焊	设备简单,焊接质量高,效果好,不需要大功率电源	适用于直径 40 mm 以下的 HPB300 钢筋的纵向连接

7.5.3 机械连接

机械连接是通过机械手段将两根钢筋端头连接在一起。具有接头强度高于钢筋母材、速度比电焊快 5 倍、无污染、节省钢材 20% 、能全天候作业等优点。

机械连接主要有套筒挤压连接和直螺纹套筒连接两种方式。套筒挤压连接是将两根带肋钢筋插入钢套筒,利用挤压机压缩钢套筒,使之产生塑性变形,并使变形后的钢套筒与被连接钢筋紧密咬合达到连接的目的。直螺纹套筒连接是把两根待连接的钢筋端加工制成直螺纹,然后旋入带有直螺纹的套筒中,从而将两根钢筋连接成一体。

钢筋机械连接方式如图 7.17,其特点及应用见表 7.16。

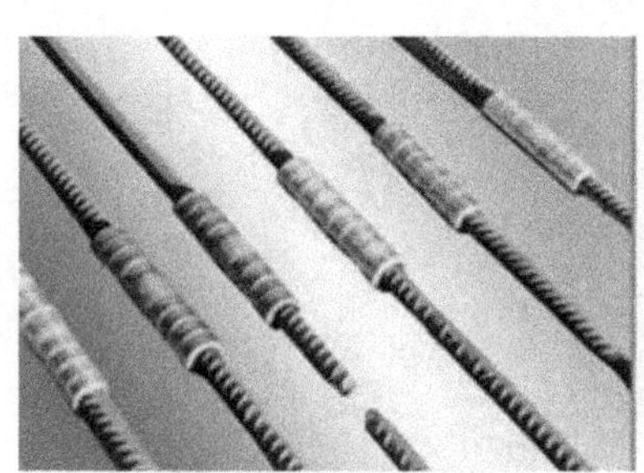

(a) 套筒挤压连接

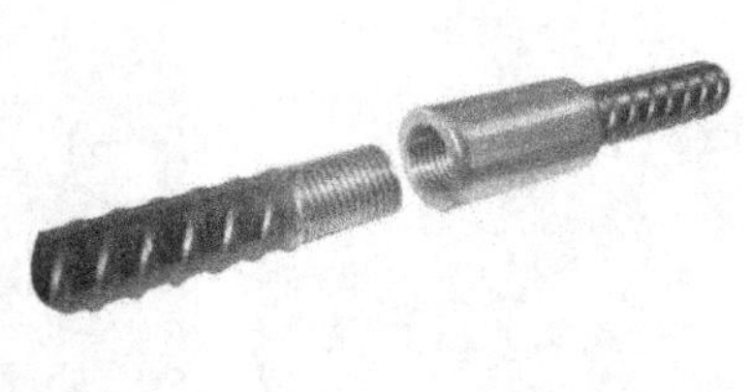

(b) 直螺纹套筒连接

图 7.17 常用的机械连接方式

表 7.16 常用机械连接方式的特点及应用

焊接方法	特点	应用
套筒挤压连接	接头强度高、性能可靠、操作简便、不受气候影响、节能高效,但设备移动不便,连接速度较慢	适用于直径 16 ~ 40 mm 的 HRB400 带肋钢筋的连接
直螺纹套筒连接	接头与母材等强、施工速度快、操作简便、不受气候影响、质量稳定、用料省	适用于直径 16 ~ 40 mm 的 HPB300 ~ HRB400 同径或异径的钢筋连接

7.6 钢材的防火和防锈蚀

7.6.1 钢材的防火

钢材虽属于不燃性材料，但在高温时，钢材的性能会发生很大的变化。温度在200 ℃以内，可以认为钢材的性能基本不变；超过300 ℃以后，屈服强度和抗拉强度开始急剧下降，应变急剧增大；到达600 ℃时钢材开始失去承载能力。所以，没有防火保护层的钢结构是不耐火的。对于钢结构，尤其是可能经历高温环境的钢结构，应做必要的防火处理。

常用的防火方法以包覆法为主，通过在钢材表面涂覆防火材料，或用石膏板、矿棉板等不燃性板材包裹钢构件，从而起到防火的效果。

【例7.5】工程实例分析

"9·11"事件

现象："9·11"事件是2001年9月11日发生在美国纽约世界贸易中心南北两楼的一起系列恐怖袭击事件。曾经是美国标志性建筑的纽约世界贸易中心大厦，在接连两次遭到飞机撞击后倒塌。

分析：纽约世贸中心大厦坍塌其实并不是飞机的撞击造成的，而是撞击后发生的大火毁坏了大厦的主体结构所致。由于这两座楼全部采用全钢结构，外层包铝板，这种从里到外的全钢结构，无法经受住大火的考验，最终倒塌。钢结构在600 ℃的温度下就会变软，失去稳定性，所以当撞击后发生火灾时，极高的温度很快就摧毁了大厦的主体结构。发软、失稳的钢架根本无法再支撑两栋110层高楼的巨大重量，大楼很快就像一盘散沙一样垮了下来。

7.6.2 钢材的防锈蚀

钢材的锈蚀是指其钢表面与周围介质发生化学作用而破坏的过程，有化学锈蚀和电化学锈蚀两类。钢材在大气中的锈蚀，是化学锈蚀和电化学锈蚀共同作用的结果，以电化学锈蚀为主。钢材锈蚀会带来很多问题，如使钢材有效截面面积减小；形成程度不等的锈坑、锈斑，加速结构破坏；显著降低钢材的强度、塑性、韧性等力学性能；锈蚀时体积增大，在钢筋混凝土中会使周围的混凝土胀裂等。

常用的防锈蚀方法有：

(1)保护层法

在钢材表面施加保护层，使钢材与周围介质隔离，从而防止钢材锈蚀。保护层可分为金属保护层和非金属保护层。

【知识链接】

金属保护层是用耐腐蚀性较强的金属，以电镀或喷镀的方法覆盖钢材表面，如镀锌、镀锡、镀铬等。非金属保护层是用非金属材料作保护层。如在钢材表面涂刷各种防锈涂料，也可采用塑料保护层、沥青保护层、搪瓷保护层等。

(2)制成耐候钢

在碳素钢和低合金钢中加入铬、铜、钛、镍等合金元素而制成的，如在合金钢中加入铬可制成不锈钢。

(3)电化学保护

对于一些不易或不能覆盖保护层的地方，常用电化学保护法。即在钢铁结构上接一块比钢铁更为活泼的金属(如锌、镁)作为阳极来保护。

对于钢筋混凝土中钢筋的防锈，可采取保证混凝土的密实度及足够的混凝土保护层厚度、限制氯盐外加剂的掺量等措施，也可掺入防锈剂。

【知识链接】

法国巴黎埃菲尔铁塔

1889年建成的埃菲尔铁塔(图7.18)，历经100多年风风雨雨，至今仍矫健地屹立在法国巴黎市中心。埃菲尔铁塔钢结构总面积达20万平方米，每七年进行一次全面的防锈涂装维护，包括清除鸟粪等污垢，严格检查原有涂装的状况，并用手锤、便携砂轮敲除和打磨已经损坏或被腐蚀的涂料，然后给塔身上涂两层防锈涂料，最后再涂一层表面涂料。正是这定期的、规范的维修养护工作，使埃菲尔铁塔至今容光焕发。

图7.18 埃菲尔铁塔

7.7 钢材的保管与验收

7.7.1 钢材的保管

钢筋运至现场后，必须严格按批分等级、牌号、直径、长度等挂牌存放，并注明数量，不得混淆。钢筋应尽量堆入仓库或料棚内。条件不具备时，应选择地势较高，土质坚硬的场地存放。堆放时，应避免锈蚀和污染，下面要加垫木，离地至少20 cm。

7.7.2 钢材的验收

钢筋出厂时，每捆(盘)均应挂有标牌(注厂名、生产日期、钢号、炉罐号、钢筋级别、直径等），并应有出厂质量证明书或试验报告单。

进场钢筋应按批（炉罐）号及直径分批验收，包括钢筋标牌内容与出厂合格证上是否一致、外观检查（尺寸、表面状态）等，并按有关规定取样进行机械性能检验，包括质量偏差、拉伸试验和冷弯试验。如有一项不合格，则应从同一批钢筋另取双倍数量的试件重做各项试验，如仍有一个试件不合格，则该批钢筋不合格品，应不予验收或降级使用。

章后小结

1. 建筑钢材是现代建筑工程中重要的结构材料。

2. 钢材的性能主要包括力学性能（拉伸性能、冲击韧性和疲劳强度）、工艺性能（冷弯性能、焊接性能）和化学性能等。建筑钢材的强度等级主要由拉伸性能（屈服强度、抗拉强度和伸长率）和冷弯性能确定。屈服强度是结构设计中钢材强度取值的依据。屈强比能反映钢材的利用率和结构的安全可靠程度。伸长率是衡量钢材塑性的重要指标。

3. 建筑用钢包括碳素结构钢和低合金高强度结构钢。

4. 建筑工程常用钢材品种分为钢筋混凝土结构用钢和钢结构用钢。钢筋混凝土结构用钢主要有热轧钢筋、冷轧带肋钢筋、低碳钢热轧圆盘条、预应力混凝土用钢丝和钢绞线等。其中热轧钢筋应用最为广泛。钢结构用钢主要有热轧型钢、冷弯薄壁型钢、钢板、压型钢板和钢管等。

5. 钢筋连接方式可分为绑扎连接、焊接和机械连接。

6. 钢材防火性差且易锈蚀，施工中应对钢材进行防火和防锈蚀处理。

7. 钢材应按相关标准规范进行保管与验收。

实训题

某建筑工地送来HRB400直径16 mm的钢筋一组（四根长、两根短），经检验，两根长试样拉伸读取屈服点的荷载分别为82.3 kN和86.2 kN，极限荷载分别为110.0 kN和116.5 kN，拉断后的标距长度分别为96.0 mm和95.0 mm；质量偏差和冷弯检验合格。问该批钢筋能否使用？

习　题

一、单选题

1. 低碳钢的含碳量一般（　　）。

A. 小于0.25%　　B. 0.25% ~0.60%

C. 等于0.60%　　D. 大于0.60%

2. 使钢材产生冷脆性的有害元素是（　　）。

A. 氧　　B. 硫

C. 磷　　D. 碳

3. 使钢材产生热脆性的有害元素是(　　)。

A. 氧　　B. 硫

C. 磷　　D. 碳

4. 当含碳量小于0.8%时,随着钢材含碳量的提高,(　　)。

A. 强度、塑性都提高　　B. 强度提高,塑性降低

C. 强度降低,塑性提高　　D. 强度、塑性都降低

5. 钢材的屈强比越大,则(　　)。

A. 利用率越高,安全性越低　　B. 利用率越高,安全性越高

C. 利用率越低,安全性越低　　D. 利用率越低,安全性越高

6. 建筑结构钢合理的屈强比一般为(　　)。

A. 0.50 ~ 0.65　　B. 0.60 ~ 0.75

C. 0.70 ~ 0.85　　D. 0.80 ~ 0.95

7. 对于承受动荷载作用的结构用钢,应选择(　　)的钢材。

A. 屈服强度高　　B. 冷弯性能好

C. 焊接性能好　　D. 冲击韧性好

8. GB/T 1499.2—2018 标准中规定,公称直径为 14 ~ 20 mm 的热轧带肋钢筋实际质量与理论质量的偏差为(　　)。

A. ±7%　　B. ±6%

C. ±5%　　D. ±4%

9. HRB400 表示(　　)钢筋。

A. 冷轧带肋　　B. 热轧光面

C. 热轧带肋　　D. 余热处理

10. 钢筋牌号为 HRB400,公称直径 d 为 28 mm,做冷弯试验时其弯心直径应取(　　)。

A. $2d$　　B. $3d$

C. $4d$　　D. $5d$

二、填空题

1. 按脱氧程度不同,钢可分________、________、________和________。

2. 低碳钢拉伸的四个阶段是________、________、________和________。

3. 衡量钢材的三个重要指标是________、________和________。

4. 钢材的________能反映钢材的利用率和结构的安全可靠程度。

5. 钢材的工艺性能包括________和________。

6. 热轧钢材是用加热钢坯制成的条形钢筋,按外形分为________和带肋钢筋。

7. 钢结构设计时,以________作为结构设计中钢材强度取值的依据。

8. 钢筋连接方式可分为________、________和________。

第8章 建筑砂浆

学习要求

了解砂浆各组成材料的要求、其他砂浆的种类；熟悉砌筑砂浆的配合比设计、预拌砂浆的分类及应用；掌握砌筑砂浆的技术要求、预拌砂浆的进场检验。通过本章学习，能根据工程实际情况，合理选择砂浆种类，进行砌筑砂浆的配合比设计，并会对砂浆的技术性能进行测定。

【引入案例】

预拌砂浆在建筑工程中的使用

在建筑工程中，砂浆是一种用量大、用途广的建筑材料。预拌砂浆是近年来随着建筑业科技进步和文明施工要求发展起来的一种新型建筑材料。相比传统现场搅拌砂浆技术，预拌砂浆由工厂进行专业化生产，将各组成材料按一定比例集中计量、拌制后运至现场，储存使用。

预拌砂浆技术有利于提高建筑工程质量，降低建筑工程成本、减少粉尘污染、提高文明施工、加快施工速度，是国家建筑节能要求及建筑施工现代化发展的必然趋势，也是建筑业的一次技术革命。目前，欧洲、日本等发达国家，预拌砂浆技术已得到广泛使用，已基本取代了传统现场搅拌砂浆技术，成为一个巨大的强有力的新型产业，我国相关研究从20世纪90年代初开始。

砂浆是由胶凝材料、细骨料、掺合料和水按适当比例配合、拌制并经硬化而成的建筑材料。砂浆在建筑工程中起黏结、传递应力的作用，主要用于砌筑、抹面、修补和装饰工程。

按所用胶凝材料不同分为水泥砂浆、石灰砂浆、水泥石灰混合砂浆及聚合物水泥砂浆等；按用途不同可分为砌筑砂浆、抹面砂浆、装饰砂浆和特种砂浆等；按生产方式不同，可分为现场拌制砂浆和预拌砂浆。随着建筑施工现代化水平的提高，实现资源综合利用、减少城市污染，预拌砂浆作为一种新型节能绿色建材，得到了政府和施工企业的大力推广和使用。

8.1 砂浆组成材料

8.1.1 胶凝材料

胶凝材料在砂浆中起着胶结作用,它是影响砂浆和易性、强度等技术性质的主要组分。建筑砂浆常用的胶凝材料有水泥、石灰等。砂浆应根据所使用的环境和部位来合理选择胶凝材料。

通用硅酸盐水泥及砌筑水泥都可以用来配制砂浆。水泥的技术指标应符合《通用硅酸盐水泥》(GB 175—2023)和《砌筑水泥》(GB/T 3183—2017)的规定。对于一些特殊用途砂浆,如修补裂缝、预制构件嵌缝、结构加固等应采用膨胀水泥。

水泥强度等级应根据砂浆品种及强度等级的要求进行选择。M15 及以下强度等级的砂浆宜选用 32.5 级的通用硅酸盐水泥或砌筑水泥;M15 以上强度等级的砂浆宜选用 42.5 级的通用硅酸盐水泥。

8.1.2 掺合料

为了改善砂浆的和易性,节约水泥,降低成本,可在砂浆中掺入适量掺合料。常用的掺加料有石灰膏、电石膏、粉煤灰、粒化高炉矿渣粉、硅灰、沸石粉等。

(1)砌筑砂浆用石灰膏、电石膏应符合下列规定:

生石灰熟化成石灰膏时,应用孔径不大于 3 mm×3 mm 的网过滤,熟化时间不得少于 7 d;磨细生石灰粉的熟化时间不得少于 2 d。沉淀池中储存的石灰膏,应采取防止干燥、冻结和污染的措施。严禁使用脱水硬化的石灰膏。消石灰粉不得直接用于砌筑砂浆中。

制作电石膏的电石渣应用孔径不大于 3 mm×3 mm 的网过滤,检验时应加热至 70 ℃后至少保持 20 min,并应待乙炔挥发完后再使用。

石灰膏、电石膏试配时的稠度,应满足 120 mm±5 mm。

(2)粉煤灰、粒化高炉矿渣粉、硅灰、天然沸石粉应符合国家现行有关标准的要求。

砌筑砂浆的材料用量见表 8.1。

表 8.1 砌筑砂浆的材料用量(JGJ/T 98—2010) (kg/m^3)

砂浆种类	材料用量
水泥砂浆	≥200
水泥混合砂浆	≥350
预拌砌筑砂浆	≥200

注:1. 水泥砂浆中的材料用量是指水泥用量;

2. 水泥混合砂浆中的材料用量是指水泥和石灰膏、电石膏的材料总量。

3. 预拌砂浆中的材料用量是指胶凝材料用量,包括水泥和替代水泥的粉煤灰等活性矿物掺合料。

8.1.3 砂

砖砌体以使用中砂为宜,粒径不得大于2.5 mm。对于光滑抹面及勾缝用的砂浆则应使用细砂,最大粒径一般为1.2 mm。砂的技术性能应符合《普通混凝土用砂、石质量及检验方法标准》(JGJ 52—2006)的相关规定。

8.1.4 外加剂、保水增稠材料、拌合用水

为了改善砂浆的某些性能,可在砂浆中掺入外加剂,如防水剂、增塑剂、早强剂等。外加剂应符合国家现行有关标准的规定,品种与掺量应通过试验确定。

采用保水增稠材料时,应在使用前进行试验验证,并应有完整的型式检验报告。掺量应经试配后确定。

砂浆拌和用水的技术要求与混凝土拌和用水相同。

8.2 砌筑砂浆

8.2.1 砌筑砂浆的技术要求

8.2.1.1 新拌砂浆的和易性

新拌砂浆的和易性是指新拌砂浆能在基面上铺成均匀的薄层,并与基面紧密黏结的性能。和易性良好的砂浆便于施工操作,灰缝填筑饱满密实,与砖石黏结牢固,砌体的强度和整体性较好,既能提高劳动生产率,又能保证工程质量。新拌砂浆的和易性包括流动性和保水性两个方面。

(1)流动性

砂浆的流动性是指砂浆在自重或外力作用下流动的性质,也称稠度。用砂浆稠度测定仪测定其稠度,以沉入度值(mm)来表示。标准圆锥体在砂浆内自由沉入,10 s的沉入深度即为砂浆的稠度值。沉入度大,砂浆的流动性好;但流动性过大,砂浆容易分层、析水。若流动性过小,则不便于施工操作,灰缝不易填充密实,砌体的强度将会降低。

影响砂浆流动性的因素有胶凝材料和掺合料的种类及用量、用水量、外加剂品种与掺量、砂子的粗细程度及级配、搅拌时间和环境的温湿度等。

砂浆流动性的选择与砌体种类、施工方法和施工气候情况等有关。在高温干燥的环境中,对于多孔的吸水基面材料,砂浆流动性应大些;而在寒冷的气候中,对于密实的不吸水基面材料,砂浆流动性应小些。砂浆的稠度应按表8.2选择。

表8.2 砌筑砂浆的施工稠度(JGJ/T 98—2010)

砌体种类	砂浆稠度/mm
烧结普通砖砌体、粉煤灰砖砌块	70~90
混凝土砖砌块、普通混凝土小型空心砌块砌体、灰砂砖砌体	50~70
烧结多孔砖、空心砖砌体、轻骨料混凝土小型空心砌块砌体、蒸压加气混凝土砌块	60~80
石砌体	30~50

(2)保水性

保水性是指新拌砂浆保持内部水分的能力。保水性好的砂浆,在存放、运输和使用过程中,能很好保持其中的水分不致很快流失,在砌筑和抹面时容易铺成均匀密实的砂浆薄层,保证砂浆与基面材料有良好的黏结力和较高的强度。

砂浆的保水性用滤纸法测定,以保水率表示,不同砂浆对保水率的要求不同,按表8.3选择。

表8.3 砂浆的保水率(JGJ/T 98—2010)

砂浆种类	砂浆保水率/%
水泥砂浆	≥80
水泥混合砂浆	≥84
预拌砂浆	≥88

8.2.1.2 硬化砂浆的技术性质

(1)砂浆的强度

砂浆以抗压强度作为强度指标。砂浆的强度等级是以六块边长为70.7 mm的立方体试块,在标准养护条件下养护28 d龄期的抗压强度平均值来确定。标准养护条件:温度为(20±3)℃;相对湿度对水泥砂浆为90%以上,对水泥混合砂浆为60%~80%。

根据住建部《砌筑砂浆配合比设计规程》(JGJ/T 98—2010),水泥砂浆及预拌砌筑砂浆的强度等级可分为M5、M7.5、M10、M15、M20、M25、M30;水泥混合砂浆的强度等级可分为M5、M7.5、M10、M15。

影响砂浆强度因素比较多,除了与砂浆的组成材料、配合比和施工工艺等因素外,还与基面材料有关。

1)不吸水基面材料(如密实石材)。

当基面材料不吸水或吸水率比较小时,影响砂浆抗压强度的因素与混凝土相似,主要取决于水泥强度和水灰比。计算公式如下:

$$f_{\mathrm{m}} = Af_{\mathrm{ce}}\left(\frac{C}{W} - B\right)$$

式中 f_m——砂浆 28 d 抗压强度，精确至 0.1 MPa；

A、B——经验系数，可根据试验资料统计确定；

f_{ce}——水泥的实测强度，精确至 0.1 MPa；

C/W——灰水比。

2）吸水基面材料（如黏土砖或其他多孔材料）。

当基面材料的吸水率较大时，由于砂浆具有一定的保水性，无论拌制砂浆时加多少用水量，而保留在砂浆中的水分却基本相同，多余的水分会被基面材料所吸收。因此，砂浆的强度与水灰比关系不大。当原材料质量一定时，砂浆的强度主要取决于水泥的强度等级与水泥用量。计算公式如下：

$$f_m = \alpha f_{ce} Q_c / 1000 + \beta$$

式中 f_m——砂浆 28 d 抗压强度，精确至 0.1 MPa；

α、β——砂浆的特征系数，其中 $\alpha = 3.03$，$\beta = -15.09$；

Q_c——每立方米砂浆的水泥用量，精确至 1 kg；

f_{ce}——水泥的实测强度，精确至 0.1 MPa。

（2）砂浆的黏结力

砌体是用砂浆把许多块状的砖石材料黏结成为一个整体，因此，砌体的强度、耐久性及抗震性取决于砂浆黏结力的大小，而砂浆的黏结力随其抗压强度的增大而提高。此外，砂浆的黏结力与砖石的表面状态、清洁程度、湿润状况及施工养护条件等因素有关。基面材料表面粗糙、清洁，砂浆的黏结力较强。

（3）砂浆的抗冻性

在受冻融影响较多的建筑部位，要求砂浆具有一定的抗冻性。对有冻融次数要求的砌筑砂浆，经冻融试验后，质量损失率不得大于 5%，抗压强度损失率不得大于 25%。按表 8.4 选择。

表 8.4 砌筑砂浆的抗冻性（JGJ/T 98—2010）

使用条件	抗冻指标	质量损失百分率/%	强度损失百分率/%
夏热冬暖地区	F15	≤5	≤25
夏热冬冷地区	F25		
寒冷地区	F35		
严寒地区	F50		

8.2.2 砌筑砂浆配合比设计

砌筑砂浆应根据工程类别及砌体部位的设计要求来选择砂浆的强度等级，再按所选择的砂浆强度等级确定其配合比。

在确定砂浆配合比时，一般情况下可参考有关资料和手册选用，再经过试配、调整确定施工配合比。也可按《砌筑砂浆配合比设计规程》（JGJ/T 98—2010）中的设计方法进行配合比设计。

8.2.2.1 水泥混合砂浆的配合比设计步骤

（1）计算砂浆的试配强度（$f_{m,0}$）

砂浆的试配强度应按下式计算：

$$f_{m,0}=kf_2 \tag{8.1}$$

式中 $f_{m,0}$——砂浆的试配强度，精确至0.1 MPa。

f_2——砂浆强度等级值，精确至0.1 MPa。

k——系数。施工水平优良时，k 取1.15；施工水平一般时，k 取1.20；施工水平较差时，k 取1.25。

（2）计算每立方米砂浆中的水泥用量 Q_c

$$Q_c=\frac{1000(f_{m,0}-\beta)}{\alpha\cdot f_{ce}}$$

式中 Q_c——每立方米砂浆的水泥用量，精确至1 kg。

f_{ce}——水泥的实测强度，精确至0.1 MPa。

α、β——砂浆的特征系数，其中 α 取3.03，β 取-15.09。

在无法取得水泥的实测强度值时，可按下式计算 f_{ce}：

$$f_{ce}=\gamma_c\cdot f_{ce,k}$$

式中 $f_{ce,k}$——水泥强度等级值，MPa。

γ_c——水泥强度等级值的富余系数，宜按实际统计资料确定；无统计资料时可取1.0。

（3）计算每立方米砂浆中的石灰膏用量 Q_D

$$Q_D=Q_A-Q_c$$

式中 Q_D——每立方米砂浆的石灰膏用量，精确至1 kg；石灰膏使用时的稠度宜为（120±5）mm；稠度不在规定范围时，其用量应按表8.5进行换算。

Q_A——每立方米砂浆中水泥和石灰膏总量，精确至1 kg；可为350 kg。

表8.5 石灰膏不同稠度的换算系数

稠度/mm	120	110	100	90	80	70	60	50	40	30
换算系数	1.00	0.99	0.97	0.95	0.93	0.92	0.90	0.88	0.87	0.86

（4）确定每立方米砂浆中的砂用量 Q_s

每立方米砂浆中的砂用量 Q_s，应按砂干燥状态（含水率小于0.5%）的堆积密度值作为计算值，单位以kg计。

（5）按砂浆稠度选用每立方米砂浆中的用水量 Q_w

每立方米砂浆中的用水量，可根据砂浆稠度等要求选用210～310 kg。

注意：混合砂浆中的用水量，不包括石灰膏或黏土膏中的水；当采用细砂或粗砂时，用水量分别取上限或下限；稠度小于70 mm时，用水量可小于下限；施工现场气候炎热或干燥季节，可酌量增加用水量。

(6)配合比的试配、调整与确定

1)按计算或查表所得配合比进行试拌时,应按《建筑砂浆基本性能试验方法标准》(JGJ/T 70—2009)测定其拌合物的稠度和保水率。当不能满足要求时,应调整材料用量,直到符合要求为止。然后确定为试配时的砂浆基准配合比。

2)试配时至少应采用三个不同的配合比,其中一个为基准配合比,其余两个配合比的水泥用量应按基准配合比分别增加及减少10%。在保证稠度、保水率合格的条件下,可将用水量、石灰膏、保水增稠材料或粉煤灰等活性掺合料用量作相应调整。

3)选定符合试配强度及和易性要求且水泥用量最低的配合比作为砂浆的试配配合比。

(7)配合比的校正

1)应根据上述确定的砂浆配合比材料用量,按下式计算砂浆的理论表观密度值:

$$\rho_l = Q_c + Q_D + Q_s + Q_w$$

式中 ρ_l ——砂浆的理论表观密度值,精确至10 kg/m^3。

2)应按下式计算砂浆配合比校正系数δ。

$$\delta = \rho_c / \rho_l$$

式中 ρ_c ——砂浆的实测表观密度值,精确至10 kg/m^3。

3)当砂浆的实测表观密度值与理论表观密度值之差的绝对值不超过理论值的2%时,可将得出的试配配合比确定为砂浆设计配合比;当超过2%时,应将试配配合比中每项材料用量均乘以校正系数后,确定为砂浆设计配合比。

8.2.2.2 现场配制水泥砂浆配合比的选用

水泥砂浆的材料用量可按表8.6选用。

表8.6 每立方米水泥砂浆材料用量(JGJ/T 98—2010)

强度等级	水泥/kg	砂/kg	用水量/kg
M5	200~230	砂的堆积密度值	270~330
M7.5	230~260		
M10	260~290		
M15	290~330		
M20	340~400		
M25	360~410		
M30	430~480		

注:1. M15及以下强度等级的水泥砂浆,水泥强度等级为32.5级,M15以上强度等级的水泥砂浆,水泥强度等级为42.5级;

2. 当采用细砂或粗砂时,用水量分别取上限或下限;

3. 稠度小于70 mm时,用水量可小于下限;

4. 施工现场气候炎热或干燥季节,可酌量增加用水量;

5. 试配强度应按式(8.1)计算。

水泥粉煤灰砂浆的材料用量可按表 8.7 选用。

表 8.7 每立方米水泥粉煤灰砂浆材料用量(JGJ/T 98—2010)

<table>
<tr><th>强度等级</th><th>水泥和粉煤灰总量/kg</th><th>粉煤灰/kg</th><th>砂/kg</th><th>用水量/kg</th></tr>
<tr><td>M5.0</td><td>210 ~ 240</td><td rowspan="4">粉煤灰掺量可占胶凝材料总量的 15% ~25%</td><td rowspan="4">砂子的堆积密度值</td><td rowspan="4">270 ~ 330</td></tr>
<tr><td>M7.5</td><td>240 ~ 270</td></tr>
<tr><td>M10</td><td>270 ~ 300</td></tr>
<tr><td>M15</td><td>300 ~ 330</td></tr>
</table>

注:1. 表中水泥强度等级为 32.5 级;

2. 当采用细砂或粗砂时,用水量分别取上限或下限;

3. 稠度小于 70 mm 时,用水量可小于下限;

4. 施工现场气候炎热或干燥季节,可酌量增加用水量;

5. 试配强度应按式(8.1)计算。

8.2.2.3 砌筑砂浆配合比设计实例

【例 8.1】某砌筑工程用水泥石灰混合砂浆,要求砂浆的强度等级为 M10,稠度为70 ~ 90 mm。原材料为 32.5 级复合硅酸盐水泥,该水泥的实测强度为 34.5 MPa;采用含水率为 0.8% 的中砂,堆积密度为 1460 kg/m^3;石灰膏稠度为 120 mm。施工水平优良。试计算砂浆的配合比。

解:(1)确定砂浆试配强度

施工水平优良,故 k 取 1.15。则

$$f_{m,0}=kf_2=1.15\times 10=11.5\ \text{MPa}$$

(2)计算水泥用量

由 $\alpha=3.03,\beta=-15.09,f_{ce}=34.5$ MPa 得:

$$Q_c=\frac{1000(f_{m,0}-\beta)}{\alpha\cdot f_{ce}}=\frac{1000\times[11.5-(-15.09)]}{3.03\times 34.5}=254\ \text{kg}$$

(3)计算石灰膏用量

取 Q_A 350 kg,则

$$Q_D=Q_A-Q_c=350-254=96\ \text{kg}$$

(4)确定砂用量

$$Q_s=1460\times(1+0.8\%)=1472\ \text{kg}$$

(5)确定用水量

根据砂浆稠度要求,可选用 260 kg,扣除砂中所含的水,拌和用水量为

$$Q_w=260-1460\times 0.8\%=248\ \text{kg}$$

(6)砂浆配合比为

$$Q_c:Q_D:Q_s:Q_w=254:96:1472:248=1:0.38:5.80:0.98$$

8.3　预拌砂浆

8.3.1　预拌砂浆的定义

预拌砂浆，是指由水泥、细骨料以及所需掺合料、外加剂、添加剂等成分，按一定比例，经集中计量拌制后，通过专用设备运输、使用的拌合物。预拌混凝土的相关要求应符合《预拌砂浆》(GB/T 25181—2019)的规定。

8.3.2　预拌砂浆的分类

根据砂浆的生产方式，将预拌砂浆分为湿拌砂浆和干混砂浆两大类。强度等级有M5、M7.5、M10、M15、M20、M25、M30七个等级。

8.3.2.1　湿拌砂浆

湿拌砂浆是已经掺入规定比例水的预拌砂浆，由专业混凝土、砂浆企业生产销售，搅拌运输车运输到施工现场。其品种及代号见表8.8。

表8.8　湿拌砂浆的品种及代号(GB/T 25181—2019)

品种	湿拌砌筑砂浆	湿拌抹灰砂浆	湿拌地面砂浆	湿拌防水砂浆
代号	WM	WP	WS	WW

湿拌抹灰砂浆按施工方法又分为普通抹灰砂浆(G)和机喷抹灰砂浆(S)。

8.3.2.2　干混砂浆

干混砂浆由专业砂浆企业生产销售，以袋装和散装方式送到工地，施工时按照规定的比例加水搅拌均匀后使用。袋装干混砂浆主要用于小工程维修、家庭装修和特种砂浆使用，散装干混砂浆主要用于建筑工程中的普通干混砂浆。国家推广使用散装预拌干混砂浆。其品种及代号见表8.9。

表8.9　干混砂浆的品种及代号(GB/T 25181—2019)

品种	干混砌筑砂浆	干混抹灰砂浆	干混地面砂浆	干混普通防水砂浆	干混陶瓷砖粘贴砂浆	干混界面砂浆
代号	DM	DP	DS	DW	DTA	DIT
品种	干混聚合物水泥防水砂浆	干混自流平砂浆	干混耐磨地坪砂浆	干混填缝砂浆	干混饰面砂浆	干混修补砂浆
代号	DWS	DSL	DFH	DTG	DDR	DRM

干混砌筑砂浆又分为普通砌筑砂浆(G)和薄层砌筑砂浆(T)；干混抹灰砂浆又分为

普通抹灰砂浆(G)、薄层抹灰砂浆(T)和机喷抹灰砂浆(S)。

8.3.3 预拌砂浆的产品标记

8.3.3.1 湿拌砂浆标记

湿拌砂浆按下列顺序标记:湿拌砂浆代号、型号、强度等级、抗渗等级(有要求时)、稠度、保塑时间、标准号。

示例:湿拌普通抹灰砂浆的强度等级为 M10,稠度为 70 mm,保塑时间为 8 h,其标记为:WP-G M10-70-8 GB/T 25181—2019。

8.3.3.2 干混砂浆标记

干混砂浆按下列顺序标记:干混砂浆代号、型号、主要性能、标准号。

示例:干混机喷抹灰砂浆的强度等级为 M10,其标记为:DP - S M10 GB/T 25181—2019。

8.3.4 预拌砂浆的技术要求

预拌砂浆在使用前应进行质量检验:抗压强度应符合其设计及使用强度等级要求;抗渗压力符合抗渗等级要求;其他性能应符合《预拌砂浆》(GB/T25181—2019)的相关规定。湿拌砂浆和干混砂浆的性能指标分别见表 8.10 和表 8.11。

预拌砂浆

表 8.10 湿拌砂浆性能指标(GB/T 25181—2019)

项目		湿拌砌筑砂浆	湿拌抹灰砂浆		湿拌地面砂浆	湿拌防水砂浆
			普通抹灰砂浆	机喷抹灰砂浆		
保水率/%		≥88.0	≥88.0	≥92.0	≥88.0	≥88.0
压力泌水率/%		—	—	<40	—	—
14 d 拉伸黏结强度/MPa		—	M5:≥0.15 >M5:≥0.20	≥0.20	—	≥0.20
28 d 收缩率/%		—	≤0.20		—	≤0.15
抗冻性	强度损失率/%	≤25				
	质量损失率/%	≤5				

注:湿拌砂浆稠度满足施工使用要求。

表8.11 部分干混砂浆性能指标(GB/T 25181—2019)

项目	干混砌筑砂浆		干混抹灰砂浆			干混地面砂浆	干混普通防水砂浆
	普通砌筑砂浆	薄层砌筑砂浆	普通抹灰砂浆	薄层抹灰砂浆	机喷抹灰砂浆		
保水率/%	≥88.0	≥99.0	≥88.0	≥99.0	≥92.0	≥88.0	≥88.0
凝结时间/h	3~12	—	3~12	—	—	3~9	3~12
2 h稠度损失率/%	≤30	—	≤30	—	≤30	≤30	≤30
压力泌水率/%	—	—	—	—	<40	—	—
14 d拉伸黏结强度/MPa	—	—	M5:≥0.15 >M5:≥0.20	≥0.30	≥0.20	—	≥0.20
28 d收缩率/%	—	—	≤0.20			—	≤0.15
抗冻性 强度损失率/%	≤25						
抗冻性 质量损失率/%	≤5						

8.3.5 储存与运输

8.3.5.1 湿拌砂浆

湿拌砂浆应采用符合要求的搅拌运输车运送。运输车在装料前,装料口应保持清洁,筒体内不应有积水、积浆及杂物;装料、运送过程中应保证砂浆拌合物的均匀性,不应产生分层、离析现象;不应向运输车内的砂浆加水,运送过程中应避免遗洒。

湿拌砂浆到施工现场后应尽快使用,不能长时间储存。当出现少量泌水时,应拌和均匀后使用。

8.3.5.2 干混砂浆

干混砂浆在贮存过程中不应受潮和混入杂物。不同品种和规格型号的干混砂浆应分别贮存,不应混杂。袋装干混砂浆包装袋上应有标识标明产品名称、商标、加水量范围、净含量、使用说明、生产日期、贮存条件及保质期、生产单位等内容。贮存在干燥环境中,应有防雨、防潮、防扬尘措施。贮存过程中,包装袋不应破损,并应在保质期内使用。

干混砂浆运输时,应用防扬尘措施,不应污染环境。散装干混砂浆宜采用散装干混砂浆运输车运送,并提交与袋装标识相同内容的卡片及产品使用说明书。散装干混砂浆运输车应密封、防水、防潮,并宜有收尘装置。砂浆品种更换时,运输车应清空并清理干净。

8.4 其他砂浆

8.4.1 抹面砂浆

8.4.1.1 普通抹面砂浆

抹面砂浆是涂抹于建筑物或构筑物表面的砂浆的总称。砂浆在建筑物表面起着平整、保护、美观的作用。抹面砂浆一般用于粗糙和多孔的底面,且与底面和空气的接触面大,所以失去水分的速度更快,因此要有更好的保水性。抹面砂浆不承受外力,对强度要求不高;以薄层或多层涂抹于建筑物表面,要求与基底有足够的黏结力,故胶凝材料一般比砌筑砂浆多。

为了保证抹灰层表面平整,避免开裂脱落,抹面砂浆一般分两层或三层施工。底层砂浆主要起与基层牢固黏结的作用,要求稠度较稀,其组成材料常随基底而异,如:一般砖墙、混凝土墙、柱面常用混合砂浆砌筑。对混凝土基底,宜采用混合砂浆或水泥砂浆。若为木板条、苇箔,则应在砂浆中适量掺入麻刀或玻璃纤维等纤维材料。中层砂浆主要起找平作用,较底层砂浆稍稠。面层砂浆主要起装饰作用,一般要求采用细砂拌制的混合砂浆、麻刀石灰砂浆或纸筋砂浆。在容易碰撞或潮湿的地方应采用水泥砂浆。各层的成分和稠度要求各不相同,详见表 8.12。

表 8.12 抹面砂浆各层的作用、沉入度、砂的最大粒径及适用砂浆种类

名称	作用	沉入度/mm	最大粒径/mm	适用种类
底层	与基层黏结并初步找平	100 ~ 120	2.36	石灰砂浆 水泥砂浆 混合砂浆
中层	找平	70 ~ 80		混合砂浆、石灰砂浆
面层	装饰	100	1.18	混合砂浆、麻刀灰、纸筋灰

8.4.1.2 装饰抹面砂浆

装饰砂浆指直接用于建筑物内外表面,以提高建筑物装饰艺术性为主要目的的抹面砂浆。装饰砂浆的底层和中层与普通抹面砂浆基本相同。主要区别在面层,要选用具有一定颜色的胶凝材料和骨料以及采用某些特殊的操作工艺,使表面呈现出不同的色彩、线条与花纹等装饰效果。

装饰砂浆所采用的胶凝材料有普通水泥、白水泥、彩色水泥、石灰以及石膏等。骨料常采用大理石、花岗岩等带颜色的碎石渣或玻璃、陶瓷碎粒,也可选用白色或彩色天然砂,特制的塑料色粒等。

(1)传统装饰砂浆

1)水磨石。是以大理石石渣、水泥和水,按比例拌和,经养护硬化后,在淋水的同时,用磨石机磨平、抛光而成。目前广泛生产的是各种预制的水磨石制品。

2)水刷石。是用颗粒细小的大理石渣所拌成的砂浆作面层,抹在事先做好并硬化的底层上,压实、赶平,待水泥接近凝结前立即喷水冲刷表面水泥浆,使其半露出石渣而形成的饰面。水刷石多用于建筑物的外墙装饰,具有天然石材的质感,经久耐用。

3)干黏石。是对水刷石做法的改进,在刚抹好的砂浆层上,用手工甩抛并及时拍入,而得到的一种装饰抹灰做法。这种做法与水刷石相比,既节约水泥、石粒等原材料,减少湿作业,又能提高工效。

4)斩假石。又称剁斧石,是在水泥砂浆基层上涂抹水泥石砂浆,待硬化后,用剁斧、齿斧及各种凿子等工具剁出有规律的石纹,使其形成天然岩石粗犷的效果。主要用于室外柱面、勒脚、栏杆、踏步等处的装饰。

(2)新型装饰砂浆

新型装饰砂浆由胶凝材料、精细分级的石英砂、颜料、可再分散乳胶粉及各种聚合物添加剂配制而成。涂层厚度一般在1.5 ~2.5 mm,而普通乳胶漆漆面厚度仅为0.1 mm,因此可获得极好的质感及立体装饰效果。

新型彩色饰面砂浆材质轻,解决了建筑物增重的问题;柔性好,适用于圆柱体及弧形造型的结构及构件;形状、颜色可按用户要求定制;施工简单,与基底有很强的黏结力,耐久性好;防水、抗渗、透气、抗收缩。彩色饰面砂浆用于外保温体系,既有有机涂料色彩丰富、材质轻的特点,同时又有无机材料耐久性好的优点,同时避免了瓷砖或石材坠落砸伤事故的发生。在国外,装饰砂浆已被证明是外墙外保温系统的最佳饰面材料。

8.4.2 防水砂浆

防水砂浆是一种抗渗性高的砂浆。砂浆防水层又称刚性防水,适用于不受振动和具有一定刚度的混凝土或砖石砌体工程。

根据防水材料组成的不同,防水砂浆一般有以下三种:

(1)水泥砂浆。由水泥、细集料、掺合料加水制成的砂浆。水泥砂浆进行多层抹面,用作防水层。其配合比为水泥与砂子的质量比不宜大于1∶2.5,水灰比应控制在0.50 ~0.55,稠度不应大于80 mm。

(2)掺加防水剂的水泥砂浆。在水泥砂浆中掺入一定量的防水剂,常用的防水剂有硅酸钠类、金属皂类、氯化物金属盐及有机硅类,在钢筋混凝土工程中,应尽量避免采用氯盐类防水剂,以防止钢筋锈蚀。加入防水剂的水泥砂浆可提高砂浆的密实性和提高防水层的抗渗能力。

(3)膨胀水泥和无收缩水泥配制防水砂浆,所配制防水砂浆具有微膨胀和抗渗性。防水砂浆的配合比中,水泥与砂的质量一般不宜大于1∶2.5,水灰比应控制在0.50 ~0.60,稠度不应大于80 mm。应选用42.5级以上的普通硅酸盐水泥和级配良好的中砂。

防水砂浆应分4 ~5层分层涂抹在基面上,每层厚度约5 mm,总厚度20 ~30 mm。每层在初凝前压实一遍,最后一遍要压光,并精心养护。

8.4.3 特种砂浆

特种砂浆的特性及应用见表8.13。

表8.13 特种砂浆的特性及应用

名称	特性	应用
保温砂浆	质量轻,具有保温隔热、防火防冻、耐久性好等优异性能	可用于建筑墙体保温、屋面保温以及隔热管道保温等
耐酸砂浆	硬化后的水玻璃耐酸性能好	可用于耐酸地面和耐酸容器的内壁防护层
防辐射砂浆	抗穿透性辐射能力强,有较高的抗压及抗折强度,良好的防静电聚集和扩散火花功能,早强性、凝固时间短、易于施工	用于有防射线要求的建筑物
吸声砂浆	具有吸声性能	主要用于室内墙壁和顶棚的吸声
膨胀砂浆	具有一定的膨胀特性,可补偿水泥砂浆的收缩,防止干缩开裂	可在修补工程和装配式大板工程中应用
自流平砂浆	在自重作用下能流平的砂浆,可使地坪平整光洁,强度高,耐磨性好,无开裂现象	可用于地坪和地面的施工

【例8.2】工程实例分析

使用保温砂浆墙面会出现面层开裂

现象:春节过后,春天的脚步越来越近,此时的北方天气昼夜温差较大,为我们抗御风寒的房子,即便使用的是保温砂浆施工的内墙保温层,有时也会出现一些开裂的情况,请分析原因。

分析:首先,我们在室内,尤其是冬天的室内,很容易产生大量的水蒸气,散发的水蒸气浸透到建筑墙体里,造成室内墙壁受潮变软,久而久之就会影响到保温材料的保温效果,另外由于室内暖气或空调等加热设备的影响,极易造成室内外温差很大,这样墙体保温层就会与墙体建筑产生结露的现象,结露现象不能及时有效散发,就会慢慢导致保温材料的功效减弱或丧失,最终造成建筑保温失效。其次,部分工程案例里也会有一些因为玻纤网布的原本造成的墙体裂缝情况,这种情况通常都是由于玻纤网布的拉伸程度不够,或者是由于玻纤网布的耐碱程度缺乏持久性,还有一方面因素是保温砂浆的强度过高。

章后小结

1. 砂浆组成材料:胶凝材料、掺合料、砂、外加剂、水。

2. 砌筑砂浆
- 砌筑砂浆的技术要求
- 新拌砂浆的和易性:流动性、保水性
- 硬化砂浆的强度、黏结力、抗冻性
- 砌筑砂浆配合比设计
  - 水泥混合砂浆的配合比设计
  - 现场配制水泥砂浆配合比的选用

3. 其他砂浆
- 普通抹面砂浆、装饰抹面砂浆、防水砂浆
- 特种砂浆:保温砂浆、耐酸砂浆、防辐射砂浆、膨胀砂浆、自流平砂浆等

4. 预拌砂浆
- 概念、分类
- 产品标记、技术要求
- 储存与运输

实训题

某工程砌筑砖墙所用强度等级为M5的水泥石灰混合砂浆。采用强度等级为32.5的矿渣水泥;砂子为中砂,含水率为2%,干燥堆积密度为1500 kg/m³;石灰膏的稠度为120 mm。此工程施工水平优良。

要求:(1)确定该混合砂浆的最佳配合比;

(2)填写砂浆配合比通知单;

(3)填写砂浆抗压强度原始记录及报告单。

习　题

一、选择题

1. M15以上强度等级的砂浆宜选用(　　)水泥。

A. 32.5级的通用硅酸盐水泥　　B. 42.5级的通用硅酸盐水泥

C. 32.5级的专用水泥　　D. 42.5级的专用水泥

2. 砂浆所用石灰膏、电石膏试配时的稠度,应满足(　　)。

A. 100 mm±5 mm　　B. 120 mm±5 mm

C. 100 mm±3 mm　　D. 120 mm±3 mm

3. 可在修补工程和装配式大板工程中应用的砂浆是(　　)。

A. 保温砂浆　　B. 耐酸砂浆

C. 吸声砂浆　　D. 膨胀砂浆

4. 干混抹灰砂浆可用代号(　　)表示。

A. WM　　B. WP

C. DM　　D. DP

5. 湿拌砌筑砂浆保水率应满足(　　)要求。

A. ≥88.0%　　B. ≥90.0%

C. ≥92.0%　　　　　　　　　　D. ≥99.0%

二、填空题

1. 砂浆中的胶凝材料有__________和__________。

2. 抹面砂浆一般分两层或三层薄抹，中层砂浆起__________作用。

3. 砂浆的抗冻等级是指经冻融试验后，质量损失率不大于__________，抗压强度损失率不大于__________所能经受的最大冻融循环次数。

4. 根据砂浆的生产方式，可将预拌砂浆分为__________和__________两大类。

5. 新拌砂浆的和易性包括__________和__________两个方面。

6. 预拌砂浆的强度等级有________；水泥混合砂浆的强度等级有________。

7. 砂浆的黏结力与砖石的________、________、________及施工养护条件等因素有关。

8. 干混抹灰砂浆又分为________、________、________。

第9章 墙体及屋面材料

学习要求

了解砌墙砖、砌块的分类及品种，掌握相关的技术指标和应用。了解常用墙体板材、屋面材料品种、性能特点及应用。通过本章学习，能合理选择墙体及屋面材料。

【引入案例】

国家游泳中心，别名"水立方""冰立方"，其外部围护以半透明的ETFE(乙烯-四氟乙烯共聚物)外膜覆盖，其重量仅为同尺寸玻璃的百分之一，如同一座隔热的温室，大约20%的太阳能被用来提高泳池和室内的温度。膜结构气枕像皮肤一样包住了整个建筑，气枕最大的一个约9 m^2，最小的一个不足1 m^2。这些半透明、可循环利用的覆膜使水立方白天光线充足。另外，这种材料还有耐腐蚀性强、保温性好、可调节室内温度、能避免建筑结构被外界环境侵蚀等特点。

尽管ETFE膜在国外已经有近30年的应用历史，但在国内还是首次使用。化工新材料的应用，让"水立方"在所有奥运场馆中显得格外与众不同。它不仅带给人们视觉上的美感，还让人们充分感受到科技与奥运完美结合的魅力。

墙体与屋面是房屋建筑结构的重要组成部分，具有承重、围护、分隔、遮阳、避雨、挡风、绝热、隔声、吸声和隔断光线等作用。因此，合理地选择墙体及屋面材料对建筑物的功能、安全以及造价等均具有重要意义。

目前，用于墙体的材料主要有砌墙砖、砌块、板材等，用于屋面的材料主要有各类瓦及板材。

9.1 砌墙砖

砌墙砖系指以黏土、工业废料或其他地方资源为主要原料，以不同工艺制造的、用于砌筑承重和非承重墙体的墙砖。

砌墙砖按照生产工艺分为烧结砖(经焙烧制成)和非烧结砖[经碳化或蒸汽(压)养护硬化而成]。按孔洞率和孔洞特征不同分为普通砖(体为实心或孔洞率≤15%)、多孔砖

(孔洞率≥28%,孔的尺寸小而数量多的砖,常用于承重部位,强度等级较高)、空心砖(孔洞率≥35%,孔的尺寸大而数量少的砖,常用于非承重部位,强度等级偏低)等。

9.1.1 烧结砖

9.1.1.1 烧结普通砖

烧结普通砖是以黏土、页岩、煤矸石、粉煤灰为主要原料,经焙烧而成的普通砖。

(1)分类

1)按主要原料分为烧结黏土砖(符号为 N)、烧结页岩砖(符号为 Y)、烧结煤矸石砖(符号为 M)和烧结粉煤灰砖(符号为 F)。

2)按焙烧窑中气氛分为红砖(氧化气氛)和青砖(还原气氛)。

3)按焙烧火候分为正火砖、欠火砖和过火砖。在焙烧温度范围内生产的砖称为正火砖,未达到焙烧温度范围生产的砖称为欠火砖,而超过焙烧温度范围生产的砖称为过火砖。欠火砖颜色浅、敲击时声音哑、孔隙率高、强度低、耐久性差。过火砖颜色深、敲击声响亮、强度高,但往往变形大。

(2)技术指标

根据《烧结普通砖》(GB/T 5101—2017)规定,其主要技术性能如下:

1)尺寸规格及外观质量

烧结普通砖的公称尺寸是 240 mm×115 mm×53 mm,见图 9.1。通常将 240 mm×115 mm面称为大面,240 mm×53 mm 面称为条面,115 mm×53 mm 面称为顶面。考虑砌筑灰缝厚度 10 mm,则 4 皮砖长,8 皮砖宽,16 皮砖厚均为 1 m,每立方米砖砌体理论上需用砖 512 块。烧结砖尺寸偏差及外观质量应符合上述规范规定。

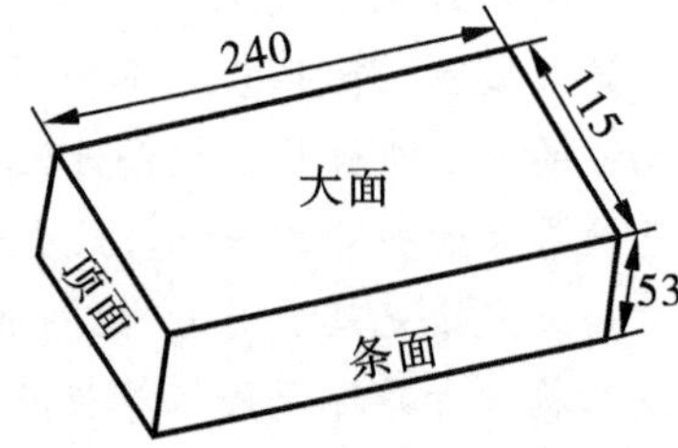

图 9.1 砖的尺寸及平面名称

2)强度等级

烧结普通砖根据 10 块砖样抗压强度的试验结果,分为五个强度等级:MU30、MU25、MU20、MU15、MU10。各强度等级的抗压强度应符合表 9.1 的规定。

表 9.1 烧结普通砖强度等级(GB/T 5101—2017) (MPa)

强度等级	抗压强度平均值 $\bar{f}$,≥	强度标准值 $\bar{f}_k$,≥
MU30	30.0	22.0
MU25	25.0	18.0
MU20	20.0	14.0
MU15	15.0	10.0
MU10	10.0	6.5

3)泛霜与石灰爆裂

泛霜是指黏土原料中的可溶性盐类(如硫酸钠等)在砖使用过程中,随着砖内水分蒸发而在砖表面产生的盐析现象,一般为白色粉末、絮团或絮片状。泛霜不仅影响建筑物外观,还会造成砖表面粉化和脱落,破坏砖与砂浆的黏结,使建筑物墙体抹灰层剥落,严重的还可能降低墙体的承载力。每块砖不允出现严重泛霜。

石灰爆裂是指当原料土或掺入的内燃料中夹杂有石灰质成分,则在烧砖时被烧成过火石灰留在砖中。这些过火石灰在砖体内吸收水分消化时产生体积膨胀,导致砖发生胀裂破坏的现象。石灰爆裂严重影响烧结砖的质量,并降低砌体强度。石灰爆裂的破坏尺寸应符合《烧结普通砖》(GB/T 5101—2017)的相关规定,否则为不合格的。

4)抗风化性能

砖的抗风化性能是烧结普通砖耐久性的重要标志之一,对砖的抗风化性能要求应根据各地区的风化程度而定。通常以其抗冻性、吸水率及饱和系数等指标判别。抗冻性是指经15次冻融循环后不产生裂纹、分层、掉皮、缺棱、掉角等冻坏现象;且质量损失率不大于2%。吸水率是指常温泡水24 h的质量吸水率。饱和系数是指常温24 h吸水率与5 h沸煮吸水率比,烧结普通砖抗风化性能应检验5 h沸煮吸水率和饱和系数两个指标,相关规定见GB/T 5101—2017。风化区划分见表9.2。

表9.2　风化区的划分(GB/T 5101—2017)

严重风化区		非严重风化区	
1.黑龙江省	11.河北省	1.山东省	11.福建省
2.吉林省	12.北京市	2.河南省	12.台湾省
3.辽宁省	13.天津市	3.安徽省	13.广东省
4.内蒙古自治区	14.西藏自治区	4.江苏省	14.广西壮族自治区
5.新疆维吾尔自治区		5.湖北省	15.海南省
6.宁夏回族自治区		6.江西省	16.云南省
7.甘肃省		7.浙江省	17.上海市
8.青海省		8.四川省	18.重庆市
9.陕西省		9.贵州省	
10山西省		10.湖南省	

(3)烧结普通砖的应用

主要用来砌筑建筑物的内外墙、柱、窑炉、烟囱、沟道与基础等,以及在砌体中配置适当钢筋或钢筋网代替钢筋混凝土过梁和柱。在应用时,必须认识到砖砌体的强度不仅取决于砖的强度,而且受砂浆性质的影响。因此,在砌筑时除了要合理配制砂浆外,还要使砖润湿。

9.1.1.2　烧结多孔砖和多孔砌块、烧结空心砖和空心砌块

使用多孔砖和多孔砌块、空心砖和空心砌块,一方面不仅可以减少黏土的消耗量,节约耕地,减轻墙体自重,降低造价;另一方面也可以较大程度地提高墙体保温隔热性能和吸声性能。

烧结多孔砖和多孔砌块、空心砖和空心砌块的主要原料、生产工艺与烧结普通砖相同,但由于坯体有孔洞,增加了成型的难度,因此对原材料的可塑性要求较高。

(1)烧结多孔砖和多孔砌块

根据《烧结多孔砖和多孔砌块》(GB/T 13544—2011)规定,其主要技术性能如下。

1)形状尺寸

烧结多孔砖及多孔砌块为直角六面体。烧结多孔砖长度:290 mm、240 mm;宽度:190 mm、180 mm、140 mm、115 mm;高度:90 mm;多孔砌块长度:490 mm、440 mm;宽度:390 mm、340 mm、290 mm、240 mm、190 mm、180 mm、140 mm、115 mm;高度:90 mm。其他规格尺寸由供需双方协商确定。烧结多孔砖外观见图 9.2。

(a)

(b)

图 9.2 烧结多孔砖

2)外观质量

烧结多孔砖及多孔砌块的外观质量应符合表 9.3 规定。

表 9.3 烧结多孔砖及多孔砌块的外观质量(GB/T 13544—2011) (mm)

项目	指标
1. 完整面,不得少于	一条面和一顶面
2. 缺棱掉角的三个破坏尺寸,不得同时大于	30
3. 裂纹长度	
a. 大面(有孔面)上深入孔壁 15 mm 以上宽度方向及其延伸到条面的长度,不大于	80
b. 大面(有孔面)上深入孔壁 15 mm 以上长度方向及其延伸到顶面的长度,不大于	100
c. 条顶面上的水平裂纹,不大于	100
4. 杂质在砖或砌块面上造成的凸出高度,不大于	50

注:凡有下列缺陷之一者,不能称为完整面。

缺陷在条面或顶面上造成的破坏面尺寸同时大于 20 mm×30 mm;

条面或顶面上裂纹宽度大于 1 mm,其长度超过 70 mm;

压陷、焦花、粘底在条面或顶面上的凹陷或凸出超过 2 mm,区域最大投影尺寸同时大于 20 mm×30 mm。

3)强度等级

烧结多孔砖和多孔砌块抗压强度分为 MU30、MU25、MU20、MU15、MU10 五个强度等级。

烧结多孔砖和多孔砌块其他技术要求包括孔型孔结构及孔洞率、泛霜、石灰爆裂、抗风化性能、放射性核素限量等,均应符合相关规定。

烧结多孔砖和多孔砌块主要用于建筑物的承重墙体。

(2)烧结空心砖和空心砌块

根据《烧结空心砖和空心砌块》(GB/T 13545—2014)规定,其主要技术性能如下。

1)规格尺寸

烧结空心砖和空心砌块的外形为直角六面体,孔洞尺寸大而数量少,孔洞方向平行于大面和条面,在与砂浆的接合面上设有增加结合力的深度 2 mm 以上的凹槽。如图 9.3 所示,规格尺寸见表 9.4。

表 9.4 烧结空心砖和空心砌块规格尺寸(GB/T 13545—2014) (mm)

项目	尺寸
长度	390,290,240,190,180(175),140
宽度	190,180(175),140,115
高度	180(175),140,115,90

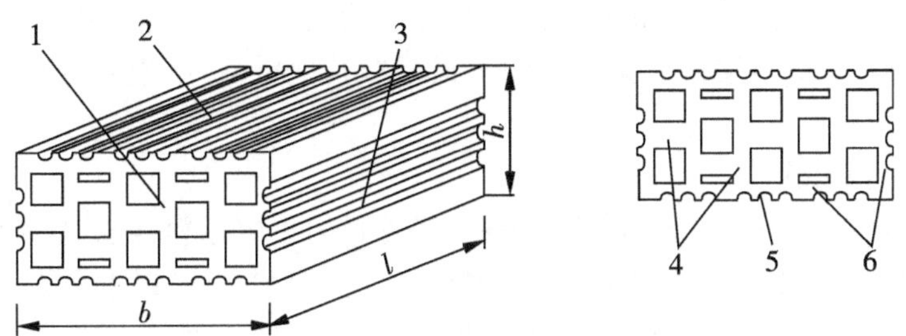

1—顶面;2—大面;3—条面;4—肋;5—粉刷槽;6—外壁;l—长度;h—宽度;d—高度

图 9.3 烧结空心砖和空心砌块示意图

2)强度等级

烧结空心砖和空心砌块根据其大面及条面抗压强度平均值和单块最小值分为 MU10.0、MU7.5、MU5.0、MU3.5 四个强度等级(表 9.5)。

烧结空心砖和空心砖块主要用作非承重墙,如多层建筑内隔墙或框架结构的填充墙等。

烧结空心砖和空心砖块其他技术要求应符合《烧结空心砖和空心砌块》(GB/T 13545—2014)相关规定。

表 9.5 烧结空心砖和空心砌块的强度等级（GB/T 13545—2014）

<table>
<tr><th rowspan="3">强度等级</th><th colspan="3">抗压强度/ MPa</th><th rowspan="3">密度等级范围/(kg/m³)</th></tr>
<tr><th rowspan="2">抗压强度平均值 $\bar{f}$，≥</th><th>变异系数 δ,≤0.21</th><th>变异系数 δ,>0.21</th></tr>
<tr><th>强度标准值 f_k，≥</th><th>单块最小抗压强度值 f_{min}，≥</th></tr>
<tr><td>MU10.0</td><td>10.0</td><td>7.0</td><td>8.0</td><td rowspan="4">≤1100</td></tr>
<tr><td>MU7.5</td><td>7.5</td><td>5.0</td><td>5.8</td></tr>
<tr><td>MU5.0</td><td>5.0</td><td>3.5</td><td>4.0</td></tr>
<tr><td>MU3.5</td><td>3.5</td><td>2.5</td><td>2.8</td></tr>
</table>

9.1.2 非烧结砖

不经焙烧而制成的砖均为非烧结砖。目前非烧结砖主要有粉煤灰砖、蒸压灰砂砖、混凝土普通砖等。

(1)粉煤灰砖

粉煤灰砖

粉煤灰砖是以粉煤灰、石灰或水泥为主要原料，掺加适量石膏、外加剂、颜料和骨料等，经坯料制备、压制成型，高压或常压蒸汽养护而成。规格尺寸为 240 mm×115 mm×53 mm；表观密度为 1500 kg/m³；按抗压和抗折强度分为 MU30、MU25、MU20、MU15、MU10 五个强度等级。

粉煤灰砖用于工业与民用建筑的墙体和基础。不能用于长期受热(200 ℃以上)、受急冷急热交替作用和有酸性介质侵入的部位，也不宜用于有流水冲刷的部位。用粉煤灰砖砌筑的建筑物，应适当增设圈梁及伸缩缝或采取其他措施，以避免或减少收缩裂缝的产生。

(2)混凝土普通砖

混凝土普通砖(P)，以水泥和普通骨料或轻骨料为主要原料，经原料制备、加压或振动加压、养护而制成，用于工业与民用建筑基础和墙体的实心砖(以下简称普通砖)。

根据《混凝土普通砖和装饰砖》(NY/T 671—2003)规定，混凝土普通砖规格尺寸为：240 mm×115 mm×53 mm(其他规格由供需双方协商确定)；密度等级分为：500、600、700、800、900、1000、1200 七个等级；抗压强度分为 MU30、MU25、MU20、MU15、MU10、MU7.5、MU3.5 七个强度等级，强度等级小于 MU10 的砖只能用于非承重部位。强度、抗冻性能合格的砖，根据尺寸偏差、外观质量、吸水率分为优等品(A)、一等品(B)、合格品(C)三个质量等级。

9.1.3 砖的质量控制

(1)砖的品种、强度等级必须符合设计要求，并有产品合格证书和性能检测报告；

(2)砖进场需复验，抽样数量为同厂家同品种同强度普通砖 15 万块、多孔砖 5 万块、粉煤灰砖 10 万块中各抽查一组；

(3)蒸压粉煤灰砖的产品龄期不得少于 28 d；

(4)砌筑砖砌体时,砖应提前1～2 d浇水润湿(普通砖、多孔砖含水率宜为10%,灰砂砖、粉煤灰砖含水率宜为8%～12%)。

9.2　砌块

砌块是利用混凝土、工业废料(炉渣、粉煤灰等)或地方材料制成的人造块材,外形尺寸比砖大,具有设备简单,砌筑速度快的优点,外形多为直角六面体,也有各种异形体砌块。

砌块按尺寸和质量的大小不同分为小型砌块、中型砌块和大型砌块。砌块系列中主规格的高度大于115 mm而小于380 mm的称为小型砌块、高度为380～980 mm称为中型砌块、高度大于980 mm的称为大型砌块,使用中以中小型砌块居多。砌块按外观形状可以分为实心砌块和空心砌块。空心率小于25%或无孔洞的砌块为实心砌块;空心率大于或等于25%的砌块为空心砌块。空心砌块有单排方孔、单排圆孔和多排扁孔三种形式,其中多排扁孔对保温较有利。

9.2.1　混凝土砌块

9.2.1.1　轻骨料小型空心砌块

用轻骨料混凝土制成,空心率等于或大于25%的小型砌块称为轻骨料混凝土小型空心砌块所示。按其孔的排数分为单排孔、双排孔、三排孔和四排孔四类。主规格尺寸长×宽×高为390 mm×190 mm×190 mm,其他规格尺寸由供需双方商定。

根据国家标准《轻集料混凝土小型空心砌块》(GB/T 15229—2011)的规定,混凝土小型空心砌块根据抗压强度分为MU2.5、MU3.5、MU5.0、MU7.5、MU10.0五个等级;根据体积密度分700、800、900、1000、1100、1200、1300、1400八个等级。

9.2.1.2　普通混凝土小型砌块

普通混凝土小型砌块是以水泥、矿物掺合料、砂、石、水等为原料,经搅拌、振动成型、养护等工艺制成的小型砌块,如图9.4所示。普通混凝土小型砌块,简称小砌块,按空心率分为:空心砌块(代号H,空心率不小于25%)和实心砌块(代号S,空心率小于25%)。

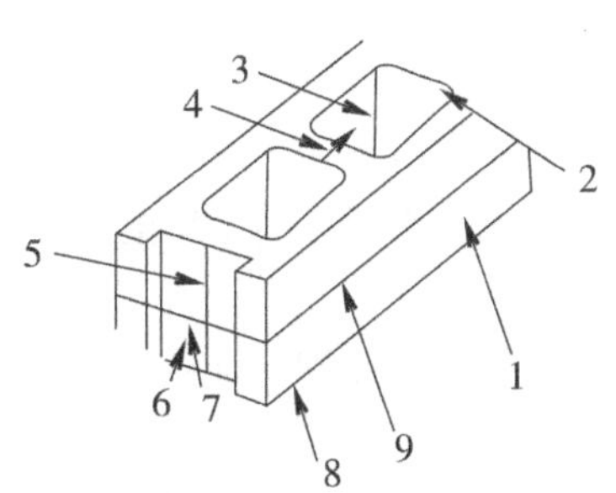

1—条面;2—坐浆面(肋厚较小的面);3—壁;4—肋;5—高度;6—顶面;7—宽度;8—铺浆面(肋厚较大的面);9—长度

图9.4　混凝土小型空心砌块

普通混凝土小型砌块强度等级见表 9.6。按其尺寸偏差，外观质量分为：优等品(A)，一等品(B)及合格品(C)。

表 9.6 普通混凝土小型砌块强度等级（GB/T 8239—2014） (MPa)

砌块种类	承重砌块(L)	非承重砌块(N)
空心砌块(H)	7.5、10.0、15.0、20.0、25.0	5.0、7.5、10.0
实心砌块(S)	15.0、20.0、25.0、30.0、35.0、40.0	10.0、15.0、20.0

普通混凝土小型砌块具有自重较轻、耐久性好、外表尺寸规整等优点，部分类型的混凝土砌块还具有美观的饰面以及良好的保温隔热性能，适用于建造各种居住、公共、工业、教育、国防和安全性质的建筑，以及围墙、挡土墙、桥梁、花坛等市政设施，应用范围十分广泛。

9.2.1.3 蒸压加气混凝土砌块

蒸压加气混凝土砌块是以钙质材料(水泥、石灰等)和硅质材料(矿渣和粉煤灰)用铝粉作加气剂，经磨细、配料搅拌、浇注成型、静停切割、蒸压养护而成的多孔轻质块体材料。见图 9.5 所示。

(a)

(b)

图 9.5 蒸压加气混凝土砌块

根据《蒸压加气混凝土砌块》(GB/T 11968—2020)规定：

(1)砌块按尺寸偏差分为Ⅰ型和Ⅱ型。Ⅰ型适用于薄灰缝砌筑，Ⅱ型适用于厚灰缝砌筑。

(2)按抗压强度分为 A1.5、A2.0、A2.5、A3.5、A5.0 五个级别。强度等级 A1.5、A2.0 适用于建筑保温。

(3)按干密度分为 B03、B04、B05、B06、B07 五个级别；干密度级别 B03、B04 适用于建筑保温。

(4)标记：产品以蒸压加气混凝土砌块代号(AAC-B)、强度、干密度分级、规格尺寸和标准编号进行标记。

示例:抗压强度为 A3.5、干密度为 B05、规格尺寸为 600 mm×200 mm×250 mm 的蒸压加气混凝土Ⅰ型砌块,其标记为:AAC-B A3.5 B05 600×200×250(Ⅰ)GB/T 11968—2020。

相关技术参数见表 9.7 ~ 表 9.12。

表 9.7 蒸压加气混凝土砌块规格尺寸(GB/T 11968—2020) (mm)

长度 L	宽度 B	高度 H
600	100,120,125 150,180,200 240,250,300	200,240,250,300

注:如需要其他规格,可由供需双方协商确定。

表 9.8 蒸压加气混凝土砌块尺寸允许偏差(GB/T 11968—2020) (mm)

项目	Ⅰ型	Ⅱ型
长度 L	±3	±4
宽度 B	±1	±2
高度 H	±1	±2

表 9.9 蒸压加气混凝土砌块外观质量(GB/T 11968—2020)

项目		Ⅰ型	Ⅱ型
缺棱掉角	最小尺寸/mm	10	30
	最大尺寸/mm	20	70
	三个方向尺寸之和不大于 120 mm 的掉角个数/个	0	2
裂纹长度	裂纹长度/mm	0	70
	任意面不大于 70 mm 裂纹条数/条	0	1
	每块裂纹总数/条	0	2
损坏深度/mm		0	10
表面疏松、分层、表面油污		无	无
平面弯曲/mm		1	2
直角度/mm		1	2

表 9.10　蒸压加气混凝土砌块抗压强度和干密度要求(GB/T 11968—2020)

强度级别	抗压强度/MPa		干密度级别	平均干密度/(kg/m^3)
	平均值	最小值		
A1.5	≥1.5	≥1.2	B03	≤350
A2.0	≥2.0	≥1.7	B04	≤450
A2.5	≥2.5	≥2.1	B04	≤450
			B05	≤550
A3.5	≥3.5	≥3.0	B04	≤450
			B05	≤550
			B06	≤650
A5.0	≥5.0	≥4.2	B05	≤550
			B06	≤650
			B07	≤750

表 9.11　蒸压加气混凝土砌块抗冻性(GB/T 11968—2020)

强度级别		A2.5	A3.5	A5.0
抗冻性	冻后质量平均值损失/%	≤5.0		
	冻后强度平均值损失/%	≤20		

表 9.12　蒸压加气混凝土砌块导热系数(GB/T 11968—2020)

干密度级别	B03	B04	B05	B06	B07
导热系数(干态)/[W/(m·K)],≤	0.10	0.12	0.14	0.16	0.18

蒸压加气混凝土砌块适用于低层建筑的承重墙、多层建筑的间隔墙和高层框架结构的填充墙,也可用于一般工业建筑的围护墙,作为保温隔热材料也可用于复合墙板和屋面结构中。在无可靠的防护措施时,该类砌块不得用于水中、高湿度和有侵蚀介质的环境中,也不得用于建筑物的基础和温度长期高于 80 ℃的建筑部位。

蒸汽加压混凝土砌块

9.2.2　粉煤灰砌块

以粉煤灰、石灰、石膏和骨料为原料,经加水搅拌、振动成型、蒸汽养护而制成的一种密实砌块。主规格尺寸:880 mm×380 mm×240 mm 和 880 mm×430 mm×240 mm。强度等级:按立方体抗压强度分为 MU10、MU13 两个等级。质量等级:按外观质量、尺寸偏差分为一等品(B)、合格品(C),适用于一般建筑的围护墙。不适用于有酸性侵蚀介质、密封性要求高、易受较大震动的建筑物以及受高温和受潮的建筑部位。

加气混凝土砌块生产

9.2.3 砌块施工质量控制

(1)砌块强度等级必须符合设计要求;

(2)小砌块产品龄期不应小于28 d;

(3)加气混凝土砌块、轻集料空心砌块运输装卸过程中严禁抛掷和倾倒,堆置高度不宜超过2 m。

【例9.2】工程实例分析

墙体渗漏

现象:某房屋,地处潮汕平原,使用两年后,出现多处墙体问题。在持续大雨的季节,有几处墙体有渗漏的现象出现;墙体有几处集中出现细裂纹。

分析:①潮汕平原多雨,夏天气温高。内外墙温差较大,一般都在30 ℃以上,导致墙体出现剪应力,出现了具有“八”字形45°斜裂纹;②砌块材料不具备防水的功能,长时降雨易出现渗漏;③施工时,砌块喷水过多,使得砌块含水过多干缩而引起细裂纹。

防治措施:应根据工程环境合理选择墙体材料,同时,砌块材料需按要求储存并严格控制含水率。

9.3 墙体板材

墙用板材作为砖和砌块之外的另一类重要的围护材料,具有生产原料来源广、工艺简单、能耗低等特点。尤其新型墙体板材的出现,不仅降低了综合成本,更具有防火、防水、抗冲击、耐酸碱、抗老化等特点,具有较好的发展前景。

常用的墙用板材有水泥类墙用板材、石膏类墙用板材以及复合墙用板材。

9.3.1 水泥类墙板

水泥类墙板类型见表9.13。

表9.13 水泥类墙板

名称	组成	特性	应用
水泥轻质墙板	水泥、无害化磷石膏、轻质钢渣、粉煤灰等组成	质量轻、强度高、环保、保温隔热、隔音防火、施工方便、成本低	建筑内隔墙及复合墙体的外墙面
纤维增强水泥墙板	水泥、耐碱玻璃纤维、珍珠岩(或炉渣、粉煤灰)、发泡剂和防水剂	质量轻、强度高、隔热、隔声、不燃、加工方便、价格适中、施工简便	建筑内、外隔墙、幕墙衬板、面板挂板、工业隔热绝缘用板
水泥木丝板	刨切均匀的木丝、水泥、水玻璃	自重轻、强度高、防火、防水、防蛀、保温、隔声、可加工性好	建筑物的内外隔板、天花板、壁橱板等

9.3.2 石膏类墙板

石膏类墙板类型见表9.14。

表9.14 石膏类墙板

名称	组成	特性	应用
纸面石膏板	建筑石膏料，并掺入纤维和外加剂所组成的芯材，护面纸	轻质、高强、绝热、防火、防水、吸声、可加工、施工方便等，但成本较高	适用于建筑物的围护墙、内隔墙和吊顶
纤维石膏板	以建筑石膏为主要原料，加入适量有机或无机纤维和外加剂	具有质轻、高强、隔声、阻燃、韧性好、抗冲击力强、抗裂防震性能好、可加工性好、节省护面纸等特点	主要用于非承重内隔墙、天花板、内墙贴面等
石膏空心板	石膏、适量轻质材料（如膨胀珍珠岩等）和改性材料（如水泥、石灰、粉煤灰、外加剂等）	加工性好、重量轻、强度较高、保温性好、防火性好、耐水性较好、颜色洁白、表面平整光滑，施工效率高	主要用于非承重内隔墙

9.3.3 复合墙板

将两种或两种以上不同功能的材料组合而成的墙板称为复合墙板。复合墙板使承重材料和轻质保温材料的功能都得到合理利用，适应了土木工程对材料的多种要求。复合墙板类型见表9.15。

表9.15 复合墙板

名称	组成	特性	应用
钢丝网夹芯复合板	以聚苯乙烯泡沫塑料、岩棉、玻璃棉等为芯材，两片钢丝网之间用“之”字形钢丝相互连接为骨架，水泥砂浆抹面	自重轻，保温隔热性好，隔声性、防火性、抗湿、冻性能好，抗震能力强、耐久性好、损耗极低、运输施工方便等优点	适用于高层建筑的内隔墙，复合保温墙体的外保温层或低层建筑的承重墙
金属面夹芯板	以阻燃型聚苯乙烯泡沫塑料、聚氨酯泡沫塑料或岩棉、矿渣棉为芯材，两侧粘上彩色压型（或平面）镀锌板材复合形成	质轻、高强、绝热性好，保温、隔热性好，防水性好，可加工性能好，较好的抗弯、抗剪等性能，施工方便	适用于各类墙体和屋面

【例9.3】工程实例分析

现象:河南郑州某工程采用的是普通岩棉裸板薄抹灰外保温做法,岩棉板面层采用聚合物水泥砂浆抹灰。该工程墙面上裂缝比较明显,严重影响保温效果。且该工程未能经受住外界作用力的影响,一场大风就使55 m高处的岩棉板脱落坠地,留在墙面上的岩棉板也被撕裂。大风经过时,与基层墙体结合力小的岩棉板就从墙面上飞落。

分析:(1)普通岩棉裸板与其他保温板相比,性能相差比较大,其强度低、易剥离分层、吸水率高、憎水性差、易吸湿膨胀,用于外保温工程中存在一定的缺陷,易引起质量问题;(2)若普通岩棉裸板与基层墙体的结合力不够大,无法满足最大负风压作用;(3)若直接采用水泥砂浆或聚合物水泥砂浆等密度比较大、偏刚性的材料对普通岩棉裸板抹面处理,则易使面层发生开裂、起鼓、脱落等不良现象。

防治措施:选择合理构造设计,选择抗拉强度高,尤其在湿热环境下尺寸稳定的保温板材。

9.4 屋面材料

9.4.1 烧结类瓦材

(1)黏土瓦

作为传统屋面材料,黏土瓦是以黏土为主要原料,经成型、干燥、焙烧而成。

黏土瓦主要用于民用建筑和农村建筑坡形屋面防水。但由于其自重大、质脆、易破碎,且生产消耗大量土地资源,能耗大,生产和施工的效率不高。因此,已被许多新产品替代。

(2)琉璃瓦

琉璃瓦是以难熔黏土制坯,经干燥、上釉后焙烧而成。琉璃瓦表面光滑、质地致密、色彩美丽,耐久性好,但价格昂贵,自重大,一般用在仿古建筑、纪念性建筑及园林建筑中的亭、台、楼、阁等。

9.4.2 水泥类瓦材

水泥瓦又称混凝土瓦,因其使用原材料是水泥,故常称为水泥瓦。高端水泥瓦通过辊压成型方式生产,中低端普及型产品通过高压经优质模具压滤而成。制品的密度大、强度高、防雨抗冻性能好,表面平整、尺寸准确。在配料中加入耐碱颜料,可制成彩色瓦。

(1)混凝土瓦

混凝土瓦分为混凝土屋面瓦和混凝土配件瓦。混凝土屋面瓦又分为波形屋面瓦和平板屋面瓦。混凝土瓦成本低、耐久性好,但自重大。其应用范围同黏土瓦。

(2)纤维增强水泥瓦

纤维增强水泥瓦具有防水、防潮、防腐、绝缘等性能。主要用于工业建筑,如厂房、库房、堆货棚、凉棚等。但是石棉纤维可能致癌,所以已逐渐被其他增强材料所代替,如耐碱玻璃纤维、有机纤维等。

(3)钢丝网水泥大波瓦

钢丝网水泥大波瓦是用普通硅酸盐水泥、砂子,按一定配比加水搅拌后浇模,中间加一层低碳冷拔钢丝网,再经加压、养护而成。适用于工厂车间、仓库或临时性的屋面等。

9.4.3 高分子类复合瓦材

(1)玻璃钢波形瓦

纤维增强塑料波形瓦亦称玻璃钢波形瓦,是采用不饱和聚酯树脂和玻璃纤维为原料,经人工糊制而成。特点是质量轻、强度高、耐冲击、耐腐蚀、透光率高、制作简单等。是一种良好的建筑材料。它适用于各种建筑的遮阳及车站月台、售货亭、凉棚等的屋面。

(2)塑料瓦楞板

聚氯乙烯波形瓦亦称塑料瓦楞板,是以聚氯乙烯树脂为主体加入其他配合剂,经塑化、挤压或压延、压波等而制成的一种新型建筑瓦材。它具有质轻、高强、防水、耐化学腐蚀、透光率高、色彩鲜艳等特点,适用于凉棚、果棚、遮阳板和简易建筑的屋面等处。

(3)木质纤维波形瓦

该瓦是利用废木料制成的木纤维与适量的酚醛树脂防水剂配制后,经高温高压成型、养护而成。它使用于活动房屋及轻结构房屋屋面及车间、仓库、料棚或临时设施等的屋面。

(4)玻璃纤维沥青瓦

该瓦是以玻璃纤维薄毡为胎料,以改性沥青涂敷而成的片状屋面瓦材。其表面可撒各种彩色的矿物粒料,形成彩色沥青瓦。该瓦质量轻,互相黏结的能力强,抗风化能力好,施工方便,适用于一般民用建筑的坡形屋面。

9.4.4 轻型复合屋面材料

在大跨度结构中,如采用钢筋混凝土大板,则自重大,且不保温,需另设防水层。随着新型屋面材料的推广应用,如彩色涂层钢板、超细玻璃纤维、自熄性泡沫塑料等,使轻型保温的大跨度屋盖得以迅速发展。

(1)EPS 轻型板

EPS 轻型板具有质轻(质量为混凝土屋面的 1/20 ~ 1/30),保温隔热性好,施工方便(无湿作业,不需二次装修)等特点,是集承重、保温、防水、装饰于一体的新型屋面材料。

EPS 轻型板可生产成平面或曲面,适用于多种屋面形式,如体育馆、展览厅、冷库等大跨度屋面。

(2)硬质聚氨酯夹芯板

硬质聚氨酯夹心复合板材具有质轻、强度高、保温、隔音效果好、色彩丰富、施工简便等特点,且表面涂层均具有极强的耐候性和耐酸、碱、盐腐蚀能力,是承重、保温、防水三合一的屋面板材,可用于大型工业厂房、仓库、公共设施等大跨度建筑和高层建筑的屋面。

章后小结

1. 砌墙砖分烧结砖和非烧结砖两大类。烧结砖有烧结普通砖、烧结多孔砖和烧结空心砖。非烧结砖种类很多,常用的有粉煤灰砖、混凝土普通砖。

2. 常用的砌块有普通混凝土小型砌块、轻骨料小型砌块、加气混凝土砌块和粉煤灰砌块等。

3. 墙用板材有水泥类板材、石膏类板材及复合墙板。

4. 屋面材料包括烧结类瓦材、水泥类瓦材、高分子复合瓦材及轻型复合屋面板材。

习 题

一、选择题

1. 砌筑有保温要求的非承重墙时宜选用( )。

A. 烧结空心砖　　B. 烧结多孔砖

C. 烧结黏土砖　　D. A+B

2. 欠火砖的特点是( )。

A. 色浅、敲击声脆、强度低　　B. 色浅、敲击声哑、强度低

C. 色深、敲击声脆、强度低　　D. 色深、敲击声哑、强度低

3. 下面哪些不是加气混凝土砌块的特点( )。

A. 轻质　　B. 保温隔热

C. 加工性能好　　D. 韧性好

4. 利用煤矸石和粉煤灰等工业废渣烧砖,可以( )

A. 减少环境污染　　B. 节约大片良田黏土

C. 节省大量燃料煤　　D. 大幅提高产量

5. 普通黏土砖评定强度等级的依据是( )

A. 抗压强度的平均值　　B. 抗折强度的平均值

C. 抗压强度的单块最小值　　D. 抗折强度的单块最小值

二、填空题

1. 目前所用的墙体材料有__________、__________和__________三大类。

2. 常用的墙用板材有__________、__________和__________三大类。

3. 烧结普通砖的外形为直角六面体,其标准尺寸为__________。

三、计算题

有一批烧结普通砖,强度测定值如下表,试确定该批砖的强度等级。

烧结普通砖强度测定值

砖编号	1	2	3	4	5	6	7	8	9	10
破坏荷载/kN	272	268	219	232	296	245	266	220	250	244

第10章 装配式混凝土结构材料

学习要求

了解装配式结构的概念、优点及局限性，熟悉装配式结构用连接材料、主材、辅助材料主要类型和使用要求。

【引入案例】

雄安新区市民服务中心项目主要包括规划展示中心、会议培训中心、政务服务中心、办公用房、周转用房、生活服务等，总建筑面积9.96万 m^2，总投资约8亿元，预制装配式结构，该项目从开工到全面封顶，仅历时1000 h。4 d完成3100 t基础钢筋的安装，5 d完成建设现场临建布置，7 d完成12万 m^3 土方开挖，10 d完成3.55万 m^3 基础混凝土浇筑，12 d完成现场临时办公和生活区搭建，25 d完成1.22万t钢构件安装，40 d项目7个钢结构单体全面封顶。

从上面我们可以看出装配式结构的一大特点就是可以提高作业效率，大大缩短建设周期。

10.1 装配式建筑概述

10.1.1 装配式建筑的定义

装配式建筑是指由预制构件通过可靠连接方式建造的建筑。装配式建筑有两个主要特征：第一，构成建筑的主要构件特别是结构构件是预制的；第二，预制构件的连接方式必须可靠。装配式结构吊装及构件见图10.1和图10.2。

图10.1 装配式结构吊装

图10.2 预制构件

10.1.2 装配式建筑分类

装配式建筑分类见表10.1。

表10.1 装配式建筑分类

类别	实例
按材料分类	装配式钢结构建筑、装配式混凝土建筑、装配式木结构建筑、装配式轻钢结构建筑、装配式复合材料建筑等
按高度分类	低层装配式建筑、多层装配式建筑、高层装配式建筑、超高层装配式建筑等
按结构体系分类	框架结构、框架-剪力墙结构、筒体结构、剪力墙结构、无梁板结构等
按预制率分类	超高预制率(大于70%)、高预制率(50% ~70%)、普通预制率(20% ~50%)、低预制率(5% ~20%)、局部使用预制构件(小于5%)

10.1.3 装配式混凝土结构建筑优缺点

装配式混凝土结构建筑较现浇混凝土结构具有以下优势:提升建筑质量,提高效率,节约材料,节能减排环保,节省劳动力,改善劳动条件,缩短工期,方便冬季施工等。

装配式结构的劣势:装配式结构建立在规格化、模数化、标准化基础上,适用于简洁建筑立面,对不规则、个性化突出的建筑不适用;装配式生产企业投资大,若不能形成规模,有较大风险;人才匮乏等问题。

10.2 连接材料

连接材料是装配式混凝土结构连接用的材料和部件,包括套筒、灌浆料、拉结件等。连接材料类型见表10.2。

表 10.2 连接材料类型

类型	品种
套筒	灌浆套筒、注胶套筒、机械套筒等
灌浆料	套筒灌浆料、浆锚搭接灌浆料、灌浆封堵材料等
拉结件	夹芯保温构件拉结件、钢筋锚固板等

10.2.1 套筒

灌浆套筒是金属材质圆筒,用于钢筋连接。两根钢筋从套筒两端插入,套筒内注满水泥基灌浆料,通过灌浆料的传力作用实现钢筋对接。灌浆套筒是装配式结构最主要的连接构件,用于纵向受力钢筋的连接。套筒的主要材质有碳素结构钢、合金结构钢、球墨铸铁。球墨铸铁灌浆套筒材料性能见表 10.3,钢灌浆套管材料性能见表 10.4。

表 10.3 球墨铸铁灌浆套筒材料性能

项目	性能指标
抗拉强度/MPa	≥550
断后伸长率/%	≥5
球化率	≥85
硬度/HBW	180 ~ 250

表 10.4 钢灌浆套管材料性能

项目	性能指标
屈服强度/MPa	≥355
抗拉强度/MPa	≥600
断后伸长率/%	≥16

机械连接套筒在混凝土结构中最为普遍,机械连接套筒与钢筋连接方式包括螺纹连接和挤压连接,螺纹连接最为常见。机械连接套筒见图 10.3。

注胶套筒常用于连接后浇区受力钢筋,特别适合连接纵向钢筋。注胶套筒见图 10.4。

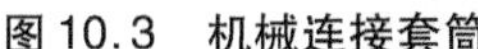

图10.3　机械连接套筒

图10.4　注胶套筒

10.2.2　灌浆料

钢筋连接用套筒灌浆料以水泥为基本材料并配以细骨料、外加剂及混合料，按照规定比例加水搅拌后，具有流动性、早强、高强及硬化后微膨胀的特点。浆锚搭接灌浆料同为水泥基灌浆料，但抗压强度低于套筒灌浆料。套筒灌浆料的技术性能参数见表10.5。

表10.5　套筒灌浆料的技术性能参数

项目		性能指标
流动度/mm	初始	≥300
	30 min	≥260
抗压强度/MPa	1 d	≥35
	3 d	≥60
	28 d	≥85
竖向膨胀率/%	3 h	≥0.02
	24 h与3 h膨胀率之差	0.02～0.5
氯离子含量/%		≤0.03
泌水率/%		0

灌浆堵缝材料用于灌浆构件的接缝，有橡胶条、木条、封堵速凝砂浆等，要求封堵密实、不漏浆，作业便利。

封堵速凝砂浆是一种高强度水泥基砂浆，强度大于50 MPa，应具有可塑性好、成型后不塌落、凝结速度快、干缩变形小等特点。

10.2.3　拉结件

夹芯保温板是两层钢筋混凝土板中间夹着保温材料的装配式混凝土结构外墙构件，两层板靠拉结件连接，包括非金属和金属两类。夹芯保温板构造见图10.5。

非金属拉结件材质由高强玻璃纤维和树脂制成，导热系数低，应用方便。金属拉结件材质多为不锈钢，力学性能及耐久性较好，但导热系数较高，价格也较高。

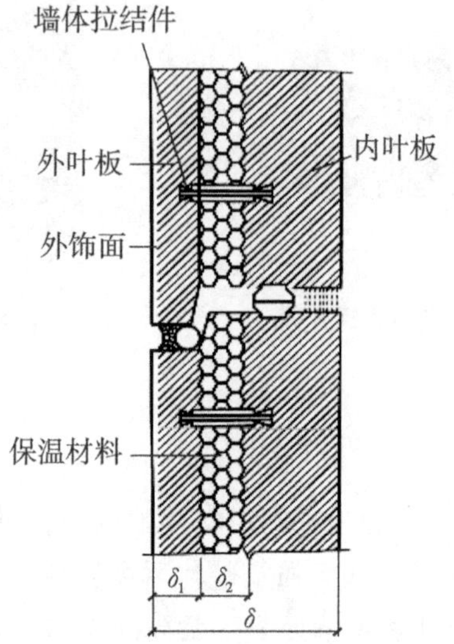

图 10.5 夹芯保温板构造图

10.3 结构主材

装配式混凝土结构主材包括混凝土及其原材料、钢筋、钢板等。

10.3.1 混凝土

我国行业标准《装配式混凝土结构技术规程》(JCJ 1—2014)要求：预制构件的混凝土强度等级不宜低于 C30；预应力混凝土预制构件的强度等级不宜低于 C40，且不应低于 C30；现浇混凝土的强度等级不应低于 C25。装配式混凝土结构建筑混凝土强度等级的起点比现浇混凝土建筑高了一个等级。

装配式结构混凝土用胶凝材料、骨料、水、混合料、外加剂等应符合现行国家标准要求。具体技术指标见第 4 章、第 5 章相关内容。

10.3.2 钢筋

在装配式混凝土结构构件中除了结构设计配筋外，还可能用于制作浆锚连接的螺旋加强筋、构件脱模或安装用的吊环、预埋件或内埋式螺母的锚固“胡子筋”等。

(1)钢筋性能应符合《混凝土结构设计规范》(GB 50010—2010)规定。

(2)《装配式混凝土结构技术规程》(JGJ 1—2014)规定：普通钢筋采用套筒灌浆连接或浆锚搭接连接时，应采用热轧带肋钢筋。

(3)装配式混凝土结构不宜使用冷拔钢筋。当用冷拉法调直钢筋时，必须控制冷拉率。

10.3.3　型钢和钢板

装配式混凝土结构中用到的钢材包括埋置在构件中的外挂墙板安装连接件等。钢材的力学性能指标应符合《钢结构设计规范》(GB 50017—2017)的规定。钢板宜采用Q235钢和Q345钢。

10.4　辅助材料

装配式混凝土建筑辅助材料是指与预制构件有关的材料和配件,包括螺母、吊钉、螺栓、密封胶及反打在构件表面的石材、瓷砖、表面漆料等。

螺母从材质上有金属、塑料等类型,金属螺母为高强度碳素结构钢或合金结构钢,在装配式混凝土结构中较为常见。塑料螺母多用于悬挂电线等重量不大的管线。

装配式结构用到的螺栓包括楼梯和外挂墙板安装用的螺栓,宜选用高强度螺栓或不锈钢螺栓。

密封及其他表面辅助材料应符合建筑工程国家现行标准的规定。

混凝土结构工程施工质量验收规范

章后小结

1. 连接材料是装配式混凝土结构连接用的材料和部件,包括套筒、灌浆料、拉结件等。
2. 装配式混凝土结构主材包括混凝土及其原材料、钢筋、钢板等。
3. 装配式混凝土建筑辅助材料是指与预制构件有关的材料和配件。

习　题

一、多选题

1. 以下关于装配式混凝土结构特点的说法,正确的有(　　)。

A. 生产效率高、产品质量好、安全环保　　B. 不利于冬期施工

C. 施工速度快、工程建设周期短　　D. 可有效减少施工工序

E. 能有效降低工程造价

2. 以下关于装配式钢结构特点的说法,错误的是(　　)。

A. 安装简便,速度快　　B. 自重较轻

C. 施工周期长　　D. 施工中对环境的污染较小

3. 关于装配式混凝土建筑特点的说法,正确的是(　)。

A. 有效缩短施工工期　　B. 能够提高施工质量

C. 绿色环保,清洁生产　　D. 与现浇式混凝土结构相比,整体性能更强

E. 施工工期长

4. 关于装配式装饰装修特征的说法，正确的有(　　)。

A. 模块化设计　　B. 标准化制作

C. 批量化生产　　D. 整体化安装

E. 集成化组织

5. 按照预制构件的预制部位不同，装配式混凝土建筑可以分为(　　)。

A. 全预制装配式结构　　B. 部分预制装配式结构

C. 预制装配整体式结构　　D. 半预制装配式结构

E. 预制现浇复合结构

二、思考题

1. 什么是装配式结构？具有哪些特征？

2. 装配式结构有哪些优点和不足？

3. 套筒灌浆料有哪些技术要求？

第三篇

建筑功能材料

第11章 防水材料

学习要求

了解沥青材料及其技术性质；熟悉防水涂料、密封材料类别及应用；掌握防水卷材的各项性能及使用环境。通过学习本章内容，能合理选择和使用防水材料，会检测和评定防水材料的质量。

【引入案例】

地铁天津站交通枢纽工程地下结构新型防水材料应用技术

地铁天津站交通枢纽工程主要组成为地面和地下工程，地面工程为京津、京沈高速铁路站，地下工程为城市公交系统站。地下工程为整体地下1～4层，最大开挖深度31 m，围护结构采用地下连续墙、钻孔桩、喷射混凝土等。由于近邻渤海和海河，地下水位高且有腐蚀性，要求防水标准高。因此，设计采用了3道防水防线（围护结构防水、外包柔性防水卷材防水、混凝土结构防水）和特殊部位防水，并采用国内外先进的防水材料。

该工程遵循"以防为主、刚柔并济、多道防水、因地制宜、综合治理"的原则，外包柔性防水层采用湿铺法改性沥青橡胶防水卷材（聚酯胎）、湿铺法及反应性丁基橡胶自粘型防水卷材；施工缝采用缓凝胀止水胶、钢片丁基橡胶止水带、注浆管、混凝土界面剂；特殊部位防水层使用高渗透改性环氧防水涂料处理等方法，最终实现了整体工程防水的不渗、不漏，达到了设计防水等级及标准要求。

防水材料是保证建筑工程能够防止雨水、地下水及其他水分渗透的材料，其质量的优劣直接影响到人们的居住环境、卫生条件及建筑物的使用寿命。近年来，我国的防水材料发展迅速，由传统的沥青基防水材料逐渐向高聚物改性沥青防水材料和合成高分子防水材料发展。本章主要介绍沥青、防水卷材、防水涂料和密封材料等防水材料。

11.1 沥青

沥青是由高分子碳氢化合物及其非金属（氧、氮、硫）衍生物所组成的复杂的有机混合物。常温下沥青呈固体、半固态或液体状态,不溶于水,但溶于多种有机溶剂中。沥青具有良好的黏结性、塑性、防水性和耐腐蚀性,在建筑工程中主要用作胶凝材料、防潮防水材料和防腐蚀材料,广泛用于屋面、地下防水工程、防腐蚀工程、道路路面工程。

沥青按产源分为地沥青和焦油沥青两大类。地沥青又分为天然沥青和石油沥青;焦油沥青分为煤沥青和页岩沥青等。石油沥青由于产量高及良好的技术性质,被较多地用于建筑工程中。下面以石油沥青为例介绍相关知识。

11.1.1 石油沥青的技术性质

(1)黏滞性

沥青的黏滞性(简称黏性)是指石油沥青在外力作用下抵抗变形的能力。液态石油沥青的黏性用黏度表示;半固体或固体沥青的黏性用针入度表示。黏度和针入度是沥青划分牌号的主要指标。

建筑工程中多用固态及半固态沥青,其针入度是以沥青在 25 ℃恒温水浴中,用规定质量的标准针(100 g),在规定时间(5 s)内插入沥青标准试样中的深度来表示,单位为度(1/10 mm 为 1 度),表示为 P(25 ℃,100 g,5 s)。针入度反映了石油沥青抵抗剪切变形的能力。针入度值越大,沥青流动性越大,黏度越小。见图 11.1。

(2)塑性

塑性指石油沥青在外力作用下产生变形而不破坏,除去外力后,仍能保持变形后的形状的性质。石油沥青的塑性用延度表示。延度越大,塑性越好。延度测定是把沥青注入延度仪试模内,将沥青制成“8”字形标准试件,将试件浸入 25 ℃的恒温水浴中,以 5 cm/min 的速度拉伸,用拉断时的伸长度来表示,单位为 cm。见图 11.2。

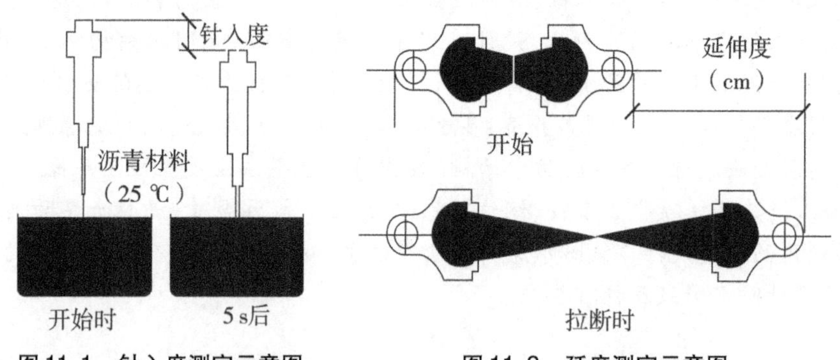

图 11.1 针入度测定示意图

图 11.2 延度测定示意图

(3)温度敏感性

温度敏感性是指石油沥青的黏滞性和塑性随温度升降而变化的性能。温度敏感性以软化点表示。沥青材料从固态转变到具有一定流动性的膏体时的临界温度称为沥青的软化点。软化点采用“环球法”测定。以试样受热软化,下坠至与下承板面接触时的温度为试样的软化点。软化点越高,表明沥青的耐热性越好,即温度稳定性越好。见图 11.3。

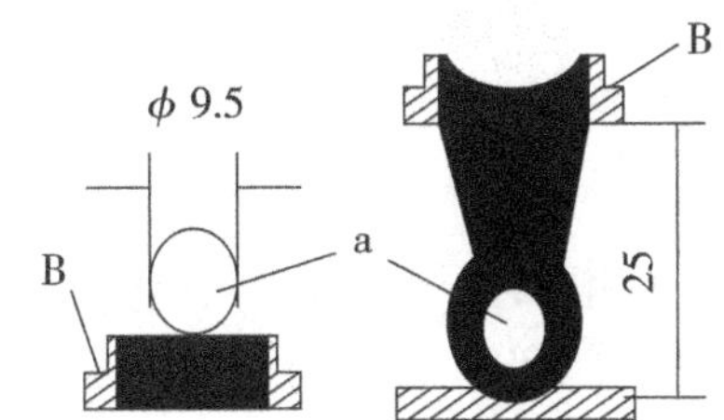

图11.3 软化点测定示意图(单位:mm)

沥青的针入度、延度、软化点是划分黏稠石油沥青牌号的主要依据,称为黏稠石油沥青的三大指标。

沥青的脆点是指沥青从高弹态向玻璃态转变的临界温度,该指标主要反映沥青的低温变形能力。寒冷地区应用的沥青应考虑沥青的脆点。沥青的软化点越高,脆点越低,则沥青的温度敏感性较小,低温不易脆裂。

(4)大气稳定性

大气稳定性是指石油沥青在热、阳光、氧气和潮湿等大气因素的长期综合作用下抵抗老化的性能。因此,随着使用时间的增长,石油沥青塑性将逐渐减小,黏性和硬脆性逐渐增大,直至最终出现脆裂现象。这个过程称为石油沥青的"老化"。大气稳定性即为沥青抵抗老化的性能。石油沥青的大气稳定性以沥青试样在160 ℃下加热蒸发5 h后质量蒸发损失百分率和蒸发后的针入度比表示。蒸发损失百分率越小,蒸发后针入度比值越大,则表示沥青的大气稳定性越好,即老化越慢。

11.1.2 石油沥青的选用

石油沥青按其用途分为建筑石油沥青、道路石油沥青和普通石油沥青。常用的是建筑石油沥青、道路石油沥青。应根据工程性质、气候条件和工程部位来选用不同品种和牌号的沥青,也可不同牌号沥青掺配使用。

建筑石油沥青按针入度分为10号、30号和40号三个牌号,主要用来制造各种防水卷材、防水涂料和沥青胶等防水材料,用于屋面及地下防水、沟槽防水、管道防腐等工程。对于屋面防水工程,为了防止夏季流淌,沥青的软化点应比当地屋面最高温度高20~25 ℃。

道路石油沥青主要用于道路路面或车间地面等工程,一般拌制成沥青混合料使用,还可作密封材料和黏结剂以及沥青涂料等。

11.2 防水卷材

防水卷材是建筑工程中重要的防水材料之一。根据其主要防水组成材料分为沥青防水卷材、高聚物改性沥青防水卷材和合成高分子防水卷材等三大类。沥青防水卷材是传统的防水材料,胎体材料已有很大的发展,其温度稳定性差、延伸率小,难以适应基层开裂及伸缩,目前很少使用。高聚物改性沥青防水卷材和合成高分子防水卷材性能优异,代表了新型防水卷材的发展方向。

11.2.1 防水卷材的一般性能

(1)不透水性

即防水卷材在一定压力水作用下,持续一段时间,卷材不透水的性能。如改性沥青防水卷材可达到0.2~0.3 MPa下持续30 min时间不出现渗漏。

(2)拉力

即防水卷材拉伸时所能承受的最大拉力。其能承受的拉力与卷材胎芯和防水材料抗拉强度有关。

(3)延伸率

即防水卷材最大拉力时的伸长率。延伸率愈大,防水卷材塑性愈好,使用中能缓解卷材承受的拉应力,使卷材不易开裂。

(4)耐热度

在高温作用下卷材易发生滑动,影响防水效果。因而,常常要求防水卷材应有一定的耐热度。

(5)低温柔性

即防水卷材在低温时的塑性变形能力。防水卷材中的有机物在温度发生变化时,其状态也会发生变化,通常是温度愈低,其愈硬且愈易开裂。因此,要求防水卷材应有一定的低温柔韧性。

(6)耐久性

即防水卷材抵抗自然物理化学作用的能力。防水卷材的耐久性一般用人工加速其老化的方法来评定。

(7)撕裂强度

即反映防水卷材与基层之间、卷材与卷材之间的黏结能力。撕裂强度高、卷材与基层之间、卷材与卷材之间黏接牢固,不易松动,可保证防水效果。

11.2.2 常用防水卷材

(1)高聚物改性沥青防水卷材

高聚物改性沥青防水卷材是指以纤维织物或塑料薄膜为胎体,以合成高分子聚合物改性沥青为涂盖层,以粉状、粒状、片状或薄膜材料为防粘隔离层制成的防水卷材。卷材宽1000 mm,聚酯胎卷材厚度为3 mm、4 mm和5 mm;玻纤胎卷材厚度为3 mm和4 mm,玻纤增强聚酯毡厚度为5 mm。每卷面积为15 m、10 m、7.5 m三种。

弹性体改性沥青防水卷材物理力学性能见表11.1。

(2)合成高分子防水卷材

合成高分子防水卷材是以合成橡胶、合成树脂或二者的共混体为基料,加入适量的助剂和填充料,经过特定的工序制作而成。合成高分子防水卷材具有拉伸强度高、断裂伸长率大、抗撕裂强度高、耐热性能好、低温柔韧性好、耐腐蚀、耐老化以及可以冷施工等一系列优异性能,是我国大力发展的新型高档防水卷材。

表 11.1 弹性体改性沥青防水卷材物理力学性能(GB 18242—2008)

<table>
<tr><th rowspan="3">序号</th><th rowspan="3" colspan="2">项目</th><th colspan="5">指标</th></tr>
<tr><th colspan="2">Ⅰ</th><th colspan="3">Ⅱ</th></tr>
<tr><th>PY</th><th>G</th><th>PY</th><th>G</th><th>PYG</th></tr>
<tr><td rowspan="4">1</td><td rowspan="4">可溶物含量/(g/m²),≥</td><td>3 mm</td><td colspan="4">2100</td><td>—</td></tr>
<tr><td>4 mm</td><td colspan="4">2900</td><td>—</td></tr>
<tr><td>5 mm</td><td colspan="5">3500</td></tr>
<tr><td>试验现象</td><td>—</td><td>胎基不燃</td><td>—</td><td>胎基不燃</td><td>—</td></tr>
<tr><td rowspan="3">2</td><td rowspan="3">耐热性</td><td>℃</td><td colspan="2">90</td><td colspan="3">105</td></tr>
<tr><td>mm,≤</td><td colspan="5">2</td></tr>
<tr><td>试验现象</td><td colspan="5">无流淌、滴落</td></tr>
<tr><td rowspan="2">3</td><td rowspan="2" colspan="2">低温柔性/℃</td><td colspan="2">-20</td><td colspan="3">-25</td></tr>
<tr><td colspan="5">无裂缝</td></tr>
<tr><td>4</td><td colspan="2">不透水性 30 min</td><td>0.3 MPa</td><td>0.2 MPa</td><td colspan="3">0.3 MPa</td></tr>
<tr><td rowspan="3">5</td><td rowspan="3">拉力</td><td>最大峰拉力(N/50 mm),≥</td><td>500</td><td>350</td><td>800</td><td>500</td><td>900</td></tr>
<tr><td>次大峰拉力(N/50 mm),≥</td><td>—</td><td>—</td><td>—</td><td>—</td><td>900</td></tr>
<tr><td>试验现象</td><td colspan="5">拉伸过程中,试件中部无沥青涂盖层开裂或胎基分离现象</td></tr>
<tr><td rowspan="2">6</td><td rowspan="2">延伸率</td><td>最大峰时延伸率/%</td><td>30</td><td rowspan="2">—</td><td>40</td><td rowspan="2">—</td><td>—</td></tr>
<tr><td>第二峰时延伸率/%</td><td>—</td><td>—</td><td>15</td></tr>
<tr><td rowspan="2">7</td><td rowspan="2">浸水后质量增加/%,≤</td><td>PE、S</td><td colspan="5">1.0</td></tr>
<tr><td>M</td><td colspan="5">2.0</td></tr>
<tr><td rowspan="6">8</td><td rowspan="6">热老化</td><td>拉力保持率/%,≥</td><td colspan="5">90</td></tr>
<tr><td>延伸率保持率/%,≥</td><td colspan="5">80</td></tr>
<tr><td rowspan="2">低温柔性/℃</td><td colspan="2">-15</td><td colspan="3">-20</td></tr>
<tr><td colspan="5">无裂痕</td></tr>
<tr><td>尺寸变化率/%,≤</td><td>0.7</td><td>—</td><td>0.7</td><td>—</td><td>0.3</td></tr>
<tr><td>质量损失/%,≤</td><td colspan="5">1.0</td></tr>
<tr><td>9</td><td>渗油性</td><td>张数,≤</td><td colspan="5">2</td></tr>
<tr><td>10</td><td colspan="2">接缝剥离强度/(N/mm),≥</td><td colspan="5">1.5</td></tr>
<tr><td>11</td><td colspan="2">钉杆撕裂强度[a]/N,≥</td><td colspan="4">—</td><td>300</td></tr>
<tr><td>12</td><td colspan="2">矿物粒料黏附性[b]/g,≤</td><td colspan="5">2.0</td></tr>
<tr><td>13</td><td colspan="2">卷材下表面沥青涂盖层厚度[c]/mm,≥</td><td colspan="5">1.0</td></tr>
<tr><td rowspan="4">14</td><td rowspan="4">人工气候加速老化</td><td>外观</td><td colspan="5">无滑动、流淌、滴落</td></tr>
<tr><td>拉力保持率/%,≥</td><td colspan="5">80</td></tr>
<tr><td rowspan="2">低温柔性/℃</td><td colspan="2">-15</td><td colspan="3">-20</td></tr>
<tr><td colspan="5">无裂痕</td></tr>
</table>

a. 仅适用于单层机械固定施工方式卷材。

b. 仅适用于矿物粒料表面卷材。

c. 仅适用于热熔施工卷材。

常用防水卷材的特性及应用见表 11.2。

表 11.2 防水卷材的特性及应用

塑性体改性沥青防水卷材性能

类别	名称	特性	应用
高聚物改性沥青防水卷材	SBS 改性沥青防水卷材(弹性体)	弹性好,不透水性能强,抗拉强度高,延伸率大,低温柔性好,施工方便	广泛适用于各类建筑防水、防潮工程,尤其适用于寒冷地区和结构变形频繁的建筑物防水,一般采用热熔法施工
	APP 改性沥青防水卷材(塑性体)	塑性好,不透水性能强,抗拉强度高,延伸率大,耐高温性能好,施工方便	广泛适用于各类建筑防水、防潮工程,尤其适用高温或有强烈太阳辐射地区的建筑物防水,一般采用冷粘法或自粘法施工
合成高分子防水卷材	三元乙丙橡胶防水卷材	优良的耐候性、耐臭氧性和耐热性,抗老化性能好、质量轻、抗拉强度高、断裂伸长率大、低温柔韧性好、耐酸碱腐蚀	用于防水要求高、耐久年限长的建筑工程的防水,一般采用冷粘法或自粘法施工
	聚氯乙烯(PVC)防水卷材	抗拉强度高、断裂伸长率大、低温柔韧性好、使用寿命长、尺寸稳定、耐热、耐腐蚀性能好	用于新建和翻修工程的屋面防水,也适用于水池、堤坝等防水工程,可采用冷粘法施工

11.2.3 防水卷材的选用

防水卷材可按合成高分子防水卷材和高聚物改性沥青防水卷材选用,其外观质量和品种、规格应符合《屋面工程技术规范》(GB 50345—2012)的有关规定。高聚物改性沥青防水卷材每道卷材防水层最小厚度选用见表 11.3。

聚氯乙烯(PVC)防水卷材标准

表 11.3 高聚物改性沥青防水卷材每道卷材防水层最小厚度选用(GB 50345—2012)

防水等级	高聚物改性沥青防水卷材/mm			合成高分子防水卷材/mm
	聚酯胎、玻纤胎、聚乙烯胎	自粘聚酯胎	自粘无胎	
Ⅰ级	3.0	2.0	1.5	1.2
Ⅱ级	4.0	3.0	2.0	1.5

注:防水等级Ⅰ级——重要建筑和高层建筑,两道防水设防;Ⅱ级——一般建筑,一道防水设防。

11.2.4 卷材的贮存、运输

防水材料的贮存和运输应符合以下要求:

(1)卷材必须按不同品种标号、规格、等级分别堆放,不得混杂在一起,以避免误用而造成质量事故。

(2)卷材有一定的吸水性,但施工时表面则要求干燥,否则施工后可能出现起鼓和黏结不良现象,应避免雨淋和受潮。

(3)卷材应贮存在阴凉通风的室内,避免雨淋、日晒和受潮,严禁接近火源,沥青防水卷材的贮存环境温度不得高于45 ℃,卷材宜直立堆放,其高度不宜超过两层,并不得倾斜或横压,短途运输平放不宜超过四层。

(4)卷材在贮存和运输中应避免与化学介质及有机溶剂等有害物质接触,以防止卷材被某些化学介质及溶剂溶解或腐蚀。

11.3 防水涂料

防水涂料是指常温下呈黏稠状态,涂布在结构物表面,经溶剂或水分挥发,或各组分间的化学反应,形成具有一定弹性的连续、坚韧的薄膜,使基层表面与水隔绝,起到防水和防潮作用的材料。广泛应用于工业与民用建筑的屋面防水工程、地下混凝土工程的防潮防渗等。

防水涂料按成膜物质的主要成分分为沥青基防水涂料、高聚物改性沥青防水涂料和合成高分子防水涂料三类;按涂料的介质不同,又可分为溶剂型、水乳型和反应型三类。

常用防水涂料特性及应用见表11.4。

表11.4 常用防水涂料特性及应用

<table>
<tr><th>类别</th><th colspan="2">名称</th><th>特性</th><th>应用</th></tr>
<tr><td rowspan="2">沥青基防水涂料</td><td colspan="2">冷底子油</td><td>黏度小、与基底表面结合牢固</td><td>作为某些防水材料的配套材料使用</td></tr>
<tr><td colspan="2">乳化沥青</td><td>价格便宜,可以冷施工,还可以在潮湿的基层上使用,具有较大的黏结力</td><td>可用于建筑屋面及洞库防水、金属材料表面防腐、农业土壤改良等</td></tr>
<tr><td rowspan="4">高聚物改性沥青防水涂料</td><td colspan="2">氯丁橡胶沥青防水涂料</td><td>涂膜强度大、延伸性好,能充分适应基层的变化,耐热性和低温柔韧性优良,耐臭氧老化,抗腐蚀,阻燃性好,不透水</td><td>适用于工业和民用建筑物的屋面防水、墙身防水和楼面防水、地下室和设备管道的防水、旧屋面的维修和补漏</td></tr>
<tr><td rowspan="2">再生橡胶改性沥青防水涂料</td><td>JG-Ⅰ</td><td>高温不流淌,低温不脆裂,操作简便</td><td rowspan="2">适用于工业与民用建筑混凝土基层屋面防水;以珍珠岩为保温层的保温屋面防水;地下混凝土建筑防潮以及旧油毡屋面翻修和刚性自防水屋面的维修等</td></tr>
<tr><td>JG-Ⅱ</td><td>无毒、无味、不燃,可在常温下冷施工作业,并可在稍潮湿无积水的表面施工,涂膜有一定的柔韧性和耐久性,材料来源广,价格低</td></tr>
<tr><td colspan="2">SBS改性沥青防水涂料</td><td>低温柔韧性好、抗裂性强、黏结性能优良、耐老化性能好,能用于任何复杂的基层,防水性能好,可冷施工作业</td><td>适用于复杂基层的防水防潮施工,特别适合于寒冷地区的防水施工</td></tr>
</table>

续表 11.4

类别	名称	特性	应用
合成高分子防水涂料	聚氨酯防水涂料	具有较大的弹性和延伸率、较好的抗裂性、耐侯性、耐酸碱性、耐老化性	可用作金属管道、防腐地坪、防腐池的防腐处理等
	丙烯酸防水涂料	优良的耐候性、耐热性和耐紫外线性,涂膜柔软,弹性好,能适应基层一定的变形开裂,温度适应性强	适用于各类建筑工程的防水及防水层的维修和保护层等
	硅橡胶防水涂料	良好的防水性、抗渗透性、成膜性、弹性、黏结性、延伸性和耐高低温特性,适应基层变形的能力强	可刷涂、喷涂或滚涂,广泛使用于各类工程尤其是地下工程的防水、防渗和维修

【知识链接】

顶楼漏水解决方法

解决办法:

1. 对该区域重新设置适宜于外露使用的防水层。防水材料如果是选用的防水卷材,对卷材搭接处进行密封处理,实现无缝防水。

2. 不能找到漏水点的屋顶,建议重做防水。选用防水浆料可进行多次涂刷,多道设防。完整的防水层涂刷两到三次,然后涂刷水泥砂浆作保护层。待保护层干固后,再进行一次完整的防水层涂刷,再用水泥砂浆作保护层。然后再涂刷柔韧型防水浆料。如此可反复 3 ~4 次,以保证防水效果。

11.4 密封材料

建筑密封材料(又称嵌缝材料)是指能够承受位移以达到气密、水密目的而嵌入建筑接缝中的材料。密封材料应具有良好的黏结性、耐老化性和温度适应性;并具有一定的强度、弹塑性,能够长期经受被粘构件的收缩与振动而不破坏。用于连接和填充建筑上的各种接缝、裂缝和变形缝。

建筑密封材料可分为定形和非定形材料。定形密封材料是具有一定形状和尺寸的密封材料,如止水带、密封条(带)、密封垫等。非定形密封材料,又称密封胶、密封膏,有溶剂型、乳剂型或化学反应型三类。建筑密封材料是黏稠状的密封材料,如沥青嵌缝油膏、聚氯乙烯建筑防水接缝材料、建筑窗用弹性密封剂等。

常见密封材料特性及应用见表 11.5。

表11.5 常见密封材料特性及应用

类别	名称	特性	应用
建筑防水密封膏	建筑防水沥青嵌缝油膏	黏结性好、延伸率高及良好的防水防潮性能	可用作预制大型屋面板四周及槽形板、空心板端头、缝等处的嵌缝材料;大板、金属、墙板的嵌缝密封材料以及混凝土跑道、车道、桥梁和各种构筑物伸缩缝、沉降缝等处的嵌填材料
	聚硫建筑密封膏	黏结力强、抗撕裂性强,耐候性、耐水性、低温柔韧性良好,适应温度范围宽	适用于各类工业与民用建筑的防水密封,特别是长期浸泡在水中的工程、严寒地区的工程及受疲劳荷载作用的工程
	硅酮密封胶	优异的耐热性、耐寒性、耐候性和耐水性、耐拉压疲劳性强,与各种材料都有较好的黏结性能	F类适用于预制混凝土墙板、水泥板、大理石板的外墙接缝,混凝土和金属框架的黏结,卫生间和公路接缝的防水密封;G类适用于镶嵌玻璃和建筑门、窗的密封
	丙烯酸酯密封膏	良好的耐候性、耐高温性,黏结强度高,延伸率大,耐酸碱性好	主要用于屋面、墙板、门、窗的嵌缝
	聚氨酯密封膏	模量小,延伸率大,弹性高,黏结性好,耐低温,耐水,耐酸碱,抗疲劳,使用年限长	广泛用于屋面板、外墙板、混凝土建筑物沉降缝、伸缩缝的密封,阳台、窗框、卫生间等的防水密封以及排水管道、蓄水池、游泳池、道路桥梁等工程的接缝密封与渗漏修补
合成高分子止水带(条)		具有柔韧性、耐用性、抗腐蚀性、变形性能优异等特点	主要用于工业及民用建筑工程的地下及屋顶结构缝防水工程;闸坝、桥梁、隧洞、溢洪道等水工建筑物变形缝的防漏止水;闸门、管道的密封止水等

【例11.1】工程实例分析

新交工住房要做好卫生间防水

现象:新房交工后,小区业主大部分开始进行装修。通常走好水电就要进行卫生间的防水施工。目前市场上卫生间的防水做法有多种,有的只需要涂刷涂料,有的需要用到丙纶布卷材和堵漏王。等防水材料自然风干后还需要做闭水试验检查防水效果。

分析:卫生间在使用中其地面及四周的墙壁经常会受到水的浸泡和溅湿,会对地面和墙体结构产生不良影响,甚至会使水分渗透楼板,导致楼下住户屋顶漏水。因此,虽然在工程中卫生间地面已做了防水层施工，但交工后装修房屋时，卫生间的防水仍需进行进一步处理和巩固。

防治措施：目前采用的卫生间防水方法通常有两种：一是选择防水涂料，常用的有JS水泥基防水涂料或者聚氨酯防水涂料，按照说明将涂料调配好，将需要施工的各个角落涂上，尤其是在死角位置，要重复涂抹，保证死角不遗漏，然后等待风干，做闭水试验。另一种是使用合成高分子防水卷材，如丙纶布，根据施工需求剪裁相应大小的丙纶布，一层压着一层，相接的地方有重叠，在上面浇灌调制好的专用胶粉，再用刷子刷均匀，尤其在接缝处和折叠处，一定要保证胶水全覆盖，遇到下水管时要用剪刀挖孔，套上去，然后用堵漏王（防水密封膏）覆盖到未遮盖的地方，等待防水自然风干。

章后小结

1. 石油沥青的技术性质：黏滞性、塑性、温度敏感性、大气稳定性

2. (1) 防水卷材的一般性能；

(2) 常用防水卷材

- 高聚物改性沥青防水卷材
  - 弹性体改性沥青防水卷材（SBS防水卷材）
  - 塑性体改性沥青防水卷材（APP防水卷材）
- 合成高分子防水卷材
  - 三元乙丙橡胶防水卷材
  - 聚氯乙烯（PVC）防水卷材

(3) 防水卷材的选用和贮存运输。

3. 防水涂料
   - 沥青基防水涂料
   - 高聚物改性沥青防水涂料
   - 合成高分子防水涂料
   - 水泥基防水涂料

   性能及应用

4. 建筑防水密封膏的种类、性能及应用；合成高分子止水带（条）的种类及应用。

习　题

一、选择题

1. 与沥青油毡比较，三元乙丙橡胶防水卷材具有（　　）的特点。

A. 耐老化性好，拉伸强度低　　B. 耐热性好，低温柔性差

C. 耐老化性差，拉伸强度高　　D. 耐热性好，低温柔性好

2. 下列不属于高聚物改性沥青防水卷材的是（　　）。

A. SBS防水卷材　　B. 石油沥青油毡

C. 铝箔塑胶油毡　　D. APP防水卷材

3. 下列哪种材料属于非定形密封材料（　　）。

A. 止水带　　B. 密封条

C. 密封垫　　D. 密封膏

4. 下列哪项不属于防水卷材的性能(　　)。

A. 延伸率　　B. 耐热度

C. 抗冻性　　D. 耐久性

5. 石油沥青的塑性,通常用(　　)表示。

A. 针入度　　B. 黏度

C. 延度　　D. 软化点

6. 软化点反映了沥青的(　　)性能。

A. 黏滞性　　B. 脆性

C. 塑性　　D. 温度敏感性

7. 有强烈太阳辐射的高温地区的建筑物防水、防潮工程,一般使用下列哪种防水卷材(　　)。

A. SBS 改性沥青防水卷材　　B. APP 改性沥青防水卷材

C. 三元乙丙橡胶防水卷材　　D. 聚氯乙烯防水卷材

8. 防水卷材在低温时的塑性变形能力是指卷材的(　　)性能。

A. 拉力　　B. 延伸率

C. 低温柔性　　D. 伸长率

二、填空

1. 防水材料可分为________、________、________三类。

2. 按介质不同,防水涂料分为________、________和________三类。

3. 高聚物改性沥青防水卷材是指以________为胎体,以________为涂盖层,以粉状、粒状、片状或薄膜材料为________制成的防水卷材。

4. ________、________和________是沥青划分牌号的主要指标。

5. 常用合成高分子防水卷材有________和________。

6. 防水涂料按成膜物质的主要成分分为________、________和________三类。

第12章 保温节能材料

学习要求

了解保温材料的分类、发展趋势，熟悉保温材料的特点，掌握保温板、网格布、胶黏剂、抹面剂、锚栓的用途。

【引入案例】

世界上最新进的保温材料

VIP(vacuum insulation panel)真空绝热板是目前世界上最先进的高效保温材料。其导热系数仅为 0.004 W/(m · K)以下。真空绝热板采用真空隔热原理，由芯部隔热材料和封闭的隔气薄膜组成，填充芯材与真空保护表层严密复合，可有效避免空气对流引起的热传递，导热系数大幅度降低，从而达到绝佳的保温效果。

VIP 真空绝热板主要应用于保温绝热、防火阻燃，如冰箱、医疗柜、船载工程冷库、矿难救生舱、建筑外墙、内墙保温等。

12.1 保温材料概述

12.1.1 保温材料的分类

保温材料一般是指导热系数≤0.12 的材料，根据使用位置分为外墙保温材料、内墙保温材料和屋面保温材料；根据内在成分分为无机保温材料和有机保温材料。

无机保温隔热材料，具有不腐烂、不燃烧、耐高温等特点，一般是用矿物质原料制成，呈散粒状、纤维状或多孔状构造，可制成板、片、卷材或套管等形式的制品，包括石棉、岩棉、矿渣棉、玻璃棉、膨胀珍珠岩、膨胀蛭石、多孔混凝土等。

有机保温隔热材料，是由有机原料制成的保温隔热材料，包括软木、纤维板、刨花板、聚苯乙烯泡沫塑料、脲醛泡沫塑料、聚氨酯泡沫塑料、聚氯乙烯泡塑料等。泡沫型保温材料主要包括聚合物发泡型保温材料和泡沫石棉保温材料。

12.1.2 保温材料的特点

12.1.2.1 无机保温材料的特点

(1)适用范围广,阻止冷热桥产生

无机保温材料保温系统适用于各种墙体基层材质,各种形状复杂墙体的保温;全封闭、无接缝、无空腔,没有冷热桥产生。

(2)有极佳的温度稳定性和化学稳定性

无机保温材料保温系统系由纯无机材料制成,不存在老化问题,与建筑墙体同寿命。

(3)施工简便,综合造价低

无机保温材料保温系统可直接抹在毛坯墙上,其施工方法与水泥砂浆找平层相同。

(4)绿色环保无公害

无机保温材料保温系统无毒、无味、无放射性污染,对环境和人体无害,具有良好的环境保护效益。

(5)防火阻燃安全性好,用户放心

无机保温材料为防火A级不燃烧材料。可广泛用于对防火要求严格场所。还可作为放火隔离带施工,提高建筑防火标准。

(6)热工性能好

无机保温材料保温系统蓄热性能远大于有机保温材料,可用于南方的夏季隔热。

(7)防霉效果好

可以防止冷热桥传导,防止室内结露后产生的霉斑。

12.1.2.2 有机保温材料的特点

聚合物发泡型保温材料吸收率小、保温效果稳定、导热系数低、在施工中没有粉尘飞扬、易于施工,正处于推广应用时期;泡沫石棉保温材料密度小、保温性能好、施工方便,推广发展较为稳定,应用效果也较好,但同时也存在一定的缺陷:如泡沫棉容易受潮,浸于水中易溶解,弹性恢复系数小,不能接触火焰和在穿墙管部位使用等。目前在市面上应用较少。

12.1.3 保温材料的发展趋势

(1)轻质化材料

在同种材质下,保温隔热材料的密度越小,隔热效果越好。此外,轻质化材料不会增加建筑围护结构的额外负担,降低了由于结构负荷过大而造成渗漏的可能性。

(2)憎水性材料

憎水性以制品抵抗环境中水分的能力为指标,反映材料耐水渗透的能力。除少数有机泡沫塑料,大部分保温隔热材料吸水后导热系数大大提高,隔热效果降低。为避免材料吸水,需要利用高效憎水剂来改变硅酸盐材料的表面特性,目前使用广泛的是改性有机硅憎水剂。在今后保温隔热材料的研发中,开发具有高效憎水性能的材料,将是一大发展趋势。

(3)超效绝热材料

目前,超效绝热材料主要分真空绝热材料和纳米孔材料两种。使用真空材料或者将材料固体部分的厚度降低,甚至将孔隙大小限制在纳米级,就可以消除空气的对流和透红外线性能,减小热传导和对流的发生,提高材料的隔热效果。

12.2 保温板

12.2.1 绝热用模塑聚苯乙烯泡沫塑料(EPS)

12.2.1.1 分类

绝热用模塑聚苯乙烯塑料按密度分为Ⅰ、Ⅱ、Ⅲ、Ⅳ、Ⅴ、Ⅵ类,根据燃烧性能,分为阻燃型和普通型。

12.2.1.2 特点及应用

绝热用模塑聚苯乙烯泡沫塑料

绝热用模塑聚苯乙烯塑料具有质轻、价廉、导热率低、吸水性小、电绝缘性能好、隔音、防震、防潮、成型工艺简单等。广泛用于建筑、保温、包装、冷冻、日用品,工业铸造等领域。也可用于展示会场、商品 橱、广告招牌及玩具之制造。为适应国家建筑节能要求主要应用于墙体外墙外保温、外墙内保温、地暖。

不同类别产品的推荐用途:第Ⅰ类产品应用时不承受负荷,如夹芯材料,墙体保温材料;第Ⅱ类产品承受较小负荷,如地板下面隔热材料;第Ⅲ类产品承受较大负荷,如停车平台隔热材料;第Ⅳ、Ⅴ、Ⅵ类产品用于冷库铺地材料、公路地基材料及需要较高压缩强度的材料。

12.2.2 绝热用挤塑聚苯乙烯泡沫塑料(XPS)

绝热用挤塑聚苯乙烯泡沫塑料

绝热用挤塑聚苯乙烯泡沫塑料是以聚苯乙烯树脂为原料,通过挤塑压出成型而制得的高密度硬质泡沫塑料板。

建筑物屋面保温、钢结构屋面、建筑物墙体保温、建筑物地面保湿、广场地面、地面冻胀控制、中央空调通风管道、机场跑道隔热层、高速铁路路基等。

12.2.3 绝热用岩棉、矿渣棉及其制品

岩矿棉吸声板不仅吸声性能优良,具有优异的保温和装饰效果,并且轻质、不燃、不霉、不蛀、吸水率低,故是一种多功能的新型装饰材料,广泛用于建筑墙体、屋顶的保温隔音;建筑隔墙、防火墙、防火门和电梯井的防火和降噪。

建筑外墙外保温用岩棉制品

12.3 网格布

网格布是以中碱或无碱玻璃纤维机织物为基础,经耐碱涂层处理而成。该产品强度高、耐碱性好,在保温系统中起着重要的结构作用,主要防止裂缝的产生。由于其优良的

抗酸、碱等化学物质腐蚀的性能以及经纬向抗拉强度高,能使外墙保温系统所受的应力均匀分散,能避免由于外冲力的碰撞、挤压所造成的整个保温结构的变形,使保温层有很高的抗冲力强度,并且易于施工和质量控制,在保温系统中起到“软钢筋”的作用。

网格布应使用防潮材料密封,确保产品在储存于运输过程中避免受潮和损坏。每一包装中应放入同一种类产品,特殊包装由供需双方商定。应采用干燥有遮篷的运输工具运输,运输过程中应避免受潮和机械损伤。应放置在干燥、通风的室内贮存。

耐碱玻璃纤维网格布

12.4　锚栓

外墙保温锚栓,由膨胀件和膨胀套管组成,或仅由膨胀套管组成,依靠膨胀产生的摩擦力或机械锁定作用链接保温系统与基层墙体的机械固定件。见图 12.1。

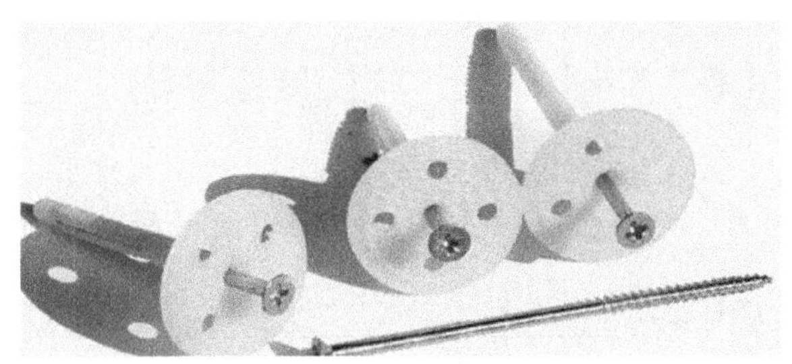

图 12.1　锚栓

外墙保温用锚栓

在外墙外保温板材安装中,为达到系统更安全,根据保温板材质或饰面类型等,常采用多种类型外墙保温锚栓、金属托架(或角钢金属托架)或连接件等措施来辅助加强。

通过螺栓的扩张部分被压入钻孔壁内产生的摩擦力以及几何形状的螺栓口与外墙保温锚栓基础和钻孔形状相互配合产生的共同作用来承受荷载。

12.5　胶黏剂

黏结砂浆由水泥、石英砂、聚合物胶结料配以多种添加剂经机械混合均匀而成。主要用于黏结保温板的黏结剂,亦被称为聚合物保温板黏结砂浆。

黏结砂浆采用优质改性特制水泥及多种高分子材料、填料经独特工艺复合而成,保水性好,粘贴强度高;同基层墙体和聚苯板等保温板均有较强的黏接作用;且耐水耐冻融,耐老化性能好;施工中不滑坠。具有优良的耐候、抗冲击和防裂性能。主要用于外墙保温系统中保温材料(EPS、XPS 板)与墙面的黏结。

墙体保温用膨胀聚苯乙烯板胶黏剂

12.6　抹面剂

抹面砂浆是由水泥、石英砂、聚合物胶结料配以多种添加剂经机械混合均匀而成。抹面剂主要用于薄抹灰保温系统中保温层外的抗裂保护层,亦称为聚合物抗裂抹面剂。主要施工于各种墙体保温面层，形成优异抗裂防渗面层，有利于保护保温基层的综合性能，提高保温面层的亲和性；抹面层不承受荷载。

外墙外保温用聚苯乙烯板抹面胶浆

章后小结

1. 保温板分为绝热用模塑聚苯乙烯泡沫塑料(EPS)板、绝热用挤塑聚苯乙烯泡沫塑料(XPS)板、绝热用岩棉、矿渣棉板。

2. 网格布具有强度高、耐碱性好等特点，在保温系统中起到"软钢筋"的作用。

保温材料性能检测

3. 外墙保温锚栓，由膨胀件和膨胀套管组成，或仅由膨胀套管组成，依靠膨胀产生的摩擦力或机械锁定作用链接保温系统与基层墙体的机械固定件。

4. 黏结砂浆具有保水性好，粘贴强度高等特点，用于外墙保温系统中保温材料(EPS、XPS板)与墙面的黏结。

5. 抹面剂主要用于薄抹灰保温系统中保温层外的抗裂保护层。

习　题

1. 保温材料的发展趋势为________、__________、__________。

2. 绝热用模塑聚苯乙烯塑料按密度分为______、____、____、____、____、____类。根据燃烧性能，分为______和______。

3. 绝热用模塑聚苯乙烯塑料主要用于________、________、________等。

4. 绝热用挤塑聚苯乙烯泡沫塑料主要用于________、__________、__________等。

5. 胶黏剂具有________、______和______性能。

6. 抹面砂浆是由______、______、________配以多种添加剂经机械混合均匀而成。

第13章 吸声隔声材料

学习要求

通过本章学习，了解吸声隔声原理、常用吸声隔声材料的种类及应用。

【引入案例】

广州大剧院声学之美

广州大剧院，被称为“圆润双砾”，共设三层观众席，呈“双手环抱”的形状，“满天星”式的天花板，厅内不对称的布局、流线形的墙体，共同营造出一个震撼且近乎完美的音响效果。在歌剧厅材料的使用上，除了底面铺设的厚实木地板外，广州大剧院歌剧厅在顶面（天花）和墙面全部采用了玻璃纤维增强石膏复合材料（GRG），GRG 具有良好的可塑性和耐用性，也有利于实现空间界面的流畅衔接和良好的声学效果。为了进一步增强音质效果，设计师还在墙面上添加了凹槽结构。为了良好的声扩散效果，歌剧院的墙面和顶面还设置了“猫爪印”，它们和“满天星”的照明效果搭配，光影变幻中，给人迷人而梦幻的感觉。

13.1 吸声与隔声

吸声处理所解决的目标是减弱声音在室内的反复反射，也即减弱室内的混响声，缩短混响声的延续时间即混响时间；在连续噪声的情况下，这种减弱表现为室内噪声级的降低，此点是对声源与吸声材料同处一个建筑空间而言。

隔声处理则着眼于隔绝噪声自声源房间向相邻房间的传播，以使相邻房间免受噪声的干扰。由此可以看出，利用隔声材料或隔声构造隔绝噪声的效果比采用吸声材料的降噪效果要高得多。这说明，当一个房间内的噪声源可以被分隔时，应首先采用隔声措施；当声源无法隔开又需要降低室内噪声时才采用吸声措施。

建筑吸声与隔声

13.2 吸声材料

吸声材料是指多细孔、柔软的材料，当声音透过多孔时，在吸声材料中多次反射而使

声能衰减,达到吸声的功能(见图 13.1)。吸声材料依据吸声原理可分为:

多孔吸声材料:纤维状吸声材料、颗粒状吸声材料、泡沫状吸声材料;

共振吸声材料:单个共振器、穿孔板共振吸声结构、薄板(膜)共振吸声结构等。

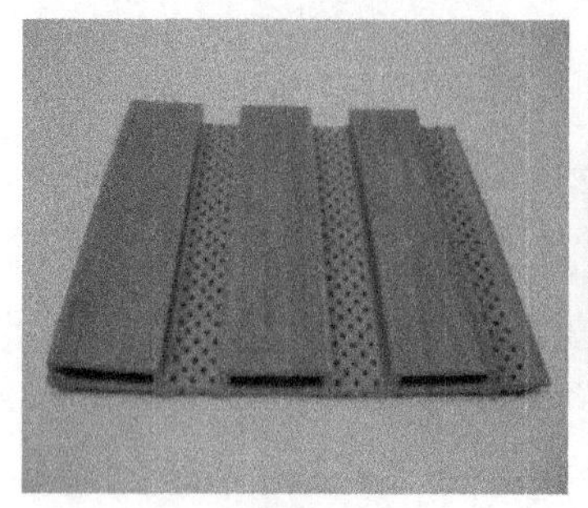

(a)共振吸声材料

(b)泡沫状吸声材料

图 13.1 吸声材料

(1)多孔纤维吸声材料

常用多孔吸声材料见表 13.1。

表 13.1 常用多孔纤维吸声材料

主要种类		常用材料举例	使用情况
纤维材料	有机纤维材料	动物纤维:毛毡	价格贵,不常用
		植物纤维:麻绒、海草	原料来源广,防火、防潮性能差
	无机纤维材料	玻璃纤维:中粗棉、超细棉、玻璃棉毡	吸声性能好,防腐防潮,不自燃,应用广泛
		岩矿棉:散棉、矿棉毡	吸声性能好,松散材料易自重下沉,施工扎手
	纤维材料制品	矿棉吸声板、岩棉吸声板、玻璃棉吸声板、植物纤维软木板	装配式施工,多用于室内吸声装饰工程
颗粒材料	板材	膨胀珍珠岩吸声装饰板	轻质、不燃、保温、隔热、强度低
	砌块	矿渣吸声砖、膨胀珍珠岩吸声砖	多用于砌筑截面较大的消声器
泡沫材料	泡沫塑料	聚氨酯泡沫塑料、脲醛泡沫塑料	吸声性能稳定,吸声系数使用前需实测
	其他	泡沫玻璃	强度高、防水、不燃、耐腐蚀、价格高、应用少
		加气混凝土	微孔不贯通,应用较少
		吸声剂	多用于不易施工的墙面粉刷

(2)柔性吸声材料

具有密闭气孔和一定弹性的材料,声波引起的空气振动使材料产生相应振动克服内部的摩擦而消耗了声能,引起声波衰减。常见品种有乙烯基海绵、酚醛泡沫塑料、聚氨酯泡沫塑料等。

(3)帘幕吸声体

用具有通气性能的纺织品,安装在离墙面或窗洞一定距离处,背后设置空气层。对中、高频都有一定吸声效果。

(4)薄板振动吸声结构

将薄板(如胶合板、薄木板、纤维板、石膏板等)钉在墙或顶棚的龙骨上,背后留有空气层。该结构主要用于吸收低频声波。

(5)共振吸声结构

共振吸声结构是一个内部为硬表面的较大封闭空腔,当声源振动时,空腔内的空气会按一定共振频率振动,此时开口颈部的空气分子在声波作用下像活塞一样往复运动,因摩擦而消耗声能。

(6)穿孔板组合共振吸声结构

各种材质的穿孔薄板周边固定在龙骨上,并在背后设置空气层。该吸声结构适合吸收中频声波,在建筑中使用比较普遍。

13.3　隔声材料

建筑上把主要起隔绝声音作用的材料称为隔声材料(见图13.2)。隔声可分为隔绝空气声和隔绝固体声两种。

(a)隔音板　　(b)隔音墙

图13.2　隔音材料

(1)空气声(通过空气传播的声音)的隔绝

隔绝空气声,主要服从声学中的"质量定律",即材料的体积密度越大,质量越大,越不易振动,则隔声效果越好。因此应选用密实、沉重的材料,如砖、混凝土、钢板等。

(2)固体声(通过固体的撞击或振动传播的声音)的隔绝

采用不连续的机构处理,隔断声波传递的途径,即在结构层中(如在墙壁和承重梁之间、房屋的框架和隔墙及楼板之间)加入具有一定弹性的衬垫材料,如毛毡、软木、橡胶等,或在楼板上加弹性地毯。

章后小结

基本知识:原理、区别、使用要求。

多孔吸声材料:纤维材料、颗粒材料、泡沫材料。

共振吸声材料:单个共振器、穿孔板共振吸声结构、薄板(膜)共振吸声结构等。

隔声材料:隔绝空气声、隔绝固体声。

习　题

一、选择题

1. 下列(　　)种面层材料对多孔材料的吸声性能影响最小。

A. 铝板网　　　　B. 帆布

C. 皮革　　　　D. 石膏板

2. 下列构造中属于低频吸声构造的是(　　)。

A. 50 mm 厚玻璃棉实贴在墙上,外敷透声织物面

B. 穿孔板(穿孔率为30%)后贴25 mm 厚玻璃棉

C. 帘幕,打褶率100%

D. 七孔板后填50 mm 厚玻璃棉,固定在墙上,龙骨间距500 mm×450 mm。

3. 织物帘幕具有(　　)的吸声性能。

A. 多孔材料　　　　B. 穿孔板空腔共振吸声构造

C. 薄膜共振吸声构造　　　　D. 薄板共振吸声构造

4. 下列材料厚度相同,空气隔声能力最好的是(　　)。

A. 石膏板　　　　B. 铝板

C. 钢板　　　　D. 玻璃棉板

二、填空题

1. 描述声波的物理量有__________、__________和__________。

2. 影响多孔吸声材料吸声特性的主要因素有材料的__________、__________和__________三种。

3. 常见的隔声设施主要有__________、__________、__________等。

第14章 建筑塑料

学习要求

了解常用建筑塑料制品的种类、特点、应用。

【引入案例】

塑料模板在建筑工程中的使用

模板是建筑行业现浇混凝土工程必须用到的一种材料。目前我国建筑行业出现了一种新型模板材料:绿色生态中空塑料建筑模板。该材料造价低、质量轻、刚性大、韧性好,可全部回收再生,是一种绿色生态材料,既保护了森林,又减少了白色污染,是"以塑代钢、以塑代木、以塑代竹"和降低工程造价的理想建材。

在本案例中,绿色生态中空塑料模板作为一种新型绿色建筑材料,代替传统钢模板、木模板、竹模板在工程中得到了应用。建筑工程中还有哪些材料可以由塑料来代替?对工程质量和造价方面会产生怎样的影响?

建筑上常用的塑料制品绝大多数是以合成树脂为主要成分,加入各种填充料和添加剂,在一定的温度、压力条件下塑制而成的材料;是由高分子聚合物加入一些辅助材料,加工形成的塑性材料或固化交联形成的刚性材料。塑料是一种可替代木材、混凝土、钢材的新型材料,在建筑中有着广泛的应用,已成为继水泥、钢材、木材之后的第四种建筑材料。可作为装修装饰材料、防水工程材料,也可制成各种类型的水暖设备,还可作为工程材料,如土工布、塑料模板、聚合物混凝土等。

14.1 建筑塑料的特点

与传统建筑材料相比,建筑塑料具有以下特点:

(1)质量轻、比强度高。塑料的密度为0.9 ~2.2 g/cm^3,是铝的1/2,是混凝土的1/3,是钢材的1/8 ~1/4,使用建筑塑料可以大大减轻建筑物的自重。

(2)优良的耐化学腐蚀性。塑料对酸、碱、盐及水等都有较高的化学稳定性,经过适当配方的建筑塑料的使用寿命也高于传统材料。

(3)电绝缘性能好。

(4)优良的加工性能。塑料可以采用各种方法加工成各种形状的制品,如薄膜、板材、管材以及一些复杂的异型材。

(5)优异的装饰性能。塑料着色后可以得到色泽鲜艳的塑料制品,表面还可以进行印花和压花处理。

(6)减振、吸声和隔热性好。

(7)耐老化性差。塑料在外界环境条件(空气、阳光等)的影响下会引起老化,变硬、变脆、变色乃至破损,丧失使用功能。

(8)可燃性差别大。绝大多数塑料能燃烧,所以建筑中的塑料应采取防火措施,如在塑料中加入阻燃剂或添加大量的无机材料等。另外,塑料在燃烧时有毒,容易使人窒息,应特别引起注意。

【知识链接】

建筑塑料的组成

建筑塑料由合成树脂、填料和增塑剂、着色剂、稳定剂、固化剂等添加剂组成。

1. 合成树脂是塑料中的基本组分,是决定塑料基本性质的主要因素。

2. 填料又称填充料,可改善和增强塑料的物理力学性能,如提高机械强度、硬度、耐热性、耐磨性,增加化学稳定性等,并可降低塑料的成本。

3. 增塑剂可增加塑料的可塑性,减小脆性,以便于加工,并能使制品具有柔软性。增塑剂会降低塑料制品的机械性能和耐热性等,所以在选择增塑剂的种类和加入量时应根据塑料的使用性能来决定。

4. 在塑料中加入着色剂后,可使其具有鲜艳的色彩和美丽的光泽。所选用的着色剂应色泽鲜明、分散性好、着色力强、耐热耐晒,在塑料加工过程中稳定性良好,与塑料中的其他组分不起化学反应,同时,还应不降低塑料的性能。

5. 为防止塑料过早老化,延长塑料的使用寿命,常加入少量稳定剂。稳定剂应耐水、耐油、耐化学侵蚀,并能与树脂相溶。

6. 为使塑料具有某种特定的性能或满足某种特定的要求,还可掺入其他添加剂。如:掺入固化剂,可使树脂具有热固性;掺入抗静电剂,可使塑料不易吸尘;掺入发泡剂,可制得泡沫塑料;掺入阻燃剂,可阻滞塑料制品的燃烧,并使之具有自熄性。

14.2 常用建筑塑料特性与用途

14.2.1 热塑性塑料

(1)聚乙烯(PE)塑料

聚乙烯是最常用的塑料之一,它是由单体乙烯在催化剂作用下聚合而成的,有良好的耐低温性(-70 ℃),有很高的化学稳定性、耐水性和电绝缘性,但机械强度不高,质地较软;易燃烧,并有严重的熔融滴落现象,会导致火焰蔓延。因此必须对建筑用聚乙烯进行阻燃改性。

聚乙烯塑料产量大,用途广。在建筑工程中主要用作防水材料、给排水管道、防渗薄膜、混凝土建筑物的防水层等。

(2)聚氯乙烯(PVC)塑料

聚氯乙烯塑料是无色、半透明、坚硬的脆性材料。是目前建筑中用量最大的塑料之一。

硬质聚氯乙烯塑料机械强度高、抗腐蚀性强、耐风化性能好,在建筑工程中可用于百叶窗、天窗、屋面采光板、水管和排水管等,制成泡沫塑料,也可作隔声、保温材料。

软质聚氯乙烯塑料材质较软,耐摩擦,具有一定弹性,易加工成型,可挤压成板、片、型材做地面材料和装修材料等。

(3)聚苯乙烯(PS)塑料

聚苯乙烯是由苯乙烯单体经聚合而成,具有高绝热性、高透明性,电绝缘性较好,化学稳定性高,耐水、耐光,成型加工方便,价格较低;但聚苯乙烯脆性大,敲击时有金属脆声,抗冲击韧性差,耐热性差,易燃,燃烧时会放出黑烟,使其应用受到一定限制。其主要制品是聚苯乙烯泡沫塑料,做复合板材的芯材以获得良好的绝热性能。

(4)聚丙烯(PP)塑料

聚丙烯塑料的刚性、延性好,耐蚀,不耐磨,无毒、易燃,有一定的脆性。耐低温冲击性较差,抗大气性差,故适用于室内。主要用于生产管材、卫生洁具、耐腐蚀衬板等。

近年来,聚丙烯的生产发展较迅速,聚丙烯已与聚乙烯、聚氯乙烯等共同成为建筑塑料的主要品种。

(5)聚甲基丙烯酸甲酯(PMMA)

聚甲基丙烯酸甲酯,俗称“有机玻璃”,是透光性最好的一种塑料。它质轻、坚韧并具有弹性,在低温时仍具有较高的冲击强度,有优良的耐水性和耐热性,易加工成型,在建筑工程中可制作板材、管材、室内隔断等。板材、管材、浴缸、室内隔断、穹形天窗等。

14.2.2 热固性塑料

(1)酚醛树脂(PF)塑料

酚醛树脂通常以苯酚与甲醛在酸性或碱性催化剂作用下缩聚而成。在酚醛树脂中掺加填料、固化剂等可制成酚醛塑料制品,这种制品表面光洁,坚固耐用,成本低,是最常用的塑料品种之一。在建筑上主要用来生产各种层压板、玻璃钢制品、涂料和胶黏剂等。

(2)有机硅(SI)塑料

有机硅树脂由一种或多种有机硅单体水解而成。有机硅树脂是一种憎水、透明的树脂,主要优点是耐高温、耐水,可用作防水、防潮涂层,并在许多防水材料中作为憎水剂;具有良好的电绝缘性能,可用作绝缘涂层;具有优良的耐候性,可做耐大气涂层。有机硅机械性能不好,黏结力不强,常用玻璃纤维、石棉、云母或二氧化硅等增强。

(3)聚碳酸酯(PC)塑料

聚碳酸酯塑料是一种工程塑料,透光率高,3 mm 的透光率为 60%,有极高的抗冲击强度,是玻璃的250倍,是有机玻璃的150倍,故有“不碎玻璃”之称。它质轻,密度仅为玻璃的50%左右,隔热性好,使用温度范围广(-130~130 ℃),抗紫外线能力强,且具有自熄性、阻燃等特点。它常做成板材,用于办公楼、体育馆、娱乐中心、工业厂房等的采光。

(4)玻璃纤维增强(GRP)塑料

玻璃纤维增强塑料俗称“玻璃钢”,是采用合成树脂胶结玻璃纤维或玻璃布而制成的轻质高强复合材料。玻璃钢成型性能好,可以制成各种结构形式和形状的构件,也可以现场制作;轻质高强(比强度超过钢材),可以在满足设计要求的条件下,大大减轻建筑物的自重;具有良好的耐化学腐蚀性能;具有一定的透光性能,可以同时作为结构和采光材料使用。但刚度较低,使用时会产生较大的徐变。

14.3 常用的建筑塑料制品

14.3.1 塑料门窗

塑料门窗是以聚氯乙烯(PVC)主要原料,加入一定比例的各种添加剂,经混炼、挤出成型为内部带有空腔的异形材,以此塑料为门窗框材,经切割、组装而成的。

随着建筑塑料工业的发展,全塑料门窗、喷塑钢门窗和钢塑门窗将逐步取代木门窗、金属门窗,得到越来越广泛的应用。与其他门窗相比,塑料门窗具有耐水、耐腐蚀、气密性、水密性、绝热性、隔声性、耐燃性、尺寸稳定性、装饰性好,而且不需要粉刷油漆,维修保养方便,节能效果显著,节约木材、钢材、铝材等优点。

14.3.2 塑料管材

建筑塑料管材及管件制品应用极为广泛,正在逐步取代陶瓷管和金属管。塑料管材与金属管材相比,具有生产成本低,容易模制;质量轻,运输和施工方便;表面光滑,流体阻力小;不生锈,耐腐蚀,适应性强;韧性好,强度高,使用寿命长,能回收加工再利用等优点,所以被公认为是目前建筑塑料中重要的品种之一,被大量用于建筑工程中。

工程中常用类型有:硬质聚氯乙烯(UPVC)管、聚乙烯(PE)管、三型聚丙烯(PP-R)管、交联聚乙烯(PEX)管、塑复合(PAP)管等。

14.3.3 其他塑料制品

(1)塑料地板

塑料地板是发展最早、最快的建筑装修塑料制品,其装饰效果好,色彩图案不受限制,仿真,施工维护方便,耐磨性好,使用寿命长,具有隔热、隔声、隔潮的功能,脚感舒适。目前,我国塑料地板大都采用PVC(聚氯乙烯)树脂,使用年限20年左右。按材性分硬质、半硬质和软质。软质塑料卷材地板俗称地板革。塑料地板表面压成凹凸花纹,吸收冲击力好,防滑,耐磨。

(2)塑料壁纸

塑料壁纸是由基底材料(纸、麻、棉布、丝织物、玻璃纤维)涂以各种塑料,加入颜料经配色印花而成的。塑料壁纸强度较好，耐水可洗，装饰效果好，施工方便，成本低。目前，广泛用做内墙、天花板等的贴面材料。

塑料壁纸的种类有普通壁纸（单色压花壁纸、印花压花壁纸、有光印花墙纸和平光印花墙纸）、发泡墙纸、特种墙纸（如防水、耐水、彩色砂粒等品种）。

(3) 建筑塑料板材

建筑用塑料装饰板材主要用作护墙板、层面板和平顶板，此外有夹芯层的夹芯板可用作非承重墙的墙体和隔断。

塑料装饰板材重量轻，能减轻建筑物的自重。塑料护墙板可以具有各种形状的断面和立面，并可任意着色，干法施工。有波形板、异形板、格子板和夹层墙板三种形式。

(4) 塑料模板

塑料模板是一种节能型和绿色环保产品，是继木模板、组合钢模板、竹木胶合模板、全钢大模板之后又一新型换代产品。能完全取代传统的钢模板、木模板、方木，节能环保，摊销成本低。

塑料模板周转次数能达到 30 次以上，还能回收再造。温度适应范围大，规格适应性强，可锯、钻，使用方便。模板表面的平整度、光洁度超过了现有清水混凝土模板的技术要求，有阻燃、防腐、抗水及抗化学品腐蚀的功能，有较好的力学性能和电绝缘性能。能满足各种长方体、正方体、L 形、U 形的建筑支模的要求。

塑料在建筑中的应用

章后小结

1. 建筑塑料由于具有许多优良的性能，目前已成为继混凝土、钢材、木材之后的第四种主要建筑材料。

2. 塑料按照受热时变化不同，分为热塑性塑料和热固性塑料。热塑性塑料经受热成型、冷却硬化后，再经加热还具有可塑性；热固性塑料经初次加热或成型并冷却固化后，再经加热也不会软化和产生塑性。

习　题

一、选择题

1. 建筑塑料中最基本的组成是(　　)。

A. 增塑剂　　B. 稳定剂

C. 填充剂　　D. 合成树脂

2. 建筑工程中常用的 PVC 塑料是指(　　)。

A. 聚乙烯塑料　　B. 聚氯乙烯塑料

C. 酚醛塑料　　D. 聚苯乙烯塑料

3. "有机玻璃"的成分为(　　)。

A. 聚乙烯塑料　　B. 聚氯乙烯塑料

C. 聚甲基丙烯酸甲酯　　　　　　　D. 聚苯乙烯塑料

二、简答题

1. 塑料的组成材料中，__________的加入可增加塑料的可塑性，减小脆性，以便于加工，并能使制品具有柔软性。

2. 为防止塑料过早老化，延长塑料的使用寿命，常加入少量__________。

3. 塑料可以采用各种方法加工成各种形状的制品，说明塑料具有____________________。

第15章 建筑装饰材料

学习要求

了解建筑工程中常用的建筑装饰材料(陶瓷、石材、玻璃、涂料、壁纸、壁布、木材等),熟悉常用装饰材料的选用原则,了解建筑装饰材料的主要污染物及来源。通过本章学习,会根据环境条件及建筑工程的具体要求,合理选用装饰材料。

【引入案例】

中国国家大剧院

中国国家大剧院作为新"北京十六景"之一的地标性建筑,由主体建筑及南北两侧的水下长廊、地下停车场、人工湖、绿地组成。

其外观呈半椭球形,整个壳体由18 000多块经过特殊氧化处理的钛金属板和1226块超白透明玻璃共同组成,两种材质经巧妙拼接呈现出唯美的曲线。钛金属表面金属光泽极具质感,使建筑远远看去宛如落在北京城内的一颗大珍珠,光彩夺目。顶部铺设近1万平方米的聚乙烯醇缩丁醛(PVB)安全夹层玻璃,可抗紫外线、降低噪音、延缓火灾。室内室外装修使用国内20多种天然石材,如:河南的"绿金花"、承德的"蓝钻"、山西的"夜玫瑰"、湖北的"满天星"、贵州的"海贝花"等,由于切割和加工方法不同,达到了不同的装饰效果。

音乐厅、戏剧场外环廊墙面均采用GRC。GRC是以天然改良石膏为胶凝材料,以玻璃纤维为增强水泥混合材料制成的预制式新型装饰板材,具有不变形、质量轻、强度高、防火环保、声音效果好、板材表面光洁细腻等特点,可随意造型,满足艺术的追求。

建筑装饰材料是指用于建筑物(墙、柱、顶棚、地、台等)表面的饰面材料,对建筑物起保护、装饰和美化的作用。

建筑装饰材料种类繁多,按材质分为陶瓷、石材、玻璃、涂料、木材、塑料、金属等种类;按功能分为吸声、隔热、防水、防火等种类;按材料来源分为天然装饰材料、人造装饰材料;按化学成分分为无机装饰材料、有机装饰材料和复合材料三大类;按装饰部位分为墙面装饰材料、顶棚装饰材料、地面装饰材料等。

15.1 建筑装饰陶瓷

建筑装饰陶瓷是指用于建筑装饰工程的陶瓷制品,包括各类陶瓷釉面砖、墙地砖、陶瓷锦砖、卫生陶瓷、园林陶瓷、琉璃制品和陶瓷壁画等。其中应用最为广泛的是釉面砖和墙地砖。

15.1.1 陶瓷的分类

陶瓷制品按其坯体材质不同,分为陶器、瓷器和炻器三大类。

陶器烧结程度较低,坯体孔隙较多,吸水率高(大于10%),断面粗糙无光、不透明,敲之声音粗哑,可施釉或不施釉。陶器分粗陶和精陶两种。建筑上常用的砖、瓦及陶罐等均属粗陶,而釉面砖属于精陶。

瓷器烧结程度高,坯体致密,基本不吸水(吸水率小于1%),强度高、耐磨、半透明,敲击时声音清脆,一般都施釉。建筑上常用的玻化砖和陶瓷锦砖属于粗瓷。

炻器介于陶器与瓷器之间。炻器按其坯体的细密性、均匀程度及粗糙程度分为粗炻器和细炻器两类。建筑上常用的外墙砖、地砖等均属于粗炻器。

15.1.2 陶瓷制品的应用

常用陶瓷制品主要有釉面砖和墙地砖,其品种、特点及应用见表15.1。

表15.1 常用陶瓷制品品种、特点及应用

品种	特点	应用
釉面砖	表面烧有釉层,一般为正方形或长方形,热稳定性好,防火、防潮、耐腐蚀、表面光滑、易清洗。	主要用作厨房、浴室、卫生间等室内墙面,也可作为台面的饰面材料。不易用于室外,易导致釉层发生裂纹或剥落
墙地砖	强度高、致密坚实、耐磨、吸水率小、抗冻、耐污染、易清洗、耐腐蚀、经久耐用	广泛应用于各类建筑物的外墙、柱的饰面及地面装饰

15.2 建筑装饰石材

家居装修,玻化砖、抛光砖、釉面砖、通体砖怎么选?

建筑装饰石材主要包括天然装饰石材和人造石材。天然石材是天然岩石经简单的物理加工而成,是古老的建筑材料之一,具有较高的强度、耐磨性、耐久性及优良的装饰效果。天然装饰石材主要品种有天然大理石和花岗岩。人造石材是人工配制而成的仿天然石材制品,具有强度大、装饰性好、耐腐蚀、耐污染、便于施工、价格低的优点,具有良好的发展前景。

15.2.1 天然装饰石材

天然装饰石材主要品种有天然大理石和花岗岩。其品种、特点及应用见表15.2。

表15.2 天然装饰石材品种、特点及应用

品种	特点	应用
天然大理石	因云南大理盛产而得名,主要成分为碳酸钙及碳酸镁。质地较软、耐磨性、耐酸腐蚀能力差,属碱性中硬石材	除少数品种(如汉白玉、艾叶青)外,绝大多数只宜用于室内墙面、柱面、栏板、电梯间门口等,不宜用于人流量较大场所的地面,也不适合卫生间的应用。另外也可用于制作大理石壁画、工艺品等
天然花岗岩	主要成分为 SiO_2,结构致密、强度高、密度大、吸水率极低、质地坚硬、耐磨、耐久、抗风化、化学稳定性好、不耐火,但造价较高、具有一定的放射性,属酸性硬石材	主要应用于纪念碑、影剧院、宾馆、礼堂等大型公共建筑或装饰等级要求较高的室内外装饰工程

15.2.2 人造石材

人造石材是采用无机、有机胶凝材料作为胶黏剂,以天然砂、碎石、石粉或工业渣等为粗、细填充料,以及适量的稳定剂、颜料等,经成型、固化、表面处理而成。加工、施工方便,可直接制成弧形、曲面等天然石材较难加工的几何形状。人造石材分为水泥型人造石材、树脂型人造石材、复合型人造石材和烧结型人造石材四类。其品种、特点及应用见表15.3。

表15.3 人造石材品种、生产、特点及应用

品种	特点	应用
水泥型人造石材	优点:取材方便,价格低廉,结构致密、表面光亮,呈半透明状,同时花纹耐久、抗风化,耐火性、抗冻性、防火性能优良; 缺点:耐腐蚀性能较差,表面容易出现龟裂和泛霜	适用于建筑物的地面、墙面、柱面、窗台、踢脚、台面、楼梯踏步等处,也可制成桌面、水池、花盆、茶几等,但不宜用作卫生洁具及外墙装饰
树脂型人造石材	优点:易于成型,常温下固化快、光泽度高、质地高雅、强度较高、密度小、厚度薄、耐水、耐污染、基色浅,可调制成各种鲜艳的颜色; 缺点:耐刻划性较差,填料级配若不合理产品易出现翘曲变形	可用于室内外墙面、柱面、楼梯面板、服务台面等部位的装饰装修
复合型人造石材	综合水泥型、树脂型人造石材的特点,但受变温作用后聚酯面容易开裂和剥落	适用于建筑物的地面、墙面、柱面等

续表 15.3

品种	特点	应用
烧结型人造石材	优点:性能稳定、装饰性好; 缺点:因采用高温焙烧,生产能耗大,造价较高	实际应用较少

15.3 建筑装饰玻璃

在现代建筑装饰工程中,玻璃是应用最为广泛的一类装饰材料。随着现代化建筑的发展,玻璃已由最初的采光、装饰功能,逐步向安全、环保、节能、隔音、降噪、防辐射、防爆、降低建筑物自重、改善建筑环境、提高建筑艺术装饰等方面综合发展。

建筑玻璃品种繁多,按其在建筑工程中的功能分为平板玻璃、装饰玻璃、安全玻璃、节能玻璃等,其品种、名称、特点及应用见表15.4。

表 15.4 建筑装饰玻璃品种、名称、特点及应用

品种	名称	特点	应用
平板玻璃	普通平板玻璃、磨光玻璃、浮法玻璃等	表面光滑平整、厚度均匀、不变形、规格多	主要用作建筑物的门窗、橱窗及屏风等装饰,也是钢化、夹层、镀膜、中空等玻璃加工的原片
装饰玻璃	彩色平板玻璃	可拼成各种图案,耐腐蚀、抗冲刷、易清洗	主要用于建筑物的内外墙、门窗装饰及对光线有特殊要求的部位
	磨砂玻璃	表面粗糙,透光不透视	一般用于建筑物的卫生间、浴室、办公室以及室内隔断和作为灯箱透光片使用,还可用作黑板的板面
	花纹玻璃	表面呈现各式图案、花样及质感,透光不透视	多用于办公室、会议室、浴室以及公共场所分离室的门窗和隔断等
	冰花玻璃	花纹自然、质感柔和、透光不透明、视感舒适	可用于建筑物的门、窗、隔断、屏风、浴室隔断、吊顶、壁挂等
	玻璃锦砖(玻璃马赛克)	色调柔和、朴实、典雅、美观大方、化学稳定性、冷热稳定性好、不变色、不积尘、容重轻、黏结牢	多用于室内局部、阳台外侧装饰,也可用于壁画装饰

续表 15.4

品种	名称	特点	应用
安全玻璃	钢化玻璃	优点:机械强度高、弹性好、热稳定性好、破碎后不易伤人,安全性较好 缺点:使用时不能再进行切割、磨削,边角也不能碰击挤压;温差变化大时,面积过大的钢化玻璃可能会自爆	广泛应用于高层建筑门窗、玻璃幕墙、室内隔断玻璃、采光顶棚、观光电梯通道、家具、玻璃护栏等
	夹层玻璃	透明度好、破碎不伤人、耐久、耐热、耐湿、耐寒、隔声、防紫外线等	常用作高层建筑物的门窗、天窗,商店的展台、橱窗等,也用作汽车、飞机的挡风玻璃,用多层普通玻璃或钢化玻璃复合起来还可制成防弹玻璃
	防火玻璃	防火性能好、强度高、安全性好、耐候性好、使用时不能切割	主要用于有防火隔热要求的建筑幕墙、隔断
节能玻璃	吸热玻璃	能吸收大量红外辐射能,保持良好的光透过率,减少紫外线的射入	一般多用作建筑物的门窗或玻璃幕墙
	热反射玻璃	透光性好,有较高的热反射能力	可用作建筑门窗玻璃、幕墙玻璃,还可以用于制作高性能的中空玻璃
	中空玻璃	隔热、隔声、节能、抗风压,并能有效防止结露	主要用于大型公共建筑的门窗及对温度控制、防噪音、防结露、节能环保有较高要求的建筑

【例 15.1】工程实例分析

玻璃幕墙爆裂事故频发 如何解除“玻璃炸弹”威胁

现象:近年来,外形精美、透光性好的玻璃幕墙深受开发商青睐,在超高层建筑中更是成为许多建筑师的“不二选择”。我国现已成为世界第一玻璃幕墙出产和使用大国,但是危险也随之而来,随着使用年限的增长,玻璃幕墙的隐患逐渐暴露出来,除了光污染外,玻璃幕墙的自爆、脱落事件时有发生,已成为城市的安全隐患,威胁人身及财产安全。

分析:玻璃自爆的主要原因是玻璃自身的质量问题,行业内有“钢化玻璃千分之三自爆率”的说法,因此即便是合格的钢化玻璃,仍存在千分之三的自爆概率。除此之外,安装过程中玻璃幕墙的打胶、与框架的契合等工序施工不当、固定件锈蚀、框架变形、硅胶老化、玻璃幕墙内有气泡夹杂等也会带来风险。一旦遇到台风、飓风、地震、冰雹、温差遽然变化等,均有可能会导致安全事件。

15.4 建筑装饰涂料

建筑装饰涂料是指涂覆在建筑物表面,并能形成牢固附着的连续保护薄膜,对建筑物起到保护、装饰、改善建筑使用功能(如防霉、防火、防水、保温隔热、防静电等)的材料。建筑装饰涂料按其在建筑物中使用部位的不同,可分为内墙涂料、外墙涂料和地面涂料。

15.4.1 内墙涂料

内墙涂料主要包括水溶性涂料、合成树脂乳胶漆和溶剂型涂料三类。常用内墙涂料的性能特点及应用见表15.5。

表15.5 常用内墙涂料的性能特点及应用

品种	名称	性能特点及应用
水溶性涂料	聚乙烯醇内墙涂料	价格便宜,不耐水、不耐碱,涂层受潮后容易剥落,属低档内墙涂料,多用于低档或临时住房装修
合成树脂乳胶漆	醋酸乙烯乳胶漆	无毒、无味,涂膜细腻、平滑、透气性好,附着力强,色彩多样,施工方便,装饰效果良好,但耐水、耐碱、耐候性较差,属中档内墙涂料
	丙烯酸乳胶漆	光泽柔和,保光保色性优异,遮盖力强,附着力高,易于清洗,施工方便,属高档内墙涂料,应用最多
	苯丙乳胶漆	耐候性、耐水性、耐洗刷性、抗粉化性良好,色泽鲜艳、质感好,属中高档内墙涂料,可用于潮气较大的部位
溶剂型涂料	多彩内墙涂料	涂层色泽优雅、富有立体感、装饰效果好;涂膜质地较厚,弹性、整体性、耐久性好,耐油、耐腐、耐洗刷,是一种较常用的墙面、顶棚装饰材料

15.4.2 外墙涂料

常用外墙涂料的性能特点及应用见表15.6。

表15.6 常用外墙涂料的性能特点及应用

品种	名称	性能特点及应用
乳液型外墙涂料	丙烯酸酯乳胶漆	较其他乳液涂料的涂膜光泽柔和，耐候性与保光性、保色性优异，涂膜耐久性可达10年以上
	水乳型聚氨酯外墙涂料	耐候性优异，无污染，是一种优良的环境友好型外墙涂料
	交联型高弹性乳胶漆	具有良好的耐候性、耐沾污性、耐水性、耐碱性及耐洗刷性，同时漆膜具有高弹性，能遮盖细微裂缝，主要用于旧房外墙渗漏维修，房屋建筑外墙面的保护与装饰
	彩砂外墙涂料	无毒、无溶剂污染，快干、不燃、耐强光、不褪色，取得类似天然石材的质感和装饰效果
溶剂型外墙涂料	过氯乙烯外墙涂料	色彩丰富、涂膜平滑、干燥快，且具有良好的耐候性和耐水性。施工时基层含水率不宜大于8%
	氯化橡胶外墙涂料	对水泥混凝土和钢铁表面具有较好的附着力；耐水、耐碱、耐酸及耐候性好；涂料重涂性好
	丙烯酸酯有机硅外墙涂料	具有优良的耐候性、耐沾污性和耐化学腐蚀性，可广泛用于混凝土、钢结构、铝板、塑料等基面的装饰
无机硅酸盐涂料	硅溶胶涂料	既保持无机涂料的硬度和快干性，又具有一定的柔性和较好的耐洗刷性
其他外墙涂料	复层涂料	可用于水泥砂浆抹面、混凝土预制板、石膏板、木结构等基面，一般作为内外墙、顶棚的中、高档装饰使用

15.4.3 地面涂料

常用地面涂料的性能特点及应用见表15.7。

表15.7 常用地面涂料的性能特点及应用

品种	名称	性能特点及应用
溶剂性地坪涂料	过氯乙烯地面涂料	干燥快、与水泥地面黏结好、耐水、耐磨、耐化学腐蚀。由于含有大量易挥发、易燃的有机溶剂，使用时应注意防火、通风
	聚氨酯-丙烯酸酯地面涂料	涂膜外观光亮平滑、有瓷质感、耐磨性、耐水性、耐酸碱和耐化学腐蚀。适用于图书馆、厂房、卫生间等水泥地面的装饰
乳液型地坪涂料	聚醋酸乙烯地面涂料	适用于民用住宅室内地面的装饰，亦可取代塑料地板或水磨石地坪，用于实验室、仪器装配车间等地面涂饰
合成树脂厚质地坪涂料	环氧树脂地面涂料	黏结力强、膜层坚硬耐磨且有一定韧性、耐久、耐酸碱、耐有机溶剂、耐火、可涂饰各种图案。适用于机场、车库、实验室、化工车间等室内外水泥地面的涂饰

15.5 壁纸与壁布

壁纸与壁布均为家庭中常用的装饰装修材料。壁纸分为普通壁纸和发泡壁纸。普通墙纸包括单色压花、印花压花、有光压花和平光压花等,是目前使用最多的墙纸。发泡墙纸有高发泡印花、低发泡印花和发泡印花压花等,适于室内墙裙、客厅和楼内走廊等装饰。

壁布是壁纸的升级产品,它同样有着变幻多彩的图案、瑰丽无比的色泽。壁布表层材料的基层多为天然物质,经过特殊处理的表面,质地较柔软舒适,纹理更加自然,色彩也更显柔和,极具艺术效果和高贵气质,给人一种温馨浪漫的感觉。

壁布与壁纸相比,有以下优势:

(1)质感上比壁纸更胜一筹。

(2)壁纸色牢度差,长时间铺贴会褪色、变黄,而壁布由于是纺织而成,棉、麻、丝具有较好的固色能力,能长久保持铺贴效果。

(3)壁纸在空气湿度大的环境容易滋生霉菌,而壁布防潮透气性明显强于壁纸,一旦污染极易清洗,且不留痕迹。

(4)壁布具有很强的抗拉性,对于墙面因腻子原因造成的裂缝问题起到了遮盖、保护、凝聚的作用。

(5)壁布采用的棉、麻、丝纺织工艺有对声波产生漫散、浸透和软反射的作用,故其吸音、消音、隔音效果更强于壁纸。

15.6 木材

木材是最古老的建筑材料之一,历来与钢材、水泥并列为建筑工程的三大材料。木材具有很多优点,如:质量轻,强度高,弹性、韧性较好,耐冲击和振动;对热、声、电的传导性小;耐久性较高;木质较软,易于加工和连接;具有美丽的天然纹理和良好的装饰效果,且易于着色和油漆。但内部构造不均匀,导致各向异性,干缩湿胀变形大;易腐朽、虫蛀;易燃烧;天然疵病较多等。

15.6.1 木材的主要性能

15.6.1.1 密度与体积密度

各种绝干木材的密度相差不大,平均约为1.55 g/cm^3,但体积密度则差异很大。大多数木材的体积密度在400~600 kg/m^{3}范围内,平均为500 kg/m^3。木材的体积密度随其含水率的提高而增大,通常以含水率15%(标准含水率)时的体积密度为准。

15.6.1.2 含水率

木材的含水率是指木材中所含水的质量与木材干燥后质量的百分比。

木材中的水分可分为三种,即自由水、吸附水和化合水。自由水存在于组成木材的细胞间隙中,影响木材的表观密度、燃烧性、干燥性及渗透性。吸附水被物理吸附于细胞壁内的细纤维中，是影响木材强度和胀缩变形的主要因素。化合水是组成细胞化合成分的水分，对木材的性能无影响。

(1)纤维饱和点

潮湿的木材干燥时，当自由水蒸发完毕而吸附水尚在饱和状态时的含水率称为纤维饱和点。纤维饱和点随树种不同而有所差异，通常为25%～35%，平均值约为30%，它是木材物理力学性能转变的转折点。

(2)平衡含水率

木材与周围空气的相对湿度达到平衡时的含水率称为平衡含水率。新伐木材含水率通常在35%以上，长期处于水中的木材则更高。为了避免木材在使用过程中含水率变化太大而引起变形和开裂，须在使用前将其风干至使用环境长年平均的平衡含水率。我国平衡含水率北方约为12%，南方约为18%。

(3)湿胀干缩

木材具有显著的湿胀干缩性。由于构造的不均匀，木材各方向胀缩也不一致。同一树种木材，其弦向最大，径向次之，纵向(顺纤维方向)最小。湿材干燥后，因其各向收缩不同，其截面形状和尺寸也会发生一定的改变。

15.6.1.3　强度

木材的强度主要有抗压强度、抗拉强度、抗弯强度和抗剪强度。每种强度根据施力方向不同又有顺纹与横纹之分。顺纹受力是指作用力方向平行于纤维方向。横纹受力是指作用力方向垂直于纤维方向。木材的顺纹强度和横纹强度差别很大，见表15.8。

表15.8　木材无缺陷时各强度之间关系

抗压强度		抗拉强度		抗弯强度	抗剪强度	
顺纹	横纹	顺纹	横纹		顺纹	横纹
1	1/10～1/3	2～3	1/20～1/3	1.5～2	1/7～1/3	1/2～1

15.6.2　木材的应用

木材经加工可做成木地板、木装饰线条、人造板材等。

常用的木地板有实木地板、实木复合地板和强化木地板等，其生产工艺、特点及应用见表15.9。

表15.9　木地板的生产工艺、特点及应用

品种	特点及应用
实木地板	质感自然，色泽丰富，绝热绝缘，冬暖夏凉，脚感舒适，使用安全。但不耐水、不耐火，易开裂变形，保护和维护要求较高，价格较贵

续表 15.9

品种	特点及应用
实木复合地板	保留了实木地板的自然纹理和舒适的脚感,且不易翘曲变形、尺寸稳定性好、阻燃、绝缘、隔潮、耐腐蚀。但生产时所用的胶黏剂含甲醛,须严格控制
强化木地板	环保、耐磨、防潮、阻燃、抗冲击、防腐蚀、防虫蛀、抗日晒、安装便捷、迅速、整体感强、易打理、清洁维护十分方便。但脚感或质感不如实木地板,水泡损坏后无法修复。此外,地板中所含胶黏剂较多,须严格控制

木装饰线条简称木线,是选用质硬、纹理细腻、材质较好的木材,经干燥处理后加工而成,具有耐磨、耐腐蚀、不劈裂、切面光滑、加工性质好、油漆色性好、黏结性好等特点,在室内装饰中主要用作室内墙面的墙腰饰线、墙面洞口装饰线、护壁板和勒脚的压条装饰线等。

常用的人造板材有胶合板、纤维板、细木工板(大芯板)、刨花板等。常用人造板材的生产工艺、特点及应用见表 15.10。

表 15.10　常用人造板材的生产工艺、特点及应用

品种	特点及应用
胶合板	层数多为三层和五层,俗称三合板和五合板,常用于家具制作、护墙间墙的基层板、天棚吊顶基层板等
纤维板	分为硬质纤维板、软质纤维板和中密度纤维板。中密度纤维板应用最为广泛,主要用于隔断、隔墙、地面、家具等
细木工板(大芯板)	加工简单,成本低,有一定的强度和硬度,是制作家具、各种装修基层的主要材料
刨花板	密度较小,强度较低,价格便宜,属于中低档次装饰材料,可用于吊顶、隔墙、家具等

15.6.3 木材的防腐与防火

木材的腐朽是由真菌侵害,或白蚁、天牛等昆虫蛀蚀所致。木材防腐有两种方法:一是将木材干燥至含水率 20% 以下,并保持其通风干燥,必要时采取防潮或表面涂刷油漆等措施;二是采用表面喷涂、浸渍或压力渗透防腐剂法。

木材防火处理是将防火涂料采用涂敷或浸渍的方法施以木材的表面。木材防火处理前应基本加工成型,以免处理后再进行锯、刨等加工,使防火涂料部分被去除。

【例 15.2】工程实例分析

实木家具开裂问题

现象:有人说“不劈不裂,不叫实木”,在现实生活中实木家具多多少少都会出现一些开裂或者变形现象,很多用户就会认为家具坏了,它的质量有问题。那么实木家具开裂是

什么原因呢?

分析:(1)含水率问题。实木家具开裂的最基本原因就是木材在制作过程中含水率没有掌控好,家具板材的含水率控制平衡,后期一般不会出现开裂、变形等问题。(2)气候所致。气候不同,实木的含水率也不同,这与地理上的差异相关,在北京实木的含水率一般是11.4%左右,它的家具含水率在10.4%、9.4%;南方木材的含水率就更高,有14%。所以,在南方的实木家具运送北方后使用,就会出现开裂。(3)使用不当。实木家具使用不当的话也容易出现开裂、变形,靠窗放置的家具、经常用湿毛巾擦洗的家具还有随意挪动家具,都比较容易出现问题。(4)运输受损。如果在运输中,出现磕碰或者气候出现很大的变化时,实木家具开裂也是比较普遍的。

15.7 建筑装饰材料的污染

装修在使居室变得舒适与美观的同时,也给室内环境造成了污染。室内空气污染主要来自建筑材料、室内装修材料及家具所造成的污染,主要污染物有苯、甲醛、总挥发性有机物、氡、氨等,见表15.11。

表15.11 室内主要污染物及来源

主要污染物	危害	来源
苯	有一种特殊的香味,却是强致癌物,长期吸入过量苯会破坏人体循环系统和造血机能,导致白血病	涂料、油漆、胶合剂、壁纸、地毯、合成纤维和清洁剂、溶剂等
甲醛	具有刺激性气味,超标可能引起鼻咽癌、鼻窦癌,还有可能引起白血病	板材、胶水、墙面装饰材料、床垫、窗帘等
总挥发性有机物(TVOC)	吸入过量会影响中枢神经系统,让人出现头晕、头痛、嗜睡、胸闷等症状;还可能影响消化系统,让人食欲不振、犯恶心,严重时可损伤肝脏和造血系统	家具、壁纸等
氡	一种天然放射性气体,无色无味,就像"无形烟",它已成为仅次于吸烟的肺癌第二大诱因	花岗岩、瓷砖、洁具等陶瓷产品
氨	氨气极易溶于水,对眼、喉、上呼吸道作用快,刺激性强。短期吸入大量氨气后会出现流泪、咽痛、咳嗽、胸闷、呼吸困难、头晕、呕吐、乏力等症状	混凝土外加剂、室内装饰材料等,尤其在冬季施工时,大量存在于防冻液中

章后小结

1. 常用的建筑装饰材料有陶瓷、石材、玻璃、涂料、壁纸、壁布、木材等。
2. 建筑装饰陶瓷中应用最为广泛的是釉面砖和墙地砖。

3. 建筑装饰石材主要包括天然装饰石材和人造石材。天然装饰石材主要品种有天然大理石和花岗岩。绝大多数大理石品种只宜用于室内(汉白玉、艾叶青外),花岗岩既可用于室内,也可用于室外。人造装饰石材主要有聚酯型、水泥型、复合型、烧结型的各种人造石材。

4. 建筑玻璃按功能分为平板玻璃、装饰玻璃、安全玻璃、节能玻璃等。平板玻璃包括普通平板玻璃、磨光玻璃、浮法玻璃、花纹玻璃和有色玻璃等。装饰玻璃包括彩色平板玻璃、磨砂玻璃、花纹玻璃、冰花玻璃、玻璃锦砖及玻璃幕墙。安全玻璃包括钢化玻璃、防火玻璃、夹丝玻璃及夹层玻璃。节能玻璃包括吸热玻璃、热反射玻璃和中空玻璃。

5. 建筑装饰涂料可分为内墙涂料、外墙涂料和地面涂料。

6. 壁纸分为普通壁纸和发泡壁纸。普通墙纸使用最多。壁布是壁纸的升级产品,比壁纸更具有优势。

7. 木材是最古老的建筑材料之一,木材的主要性能包括密度与体积密度、含水率及强度。木材可用来制作木地板、木装饰线条、人造板材等,但使用前应进行防腐及防火处理。

8. 室内空气主要污染物有苯、甲醛、总挥发性有机物、氡、氨等,主要来自涂料、油漆、胶合剂、板材、家具、石材、陶瓷产品、墙纸、地毯、合成纤维和清洁剂、溶剂等。

习　题

一、单选题

1. 下列玻璃中,属于安全玻璃的是(　　)。

A. 钢化玻璃　　B. 磨砂玻璃

C. 冰花玻璃　　D. 中空玻璃

2. 下列玻璃中,属于节能玻璃的是(　　)。

A. 钢化玻璃　　B. 磨砂玻璃

C. 冰花玻璃　　D. 中空玻璃

3. 在木材的各种强度中,最大的是(　　)。

A. 顺纹抗压强度　　B. 顺纹抗拉强度

C. 横纹抗拉强度　　D. 横纹抗剪强度

二、填空

1. 常用的天然装饰石材有__________和__________。

2. 安全玻璃包括__________、__________及__________。

3. 节能玻璃包括__________、__________和__________。

4. 室内空气主要污染物有__________、__________、__________、__________和__________。

第四篇

建筑材料性能检测

第16章 建筑材料性能检测

学习要求

通过本章的学习,了解常用建筑材料的技术性能标准和检测方法标准;熟悉骨料的检测方法、结果计算及其评定,防水卷材的性能检测及其结果评定;掌握水泥技术性能的检测方法及结果评定,混凝土各项性能的检测方法及结果评定,砂浆技术性能检测方法及结果评定,墙体材料的技术性能检测及其强度评定,钢筋的拉伸、弯曲检测。

16.1 水泥性能检测

16.1.1 主要采用标准

《通用硅酸盐水泥》GB 175—2023

《水泥细度检验方法　筛析法》GB/T 1345—2005

《水泥标准稠度用水量、凝结时间、安定性检验方法》GB/T 1346—2011

《水泥胶砂流动度测定方法》GB/T 2419—2005

《水泥胶砂强度检验方法(ISO 法)》GB/T 17671—2021

16.1.2 取样方法与数量

(1)检验批的确定

依据《混凝土结构工程施工质量验收规范》(GB 50204—2015)规定,水泥进场时按同一生产厂家、同一强度等级、同一品种、同一批号且连续进场的水泥,袋装水泥不超过 200 t 为一检验批;散装水泥不超过 500 t 为一检验批,每批抽样不少于一次。

(2)取样

按《水泥取样方法》(GB 12573—2008)规定进行。对于建筑工程原材料进场检验,取样应有代表性。袋装水泥取样时,应在袋装水泥料场进行取样,随机从不少于 20 个水泥袋中取等量样品,将所取样品充分混合均匀后,至少称取 12 kg 作为送检样品;散袋水泥取样时，随机从不少于 3 个车罐中，取等量水泥并混合均匀后，至少称取 12 kg 作为送检样品。

(3)水泥复试

用于承重结构和用于使用部位有强度等级要求的混凝土用水泥，或水泥出厂超过三个月(快硬硅酸盐水泥为一个月)和进口水泥，在使用前必须进行复试，并提供检测报告。通常水泥复试项目只做安定性、凝结时间和胶砂强度三个项目。

(4)水泥检测环境

要求检测室温度为(20±2)℃，相对湿度≥50%；湿气养护箱的温度为(20±1)℃，相对湿度≥90%；试体养护池水温度应在(20±1)℃范围内。

16.1.3 水泥细度检测(负压筛析法)

水泥细度检测分为比表面积法和筛分析法。硅酸盐水泥、普通硅酸盐水泥用比表面积法测定，其他四种通用硅酸盐水泥均采用筛分析法测定。筛分析法又分为负压筛析法、水筛法和手工筛析法。如对以上方法检测结果有争议时，以负压筛法为准。下面介绍负压筛析法。

(1)试验目的

为判定水泥质量提供依据。

(2)主要仪器设备

试验筛、负压筛析仪、天平等。

(3)试验步骤

试验前，水泥样品应充分拌匀，通过 0.9 mm 方孔筛，记录筛余百分率及筛余物情况。

1)把负压筛放在筛座上，盖上筛盖，接通电源，检查控制系统，调节负压至 4000 ~ 6000 Pa 范围内。

2)称量试样 25 g，置于洁净的负压筛中，盖上筛盖，放在筛座上。

3)开动筛析仪并连续筛析 2 min，在此期间如有试样附着在筛盖上，可轻轻地敲击筛盖，使试样落下。

4)筛毕，用天平称量筛余物质量，精确至 0.1 g。当工作负压小于 4000 Pa 时，应清理吸尘器内水泥，使负压恢复正常。

(4)结果计算与评定

1)水泥试样筛余百分率按下式计算，精确至 0.1%：

$$F = R_s / W \times 100\%$$

式中 F——水泥试样的筛余百分率，%；

R_s——水泥筛余物的质量，g；

W——水泥试样的质量，g。

2)当筛余百分数 $F \leqslant 10\%$ 时为合格。

16.1.4 水泥标准稠度用水量检测(标准法)

GB/T 1346—2011 规定水泥标准稠度用水量的测定有标准法和代用法两种，发生矛盾时以标准法为准。本方法适用于通用硅酸盐水泥及指定采用本方法的其他品种水泥。

(1)试验目的

测定水泥净浆达到标准稠度时的用水量,为检测水泥的凝结时间和体积安定性做好准备。

(2)主要仪器设备

水泥净浆搅拌机、标准法维卡仪(如图16.1所示)、代用法维卡仪、量水器、天平等。

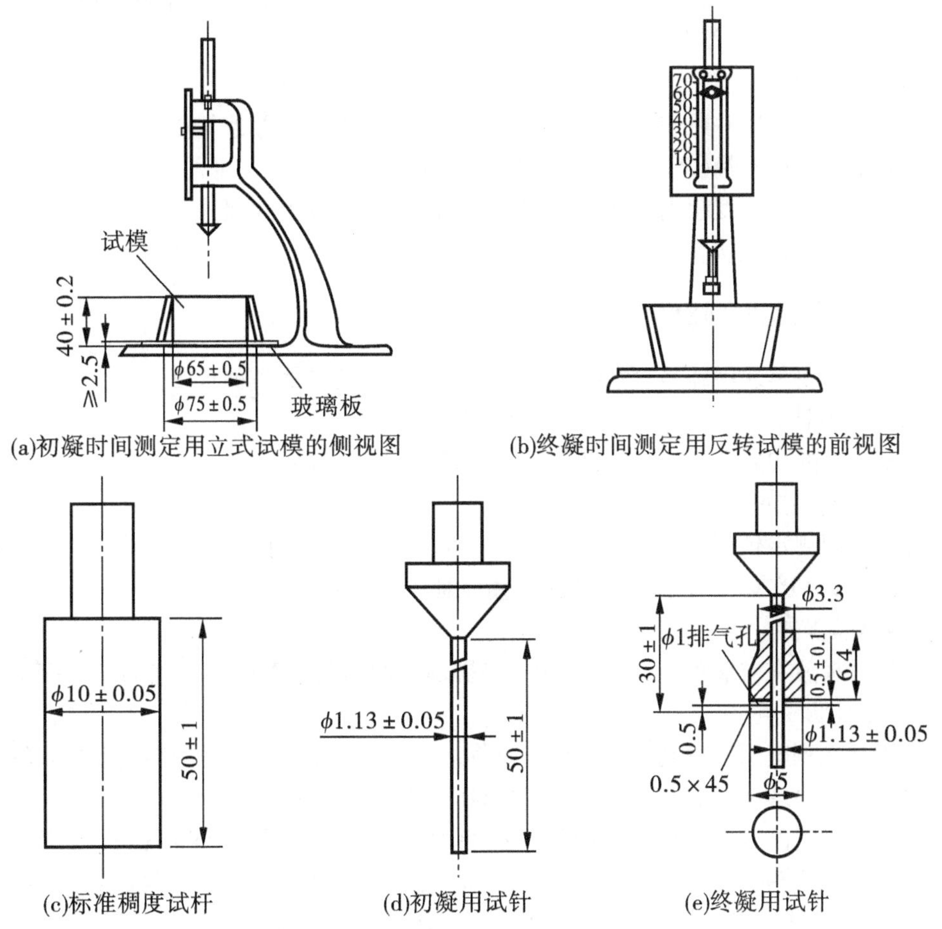

图16.1 测定水泥标准稠度和凝结时间用的维卡仪(单位:mm)

(3)试验步骤(标准法)

1)准备工作。将维卡仪调整至试杆接触玻璃板时,指针对准零点,其金属棒能自由滑动,同时,搅拌机正常运转。

2)取水泥试样500 g,拌合水量按经验加水。

3)用湿布将搅拌锅和搅拌叶片擦干净,将拌合水倒入搅拌锅内,然后在5~10 s内小心地将500 g水泥加入水中,防止水和水泥溅出。

4)将锅放在搅拌机的锅座上,升至搅拌位置,启动搅拌机,低速搅拌120 s,停15 s,同时将叶片和锅壁上的水泥浆刮入锅中，接着高速搅拌 120 s 停机。

5）将拌制好的水泥净浆一次性装入已置于玻璃底板上的试模中，用宽约 25 mm 的直边刀轻轻拍打 5 次，使气泡排出，然后在试模上表面约 1/3 处，略倾斜于试模分别向外轻轻锯掉多余净浆，再从试模边缘轻抹顶部一次，使净浆表面光滑。再放到试杆下面中心的位置上。

6）试杆降至净浆表面，指针对准零点，拧紧螺丝 1 ~2 s 后，突然放松，使试杆垂直自由地沉入水泥净浆中。在试杆停止沉入或释放试杆 30 s 时，记录试杆距底板的距离，升起试杆后，立即擦净。整个操作应在搅拌后 1.5 min 内完成。

（4）结果评定

以试杆沉入净浆并距底板(6±1)mm 的水泥净浆为标准稠度净浆。其拌合水量为该水泥的标准稠度用水量（P），按水泥质量的百分比计。

如果试杆下沉深度超出上述范围，应增减用水量，重复上述操作，直到达到(6±1)mm 时为止。即达到标准稠度为止。

16.1.5 水泥凝结时间检测

本方法适用于通用硅酸盐水泥及指定采用本方法的其他品种水泥。

（1）试验目的

检测水泥的初凝和终凝时间，评定该水泥是否为合格品。

（2）主要仪器设备

凝结时间测定仪（标准法维卡仪，用试针）、水泥净浆搅拌机、试模（圆模）、湿气养护箱[温度为(20±1)℃、相对湿度≥90%]、量水器、天平等。

（3）试验步骤

1）将圆模放在玻璃板上，在内侧涂一层机油。调整凝结时间测定仪的试针接触玻璃板时，指针对准零点。

2）用标准稠度用水量制成标准稠度净浆，一次装满试模，振动数次刮平，立即放入湿气养护箱中。记录水泥全部加入水中的时间作为凝结时间的起始时间。

3）初凝时间的测定。试件在湿气养护箱中养护至加水后 30 min 时，进行第一次测定。从湿气养护箱中取出试模放到试针下，降低试针，使其与水泥净浆表面接触。拧紧螺丝1 ~2 s 后，突然放松，试针垂直自由地沉入水泥净浆，观察试针停止下沉或释放试针 30 s 时指针的读数。当试针沉至距底板(4±1)mm 时，为水泥达到初凝状态，即水泥全部加入水中至初凝状态的时间为水泥的初凝时间，用“min”表示。

4）终凝时间的测定。为准确观测试针沉入的状况，在终凝针上安装了一个环形附件（见图 16.1），在完成初凝时间测定后，立即将试模连同浆体以平移的方式从玻璃板取下，翻转 180°，径大端向上、小端向下放在玻璃板上，再放入湿气养护箱中继续养护，临终凝时间时，每隔 15 min 测定一次，当试针沉入试体 0.5 mm 时，即环形附件开始不能在试体上留下痕迹时，为水泥达到终凝状态，即水泥全部加入水中至终凝状态的时间为水泥的终凝时间。单位用“min”表示。

(4)结果评定

凡初凝时间、终凝时间有一项不合格者为不合格品。

(5)注意事项

1)在最初测定的操作时,应轻扶金属柱,使其慢慢下落,以防试针撞弯,但结果以自由下落为准。

2)在整个测试过程中,试针沉入的位置至少要距试模内壁 10 mm。

3)临近初凝时,每隔 5 mim 测定一次,临近终凝时,每隔 15 min 测定一次,到达初凝或终凝时,应立即重复多测一次,当两次结论相同时,才能定为达到初凝或终凝状态。

4)每次测定不能让试针落入原针孔。

5)每次测试完毕须将试针擦净,并将试模放回湿气养护箱,整个测试过程要防止试模受振。

16.1.6 水泥安定性检测

本方法适用于通用硅酸盐水泥及指定采用本方法的其他品种水泥。测定方法有标准法(雷氏法)和代用法(试饼法)两种。有争议时以雷氏法为准。

(1)试验目的

检测水泥浆在硬化时体积变化的均匀性,评定该水泥是否为合格品。

(2)仪器设备

沸煮箱:有效容积约为 410 mm×240 mm×310 mm,能在(30±5)min 内将箱内试验用水由室温升至沸腾状态,并恒沸 3 h 以上,整个过程不需要补充水量。

雷氏夹:如图 16.2 所示,由铜质材料制成,当用 300 g 砝码校正时,两根指针的针尖距离增加应在(17.5±2.5)mm 范围内,去掉砝码后针尖的距离应恢复原状,雷氏夹受力示意图如图 16.3 所示。

雷氏夹膨胀值测定仪(如图 16.4 所示,标尺最小刻度为 0.5 mm)、水泥净浆搅拌机、量水器、湿气养护箱、天平等。

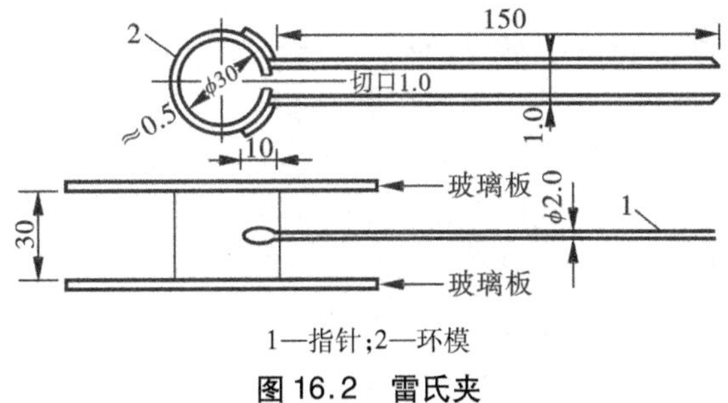

1—指针;2—环模

图 16.2 雷氏夹

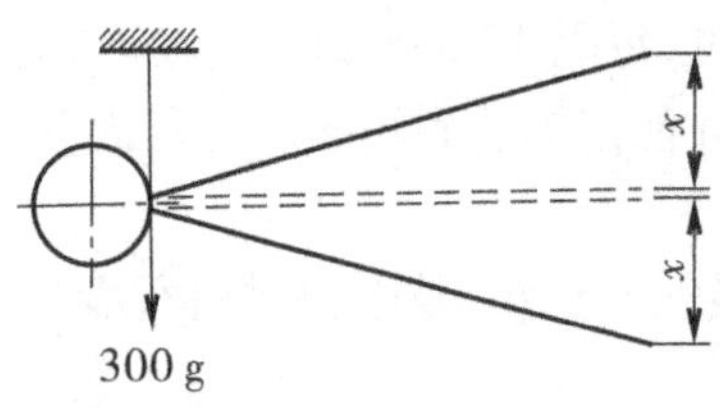

图 16.3　雷氏夹受力示意图

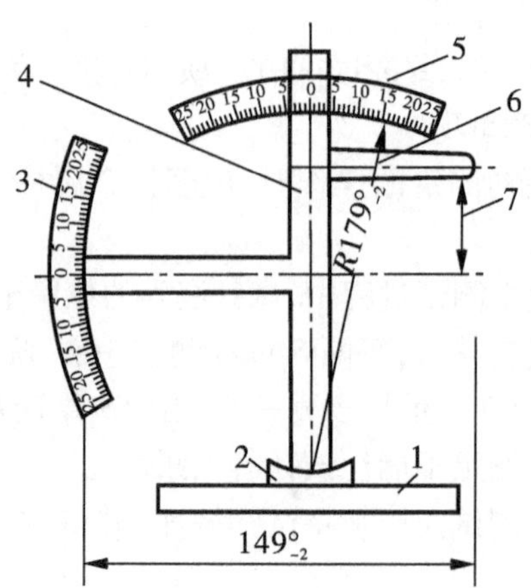

1—底座;2—模子座;3—测弹性标尺;4—立柱;5—测膨胀值标尺;6—悬臂;7—悬丝

图 16.4　雷氏夹膨胀值测定仪

(3)测定检测步骤

1)称取水泥试样 500 g(精确至 1 g),以标准稠度用水量搅拌成标准稠度的水泥净浆。将与水泥净浆接触的玻璃板和雷氏夹内侧涂一薄层机油。

2)成型方法。

①试饼法:将制好的标准稠度水泥净浆取出约 150 g,分成两等份,使之成球形,放在涂过油的玻璃板上,轻轻振动玻璃板并用湿布擦过的小刀由边缘向中央抹,做成直径70～80 mm,中心厚约 10 mm,边缘渐薄、表面光滑的试饼。

②雷氏法:将预先准备好的雷氏夹放在擦过油的玻璃板上,立即将已制好的标准稠度净浆一次装满雷氏夹,装浆时一只手轻轻扶持雷氏夹,另一只手用宽约 10 mm 的小刀插捣数次,然后抹平,盖上稍涂油的玻璃板。

3)养护。成型后立即放入湿气养护箱内养护(24±2)h。

4)沸煮。调整好沸煮箱内的水位,能保证在整个沸煮过程中都超过试件,不需中途加水,同时又能保证在(30±5)min 内升至沸腾。

①试饼法:脱去玻璃板,取下试饼,先检查试饼是否完整,在试饼无缺陷的情况下,将试饼放在沸煮箱水中的箅板上,然后在(30±5)min 内加热至沸腾,并恒沸(180±5)min。

②雷氏法:脱去玻璃板,取下试件,先测量雷氏夹指针尖端间的距离(A),精确到 0.5 mm,接着将试件放入沸煮箱水中的箅板上,指针朝上,试件之间互不交叉,然后在(30±5)min 内加热至沸腾,并恒沸(180±5)min。

5)沸煮结束后,立即放掉沸煮箱中的热水,打开箱盖,将箱体冷却至室温,取出试件进行判别。

(4)结果评定

1)试饼法:目测试饼未发现裂缝,用钢直尺检查也没有弯曲(使钢直尺和试饼底部紧靠,以两者间不透光为不弯曲)的试饼为安定性合格,反之为不合格。当两个试饼判别结果有矛盾时,该水泥的安定性为不合格。

2)雷氏法:测量雷氏夹指针尖端的距离(*C*),精确至 0.5 mm,当两个试件煮后增加距离(*C*–*A*)的平均值不超过 5.0 mm 时,即认为该水泥安定性合格,反之为不合格。当两个试件的(*C*–*A*)值相差超过 4.0 mm 时,应用同一样品立即重做一次检测。再如此,则认为该水泥为安定性不合格。

3)评定:安定性不合格的水泥属不合格品,严禁用于工程中。

16.1.7　水泥胶砂强度检测

本方法适用于通用硅酸盐水泥。石灰石硅酸盐水泥胶砂抗折和抗压强度检验,其他水泥和材料可参考使用。本方法可能对一些品种水泥胶砂强度检验不适用,例如初凝时间很短的水泥。但对火山灰质硅酸盐水泥、粉煤灰硅酸盐水泥、复合硅酸盐水泥和掺火山灰混合材料的普通硅酸盐水泥在进行胶砂强度检测时,其用水量按 0.50 水灰比和胶砂流动度不小于 180 mm 来确定。当流动度小于 180 mm 时,应以 0.01 的整倍数递增的方法将水灰比调整至胶砂流动度不小于 180 mm。

(1)试验目的

测定水泥胶砂的强度,评定水泥的强度等级。

(2)主要仪器设备

行星式水泥胶砂搅拌机、胶砂振实台、试模(如图 16.5),三联模的三个内腔尺寸均为 40 mm×40 mm×160 mm、模套、抗折试验机、抗压试验机、夹具、刮平直尺、下料漏斗、天平、标准养护箱、养护水池等。

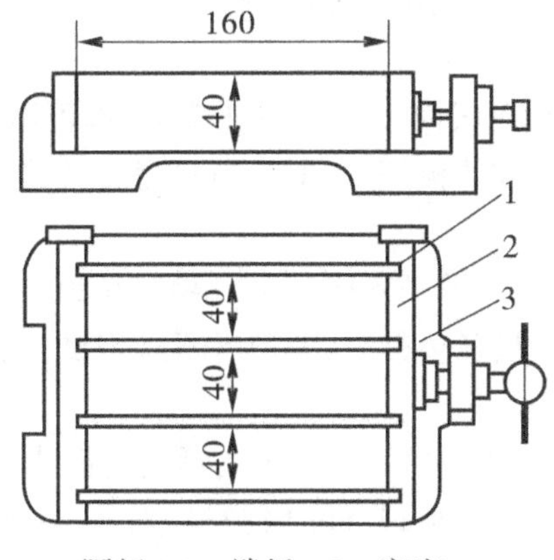

1—隔板；2—端板；3—底座

图 16.5　水泥试模

3)试验步骤

1)成型

①配合比:胶砂的质量配合比为一份水泥、三份 ISO 标准砂和半份水(水灰比 *W*/*C* 为 0.50)。每锅材料需水泥(450±2)g、标准砂(1350±5)g、水(225±1)g 或(225±1)mL。一

锅胶砂成型三条试体。

②搅拌:胶砂用搅拌机进行搅拌,可以采用自动控制,也可以采用手动控制。把水加入锅里,再加入水泥,把锅放在固定架上,上升至工作位置。立即开动机器,先低速搅拌(30±1)s后,在第二个(30±1)s开始的同时均匀地将砂子加入。把搅拌机调至高速再搅拌(30±1)s。停拌90 s。在停拌开始的(15±1)s内,将搅拌锅放下,用刮刀将叶片、锅壁和锅底上的胶砂刮入锅中。再在高速下继续搅拌(60±1)s。

③成型(用振实台成型):胶砂制备后立即进行成型。将空试模和模套固定在振实台上,用料勺直接将锅壁上的胶砂清理到锅内并翻转搅拌胶砂使其更加均匀,成型时将胶砂分两层装入试模。装第一层时,每个槽里约放300 g胶砂,先用料勺沿试模长度方向划动胶砂以布满槽模,再用大布料器垂直架在模套顶部沿每个模槽来回一次将料层布平,接着振实60次。再装入第二层胶砂,用料勺沿试模长度方向划动胶砂以布满模槽,但不能接触已振实胶砂,再用小布料器布平,振实60次。每次振实时可将一块用水湿过拧干、比模套尺寸稍大的棉纱布盖在模套上以防止振实时胶砂飞溅。

移走模套,从振实台上取下试模,用一金属直边尺以近似90°的角度(但向刮平方向稍斜),架在试模模顶的一端,然后沿试模长度方向以横向锯割动作慢慢向另一端移动,将超过试模部分的胶砂刮去。锯割动作的多少和直尺角度的大小取决于胶砂的稀稠程度,较稠的胶砂需要多次锯割,锯割动作要慢,以防止拉动已振实的胶砂。用拧干的湿毛巾将试模端板顶部的胶砂擦拭干净,再用同一只直边尺,以近似水平的角度将试体表面抹平,抹平的次数要尽量少,总数不应超过3次。

最后将试模周边的胶砂擦除干净,用毛笔或其他方法对试体进行编号。两个龄期以上的试体,在编号时应将同一试模中的3条试体分在两个以上龄期内。

2)养护

①脱模前的处理和养护:在试模上盖一块玻璃板,也可用相似尺寸的钢板或不渗水的、和水泥没有反应的材料制成的板,盖板不应与水泥胶砂接触,盖板与试模之间的距离应控制在2~3 mm。

立即将做好标记的试模放入养护室或湿箱[温度为(20±1)℃、相对湿度≥90%]的水平架子上,养护室空气应与试模各边接触,养护时不应将试模放在其他试模上,一直养护到规定的脱模时间时取出脱模。

②脱模:脱模应非常小心,脱模时可以用橡皮锤或脱模器。

对于24 h龄期的,应在破型前20 min内脱模;对于24 h以上龄期的,应在成型后20~24 h脱模。如经24 h养护,会因脱模对强度造成损害时,可以延期至24 h以后脱模,但在实验报告中应予说明。已确定作为24 h龄期试验(或其他不下水直接做试验)的已脱模试体,应用湿布覆盖至做试验时为止。

③水中养护:将做好标记的试体立即水平或竖直放在(20±1)℃水中养护,水平放置时刮平面应朝上。试体放在不易腐烂的篦子上,并彼此之间保持一定间距,让水与试体的六个面接触,试件之间间隔或试体上表面的水深不得小于5 mm。

每个养护池只养护同类型的水泥试件。随后随时加水保持适当的水位,在养护期内,可以更换不超过50%的水。

3）强度测定

①龄期：强度检测试体的龄期是从水泥加水搅拌开始检测时算起，不同龄期强度检测在下列时间里进行。24 h±15 min、48 h±30 min、72 h±45 min、7 d±2 h、28 d±8 h。

②抗折强度检测：每龄期取出三条试件先做抗折强度检测，检测前擦拭试体表面，把试体放入抗折夹具内，应使侧面与圆柱接触，试体放入前应使杠杆成平衡状态，试体放入后，调整夹具，使杠杆在试件折断时尽可能地接近平衡状态。以（50±10）N/s 的速率均匀地将荷载垂直地加在棱柱体相对侧面上，直至折断（保持两个半截棱柱体处于潮湿状态直至抗压检测），记录折断时荷载 F_f。

③抗压强度检测：抗折强度检测后的六个断块应立即进行抗压强度检测。抗压强度检测需用抗压夹具进行，以试件的侧面作为受压面，并使夹具对准压力机压板中心。以（2400±200）N/s 的速率均匀地加荷至破坏，记录破坏荷载 F_c。

（4）结果计算与评定

1）抗折强度。按下式计算，精确至 0.1 MPa：

$$R_f = 1.5F_fL/b^3 = 0.00234\ F_f$$

式中　R_f——抗折强度，MPa；

F_f——折断时荷载，N；

L——支撑圆柱之间的距离，取 $L=100$ mm；

b——棱柱体正方形截面的边长，取 $b=40$ mm。

抗折强度以一组三个棱柱体抗折结果的平均值作为检测结果，当三个强度值中有一个超出平均值±10% 时，应剔除后再取平均值作为抗折强度检测结果；当三个强度中有两个超出平均值±10% 时，则以剩余一个作为抗折强度结果。

2）抗压强度。按下式计算，精确至 0.1MPa：

$$R_c = F_c/A = 0.000625F_c$$

式中　R_c——抗压强度，MPa；

F_c——破坏时的最大荷载，N；

A——受压面积，mm^2（40 mm×40 mm＝1600 mm^2）。

抗压强度以一组 3 个棱柱体上得到的 6 个抗压强度测定值的算术平均值为检测结果。如 6 个测定值中有 1 个超出平均值的±10%，就应剔除这个结果，而以剩下 5 个值的平均值为检测结果。如果 5 个测定值中再有超出它们平均值的±10%，则此组结果作废。当六个测定值中同时有两个或两个以上超出平均值的±10% 时，则此组结果作废。

3）评定。根据该组水泥的抗折、抗压强度检测结果，评定该水泥的强度等级。

16.1.8　水泥胶砂流动度检测

（1）试验目的

通过测量一定配比的水泥胶砂在规定振动状态下的扩展范围来衡量其流动性。

（2）主要仪器设备

水泥胶砂流动度测定仪（简称跳桌）、水泥胶砂搅拌机、试模（由截锥圆模和模套组成）、捣棒[由金属材料制成，直径为（20±0.5）mm，长度约为 200 mm]、卡尺（量程不小于

300 mm,分度值不大于 0.5 mm)、小刀、天平等。水泥胶砂流动度测定仪和截锥圆模及捣棒如图 16.6 所示。

(3)检测步骤

1)如跳桌在 24 h 内未被使用,先空跳一个周期 25 次。

2)胶砂制备按 16.1.6 规定进行。在制备胶砂的同时,用潮湿棉布擦拭跳桌台面、试模内壁、捣棒以及与胶砂接触的用具,将试模放在跳桌台面中央并用潮湿棉布覆盖。

图 16.6 水泥胶砂流动度测定仪和截锥圆模及捣棒

3)将拌好的胶砂分两层迅速装入试模,第一层装至截锥圆模高度约三分之二处,用小刀在相互垂直两个方向各划 5 次,用捣棒由边缘至中心均匀捣压 15 次,随后装第二层胶砂,装至高出截锥圆模约 20 mm,用小刀在相互垂直两个方向各划 5 次,再用捣棒由边缘至中心均匀捣压 10 次。捣压后胶砂应略高于试模。捣压深度:第一层捣至胶砂高度的二分之一,第二层捣实不超过已捣实底层表面。装胶砂和捣压时,用手扶稳试模,不要使其移动。

4)捣压完毕,取下模套,将小刀倾斜,从中间向边缘分两次以近水平的角度抹去高出截锥圆模的胶砂,并擦去落在桌面上的胶砂。将截锥圆模垂直向上轻轻提起。立刻开动跳桌,以每秒钟一次的频率,在(25±1)s 内完成 25 次跳动。

5)流动度检测,从胶砂加水开始到测量扩散直径结束,应在 6 min 内完成。

(4)结果评定

跳动完毕,用卡尺测量胶砂底面相互垂直的两个方向直径,计算平均值,取整数,单位为 mm。该平均值即为该水量的水泥胶砂流动度。

16.2 混凝土用骨料检测

16.2.1 主要采用标准

《建筑用砂》GB/T 14684—2022

《建筑用卵石、碎石》GB/T 14685—2022

16.2.2 取样方法与数量

(1)细骨料

1)检验批的确定:同一产地、同一规格、同一进厂(场)时间,每 400 m^3 或 600 t 为一检验批;不足 400 m^3 或 600 t 也为一检验批。

每一检验批取样一组,天然砂每组 22 kg,人工砂每组 52 kg。

2)取样方法:在料堆上取样时,取样部位应均匀分布。取样前先将取样部位表层铲除,然后从不同部位抽取大致相等的砂 8 份(天然砂每份 11 kg 以上,人工砂每份 26 kg 以上),搅拌均匀后用四分法缩分至 22 kg 或 52 kg,组成一组试样;从皮带运输机上取样时,应用接料器在皮带运输机机尾的出料处定时抽取大致相等的砂 4 份(天然砂每份 22 kg

以上，人工砂每份52 kg以上），搅拌均匀后用四分法缩分至22 kg或52 kg，组成一组试样；从火车、汽车、轮船上取样时，从不同部位和深度抽取大致等量的砂8份，组成一组试样。

3）取样数量：取样时，对每一单项检测的最少取样数量应符合表16.1的规定。

4）试样缩分：人工四分法缩分是将所取样品置于平板上，在潮湿状态下拌和均匀，并堆成厚度约20 mm的圆饼，然后沿互相垂直两条直径把圆饼分成大致相等的四份，取其中对角线的两份重新拌匀，再堆成圆饼。重复上述过程，直到把样品缩分到检测所需量为止。

表16.1　单项检测所需骨料的最少取样数量（GB/T 14684—2022、GB/T 14685—2022）

检测项目	细骨料质量/kg	粗骨料不同最大粒径（mm）下的最少取样量/kg							
		9.5	16.0	19.0	26.5	31.5	37.5	63.0	75.0
筛分析	4.4	9.5	16.0	19.0	25.0	31.5	37.5	63.0	80.0
含泥量	4.4	8.0	8.0	24.0	24.0	40.0	40.0	80.0	80.0
泥块含量	20.0	8.0	8.0	24.0	24.0	40.0	40.0	80.0	80.0
表观密度	2.6	8.0	8.0	8.0	8.0	12.0	16.0	24.0	24.0
堆积密度	5.0	40.0	40.0	40.0	40.0	80.0	80.0	120.0	120.0

5）砂的必检项目。

天然砂：筛分析、含泥量、泥块含量。

人工砂：筛分析、石粉含量（含亚甲蓝试验）、泥块含量、压碎指标。

若检验不合格时，应重新取样。对不合格项，进行加倍复检。若仍不能满足标准要求，应按不合格品处理。

（2）粗骨料

1）检验批的确定：按同品种、同规格、同适用等级及日产量每600 t为一检验批，不足600 t也为一检验批；日产量超过2000 t，按1000 t为一检验批，不足1000 t亦为一检验批；日产量超过5000 t，按2000 t为一检验批，不足2000 t亦为一检验批。

2）取样方法：在料堆上取样时，取样部位应均匀分布，取样前先将取样部位表层铲除，然后从不同部位抽取大致等量的石子15份组成一组试样；从皮带运输机上取样时，应用接料器在皮带运输机机尾的出料处定时抽取大致相等的石子8份组成一组试样；从火车、汽车、轮船上取样时，从不同部位和深度抽取大致等量的石子16份组成一组试样。

3）取样数量：单项检测的最少取样量应符合表16.1的规定。

4）试样缩分：除堆积密度检测所用试样不经缩分，在拌匀后直接进行检测外，其他检测用试样均应进行缩分。先将所取样品置于平板上，在自然状态下拌和均匀，并堆成锥体，然后沿互相垂直的两条直径把锥体分成大致相等的四份，取其中对角线的两份重新拌匀，再堆成锥体。重复上述过程，直至把样品缩分到检测所需量为止。

5）石子必检项目：筛分析、含泥量、泥块含量、针片状颗粒含量、压碎指标。若检验不合格,应重新取样,对不合格项进行加倍复检,若仍不能满足标准要求,应按不合格品处理。

16.2.3 砂筛分析检测

(1)试验目的

评定砂的颗粒级配和粗细程度。

(2)仪器设备

标准筛:孔径为 150 μm、300 μm、600 μm、1.18 mm、2.36 mm、4.75 mm 及 9.50 mm 的方孔筛、烘箱、天平、摇筛机、搪瓷盘、毛刷等。

(3)检测步骤

1)按规定方法取样,并缩分至约 1100 g。放在(105±5)℃的烘箱中烘至恒重(指试样在烘干 1 ~3 h 的情况下,其前后质量之差不大于该项试验所要求的称量精度时的质量),冷却至室温后,先筛除大于 9.50 mm 的颗粒并算出其筛余百分率,再分成大致相等的两份备用。

2)称取试样 500 g,精确至 1 g。将试样倒入按孔径大小从上到下组合的套筛(附筛底)上,然后进行筛分。

3)先在摇筛机上筛分 10 min,再按筛孔大小顺序逐个手筛,筛至每分钟通过量小于试样总量 0.1% 为止。通过的试样并入下一筛中,并和下一号筛中的试样一起过筛,按这样顺序进行,直至各号筛全部筛完为止。

4)称量各号筛的筛余量,精确至 1 g。如每号筛的筛余量与筛底的剩余量之和同原试样质量之差超过 1% 时,须重做。

(4)结果计算与评定

1)计算分计筛余百分率:各号筛的筛余量与试样总量之比,精确至 0.1% 。

2)计算累计筛余百分率:该号筛的筛余百分率加上该号筛以上各筛的筛余百分率之和,精确至 0.1% 。

3)按下式计算细度模数,精确至 0.01:

$$M_x = \frac{(A_2 + A_3 + A_4 + A_5 + A_6) - 5A_1}{100 - A_1}$$

4)累计筛余百分率取两次检测结果的算术平均值,精确至 1% 。

5)细度模数取两次检测结果的算术平均值,精确至 0.1;如两次检测的细度模数之差超过 0.20 时,须重做检测。根据细度模数评定该试样的粗细程度。

6)根据各号筛的累计筛余百分率,查前文中表 5.2,评定该试样的颗粒级配。

16.2.4 砂的含泥量与泥块含量检测

(1)砂的含泥量检测

1)试验目的。评定砂是否达到技术要求,能否用于指定工程中。

2)仪器设备。烘箱、天平、方孔筛(孔径为 75 μm 及 1.18 mm 的筛各一只)、容器(深度大于 250 mm)、搪瓷盘、毛刷等。

3）检测步骤。

①按规定方法取样后，最少取样数量为4400 g并缩分至约1100 g，放在烘箱中于(105±5)℃下烘干至恒重，待冷却至室温后，分为大致相等的两份备用。

②称取试样500 g，精确至0.1 g。将试样倒入淘洗容器中，注入清水，使水面高于试样面约150 mm，充分搅拌均匀后，浸泡2 h。然后用手在水中淘洗试样，使尘屑、淤泥和黏土与砂粒分离，把浑水缓缓倒入1.18 mm及75 μm的套筛上（1.18 mm筛放在75 μm筛上面），滤去小于75 μm颗粒。试验前筛子的两面应先用水润湿，在整个过程中应小心，防止砂粒流失。

③再向容器中注入清水，重复上述操作，直至容器内的水目测清澈为止。

④用水淋洗剩余在筛上的细粒，并将75 μm筛放在水中（使水面略高出筛中砂粒的上表面）来回摇动，以充分洗掉小于75 μm的颗粒，然后将两只筛的筛余颗粒和清洗容器中已经洗净的试样一并倒入搪瓷盘，放在烘箱中于(105±5)℃下烘干至恒重，待冷却至室温后，称出其质量，精确至0.1 g。

4）结果计算与评定。按下式计算含泥量，精确至0.1%：

$$Q_a = \frac{G_0 - G_1}{G_0} \times 100$$

式中 Q_a——含泥量，%；

G_0——检测前烘干试样的质量，g；

G_1——检测后烘干试样的质量，g。

含泥量取两个试样检测结果的算术平均值。根据计算结果查表5.4，进行评定。

(2)砂的泥块含量检测

1）试验目的。评定砂是否达到技术要求，能否用于指定工程中。

2）仪器设备。烘箱、天平、方孔筛（孔径为600 μm及1.18 mm的筛各一只）、容器（深度大于250 mm）、搪瓷盘、毛刷等。

3）检测步骤。

①按规定方法取样，最少取样数量为20.0 kg并缩分至约5 kg，放在烘箱中于(105±5)℃下烘干至恒重，待冷却至室温后，筛除小于1.18 mm的颗粒，分为大致相等的两份备用。

②称取试样200 g，精确至0.1 g。将试样倒入淘洗容器中，注入清水，使水面高于试样面约150 mm，充分搅拌均匀后，浸泡24 h，然后用手在水中碾碎泥块，再把试样放在600 μm筛上，淘洗试样，直至容器内的水目测清澈为止。

③保留下来的试样小心地从筛中取出，装入搪瓷盘，放在烘箱中于(105±5)℃下烘干至恒重，待冷却至室温后，称出其质量，精确至0.1 g。

4）结果计算与评定。按下式计算泥块含量，精确至0.1%：

$$Q_b = \frac{G_1 - G_2}{G_1} \times 100$$

式中 Q_b——泥块含量，%；

G_1——1.18 mm筛筛余试样的质量，g；

G_2——试验后烘干试样的质量,g。

泥块含量取两个试样检测结果的算术平均值。根据计算结果查表5.4,进行评定。

16.2.5 砂的密度检测

(1)表观密度检测

1)试验目的。为计算砂的空隙率和进行混凝土配合比设计提供数据。

2)仪器设备。烘箱、天平、容量瓶、干燥器、搪瓷盘、滴管、毛刷等。

3)检测步骤。

①按规定方法取样,最少取样数量为2600 g,缩分至约660 g,在烘箱中烘至恒重,待冷却至室温后,分成大致相等的两份备用。

②称取试样300 g,精确至1 g。将试样装入容量瓶,注入冷开水至接近500 mL的刻度处,用手旋转摇动容量瓶,使砂样充分摇动,排除气泡,塞紧瓶盖,静止24 h。然后用滴管小心加水至容量瓶500 mL刻度处,塞紧瓶盖,擦干瓶外水分,称出其质量,精确至1 g。

③倒出瓶内水和试样,洗净容量瓶,再向容量瓶内注入与上述水温相差不超过2℃的冷开水(15~25 ℃)至500 mL刻度处,塞紧瓶盖,擦干瓶外水分,称出其质量,精确至1 g。

4)结果计算与评定

①砂的表观密度按下式计算,精确至10 kg/m^3:

$$\rho_0 = \left(\frac{G_0}{G_0 + G_2 - G_1}\alpha_t\right) \times \rho_{水}$$

式中 ρ_0——表观密度,kg/m^3;

$\rho_{水}$——水的密度,1000 kg/m^3;

G_0——烘干试样的质量,g;

G_1——试样、水及容量瓶的总质量,g;

G_2——水及容量瓶的总质量,g。

α_t——水温对表观密度影响的修正系数。

②表观密度取两次检测结果的算术平均值,精确至10 kg/m^3;如两次检测结果之差大于20 kg/m^3,须重做检测。

③表观密度的计算结果应大于2500 kg/m^3。

(2)堆积密度与空隙率检测

1)试验目的。为计算砂的空隙率和进行混凝土配合比设计提供数据。

2)仪器设备。烘箱、天平、容量筒(圆柱形金属筒,内径108 mm,净高109 mm,壁厚2 mm,筒底厚5 mm,容积为1 L)、方孔筛(孔径为4.75 mm)、垫棒(直径为10 mm,长500 mm的圆钢)、直尺、漏斗、料勺、搪瓷盘、毛刷等。

3)检测步骤。按规定方法取样,最少取样数量为5000 g,用搪瓷盘装取试样约3 L,在烘箱中烘至恒重,待冷却至室温后,筛除大于4.75 mm的颗粒,分为大致相等的两份备用。

①松散堆积密度:取试样一份,用漏斗或料勺将试样从容量筒中心上方50 mm处徐徐倒入,让试样以自由落体落下,当容量筒上部试样呈堆体,且容量筒四周溢满时,即停止

加料。然后用直尺沿筒口中心线向两边刮平(试验过程应防止触动容量筒),称出试样和容量筒总质量,精确至1 g。

②紧密堆积密度:取一份试样分两次装入容量筒。装完第一层后,在筒底垫放一根直径为10 mm的圆钢,将筒按住,左右交替击地面各25次。然后装入第二层,第二层装满后用同样方法颠实(但筒底所垫钢筋的方向与第一层时的方向垂直)后,再加试样直至超过筒口,然后用直尺沿筒口中心线向两边刮平,称出试样和容量筒总质量,精确至1 g。

4)结果计算与评定。

①松散或紧堆积密度按下式计算,精确至10 kg/m^3:

$$\rho_1 = \frac{G_1 - G_2}{V}$$

式中　ρ_1——松散堆积密度或紧密堆积密度,kg/m^3;

G_1——容器筒和试样总质量,g;

G_2——容器筒质量,g;

V——容器筒的容积,L。

②空隙率按下式计算,精确1%:

$$V_0 = \left(1 - \frac{\rho_1}{\rho_0}\right) \times 100\%$$

式中　V_0——空隙率;

ρ_1——试样的松散(或紧密)堆积密度,kg/m^3;

ρ_0——试样的表观密度,kg/m^3。

③堆积密度取两次检测结果的算术平均值,精确至10 kg/m^3;空隙率取两次检测结果的算术平均值,精确至1%。

④松散堆积密度计算结果应大于1400 kg/m^3,空隙率应小于44%。

16.2.6　石子筛分析检测

(1)试验目的

评定石子的颗粒级配。

(2)仪器设备

方孔筛(孔径为2.36 mm、4.75 mm、9.50 mm、16.0 mm、19.0 mm、26.5 mm、31.5 mm、37.5 mm、53.0 mm、63.0 mm、75.0 mm及90.0 mm的筛各一只,并附有筛底和筛盖)、烘箱、台秤、摇筛机、搪瓷盘、毛刷等。

(3)试验步骤

1)按规定方法取样后,将试样缩分至略大于表16.2规定的数量,烘干或风干后备用。

表16.2　颗粒级配试验所需试样数量

最大粒径/mm	9.5	16.0	19.0	26.5	31.5	37.5	63.0	75.0
最少试样质量/kg	1.9	3.2	3.8	5.0	6.3	7.5	12.6	16.0

2)称取按表16.2规定数量的试样一份,精确至1 g。将试样倒入按孔径大小从上到下组合的套筛(附筛底)上,然后进行筛分。

3)将套筛置于摇筛机上,摇10 min,取下套筛,按筛孔大小顺序再逐个用手筛,筛至每分钟通过量小于试样总量0.1%为止。通过的颗粒并入下一号筛中,并和下一号筛中的试样一起过筛,这样顺序进行,直至各号筛全部筛完为止。

4)称出各号筛的筛余量,精确至1 g。如每号筛的筛余量与筛底的筛余量之和同原试样质量之差超过1%时,应重做。

(4)结果计算与评定

1)计算分计筛余百分率:各号筛的筛余量与试样总质量之比,计算精确至0.1%。

2)计算累计筛余百分率:该号筛的筛余百分率加上该号筛以上各分计筛余百分率之和,精确至1%。

3)根据各号筛的累计筛余百分率,查表5.9,评定该试样的颗粒级配。

16.2.7 石子含泥量检测

(1)目的

评定石子是否达到技术要求,能否用于指定工程中。

(2)仪器设备

烘箱、天平、方孔筛(孔径为75 μm及1.18 mm的筛各一只)、容器、搪瓷盘、毛刷等。

(3)检测步骤

1)按规定方法取样后,将试样缩分至略大于表16.3规定的数量,在烘箱中烘至恒重,待冷却至室温后,分为大致相等的两份备用。

2)称取按表16.3规定数量的试样一份,精确至1 g,将试样放入淘洗容器中,注入清水,使水面高于试样上表面150 mm,充分搅拌均匀后,浸泡2 h,然后用手在水中淘洗试样,使尘屑、淤泥和黏土与石子颗粒分离,把浑水缓缓倒入1.18 mm及75 μm的套筛上(1.18 mm筛放在75 μm筛上面),滤去小于75 μm的颗粒。试验前筛子的两面应先用水润湿。在整个试验过程中应小心防止大于75 μm颗粒流失。

表16.3 含泥量测试所需试样数量

最大粒径/mm	9.5	16.0	19.0	26.5	31.5	37.5	63.0	75.0
最少试样质量/kg	2.0	2.0	6.0	6.0	10.0	10.0	20.0	20.0

3)再向容器中注入清水,重复上述操作,直至容器内的水目测清澈为止。

4)用水淋洗剩余在筛上的细粒,并将75 μm筛放在水中(使水面略高出筛中石子颗粒的上表面)来回摇动,以充分洗掉小于75 μm的颗粒,然后将两只筛上筛余的颗粒和清洗容器中已经洗净的试样一并倒入搪瓷盘中,置于烘箱中烘至恒量,待冷却至室温后,称出其质量,精确至1 g。

(4)结果计算与评定

1)含泥量按下式计算,精确至0.1%:

$$Q_a = \frac{G_0 - G_1}{G_0} \times 100$$

式中　Q_a——含泥量,%;

G_0——检测前烘干试样的质量,g;

G_1——检测后烘干试样的质量,g。

2)含泥量取两次检测结果的算术平均值,精确至0.1%。

3)根据含泥量计算结果和表5.10对照,进行评定。

16.2.8　石子密度检测

(1)表观密度检测

《建筑用卵石、碎石》(GB/T 14685—2022)中表观密度的检测方法有液体比重天平法与广口瓶法两种。这里介绍广口瓶法,此法不宜用于测定最大粒径大于37.5 mm的碎石或卵石的表观密度。

1)试验目的。为计算石子的空隙率和进行混凝土配合比设计提供依据。

2)仪器设备。烘箱、天平、广口瓶、方孔筛(孔径为4.75 mm的筛一只)、温度计、玻璃片、搪瓷盘、毛巾等。

3)检测步骤。

①按规定方法取样,最少取样数量见表16.4,并将试样缩分至略大于表16.4规定的数量,风干后筛除小于4.75 mm的颗粒,然后洗刷干净,分为大致相等的两份备用。

表16.4　表观密度检测所需试样数量

最大粒径/mm	<26.5	31.5	37.5	63.0	75.0
最少试样质量/kg	2.0	3.0	4.0	6.0	6.0

②将试样浸水饱和,然后装入广口瓶中。装试样时,广口瓶应倾斜放置,注入饮用水,用玻璃片覆盖瓶口,上下左右摇晃排除气泡。

③气泡排尽后,向瓶中添加饮用水至水面凸出瓶口边缘。然后用玻璃片沿瓶口迅速滑行,使其紧贴瓶口水面。擦干瓶外水分后,称出试样、水、瓶和玻璃片总质量,精确至1 g。

④将瓶中试样倒入浅盘,放在烘箱中烘干至恒重,待冷却至室温后,称出其质量,精确至1 g。

⑤将瓶洗净,重新注入饮用水,用玻璃片紧贴瓶口水面,擦干瓶外水分后,称出水、瓶和玻璃片总质量,精确至1 g。

注意:检测时各项称量可以在15~25 ℃范围内进行,但从试样加水静止的2 h起至检测结束,其温度变化不应超过2 ℃。

4)结果计算与评定。表观密度按下式计算,精确至10 kg/m³:

$$\rho_0 = \left(\frac{G_0}{G_0 + G_2 - G_1}\alpha_t\right) \times \rho_水$$

式中 ρ_0——表观密度,kg/m^3;

$\rho_水$——水的密度,1000 kg/m^3;

G_0——烘干试样的质量,g;

G_1——试样、水、容量瓶和玻璃片的总质量,g;

G_2——水、容量瓶和玻璃片的总质量,g。

α_t——水温对表观温度影响的修正系数。

表观密度取两次检测结果的算术平均值。如两次测试结果之差大于 20 kg/m^3,须重做试验。对颗粒材质不均匀的试样,可取 4 次检测结果的算术平均值。表观密度计算结果应不小于 2600 kg/m^3。

(2)堆积密度与空隙率检测

1)试验目的。为计算石子的空隙率和进行混凝土配合比设计提供依据。

2)仪器设备。台秤、磅秤、容量筒(容量筒规格根据石子最大粒径确定)、垫棒(直径为 16 mm,长 600 mm 的圆钢)、直尺、小铲等。

3)检测步骤。按规定方法取样后,烘干或风干试样,拌匀并把试样分为大致相等两份备用。

①松散堆积密度:取试样一份,用小铲将试样从容量筒口中心上方 50 mm 处徐徐倒入(自由落体落下),当容量筒上部试样呈椎体,且容量筒四周溢满时,停止加料。除去凸出容量筒口表面的颗粒,并以合适的颗粒填入凹陷部分,使表面稍凸起部分和凹陷部分的体积大致相等(试验过程应防止触动容量筒),称出试样和容量筒总质量。

②紧密堆积密度:取试样一份分三次装入容量筒。装完第一层后,在筒底垫放一根直径为 16 mm 的圆钢,将筒按住,左右交替颠击地面各 25 次,再装入第二层,第二层装满后用同样方法颠实(但筒底所垫钢筋的方向与第一层时的方向垂直),然后装入第三层,按上述方法颠实。称出试样和容量筒总质量,精确至 10 g。

4)结果计算与评定。松散或紧密堆积密度按下式计算,精确至 10 kg/m^3:

$$\rho_1 = \frac{G_1 - G_2}{V}$$

式中 ρ_1——松散堆积密度或紧密堆积密度,kg/m^3;

G_1——容量筒和试样的总质量,g;

G_2——容量筒质量,g;

V——容量筒的容积,L。

空隙率按下式计算,精确至 1%:

$$V_0 = \left(1 - \frac{\rho_1}{\rho_0}\right) \times 100\%$$

式中 V_0——空隙率;

ρ_1——试样的松散(或紧密)堆积密度,kg/m^3;

ρ_0——试样的表观密度,kg/m^3。

堆积密度取两次检测结果的算术平均值，精确至10 kg/m^3；空隙率取两次检测结果的算术平均值，精确至1%。松散堆积计算结果和表5.12对照，进行评定。

16.2.9 石子针状和片状颗粒的总含量检测

(1)试验目的

测定碎石或卵石中针状和片状颗粒的总含量，作为评定石子质量的依据。

(2)主要仪器

针状规准仪(见图16.7)和片状规准仪(见图16.8)，或游标卡尺；天平和秤(天平称量2 kg，感量2g；秤称量20 kg，感量20 g)；试验筛(筛孔公称直径分别为5.00、10.0、20.0、25.0、31.5、40.0、63.0、80.0 mm，根据需要选用)。

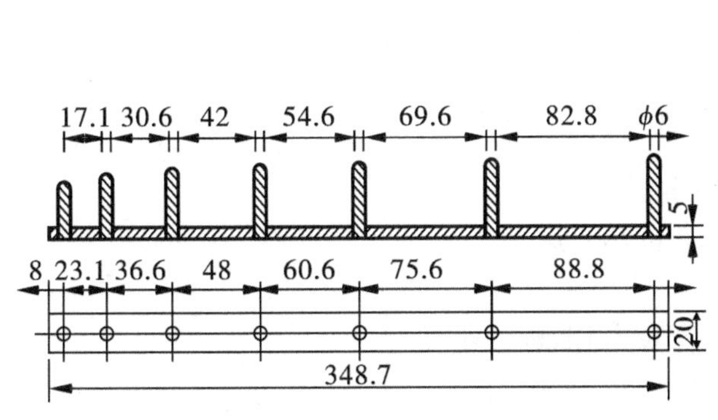

图16.7 针状规准仪(单位:mm)

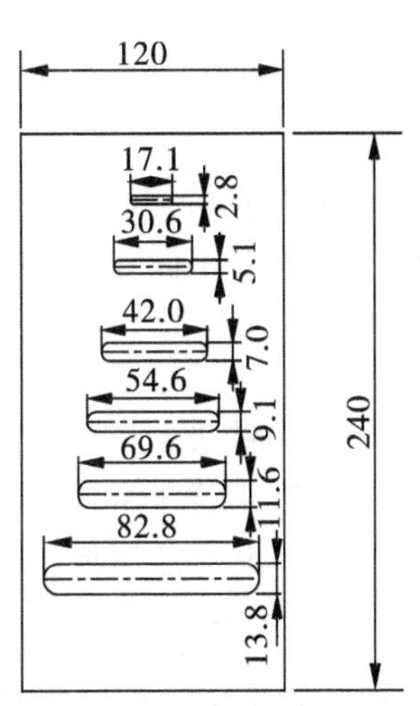

图16.8 片状规准仪(单位:mm)

(3)试验步骤

1)试验前，将样品在室内风干至表面干燥，并用四分法缩分至表16.5规定的数量，称量(m_0)，然后筛分成表16.6所规定的粒级备用。

2)按表16.6所规定的粒级用规准仪逐粒对试样进行鉴定，凡颗粒长度大于针状规准仪上相对应间距者，为针状颗粒。厚度小于片状规准仪上相应孔宽者，为片状颗粒。

3)粒径大于40 mm的碎石或卵石可用卡尺鉴定其针片状颗粒，卡尺卡口的设定宽度应符合表16.7的规定。

4)称量由各粒级挑出的针状和片状颗粒的总质量(m_1)。

表16.5 针、片状试验所需的试样最少质量

最大粒径/mm	10.0	16.0	20.0	25.0	31.5	40.0以上
试样最少重量/kg	0.3	1	2	3	5	10

表 16.6 针、片状试验的粒级划分及其相应的规准仪孔宽或间距

公称粒级/mm	5～10	10～16	16～20	20～25	25～31.5	31.5～40
片状规准仪上相对应的孔宽/mm	2.8	5.1	7.0	9.1	11.6	13.8
针状规准仪上相对应的间距/mm	17.1	30.6	42.0	54.6	69.6	82.8

表 16.7 大于 40 mm 粒级颗粒卡尺卡口的设定宽度

粒级/mm	40～63	63～80
鉴定片状颗粒的卡口宽度/mm	18.1	27.6
鉴定针状颗粒的卡口宽度/mm	108.6	165.6

(4)试验结果计算

碎石或卵石中针、片状颗粒含量 w_p 应按下式计算(精确至 1%)：

$$w_p = \frac{m_1}{m_0} \times 100\%$$

式中 w_p——针状和片状颗粒的总含量；

m_1——试样中所含针、片状颗粒的总质量，g；

m_0——试样总质量，g。

根据针、片状颗粒含量检测结果查表 5.10，进行评定。

16.2.10 石子压碎指标值检测

(1)试验目的

测定石子抵抗压碎的能力，推测石子的强度。

(2)仪器设备

压力试验机、台秤、天平、方孔筛(孔径为 2.36 mm、9.50 mm 及 19.0 mm)、垫棒(直径为 10 mm，长 500 mm 的圆钢)、压碎值测定仪、卡尺。

(3)检测步骤

1)按规定方法取样，最少取样数量见表 16.1，风干后筛除大于 19.0 mm 及小于 9.50 mm的颗粒，并除去针、片状颗粒，分成大致相等的三份备用。

2)称取试样 3000 g，精确至 1 g。

3)将试样分两层装入圆模(置于底盘上)内，每装完一层试样后，在底盘下面垫放 ϕ10 垫棒，将筒按住，左右交替颠击地面各 25 次，两层颠实后，平整模内试样表面，盖上压头。当圆模装不下 3000 g 试样时，以装至距圆模上口 10 mm 为准。

4)将装有石子的压碎值测定仪放在压力机上，开动试验机，按 1 kN/s 速度均匀加荷至 200 kN 并稳荷 5 s，然后卸荷。

5)取下加压头，倒出试样，用孔径 2.36 mm 的筛筛除被压碎的细粒，称出留在筛上的

试样质量,精确至 1 g。

(4)结果计算与评定

1)压碎指标值按下式计算,精确至 0.1%:

$$Q_e = \frac{G_1 - G_2}{G_1} \times 100$$

式中　Q_e——压碎指标值,%;

G_1——试样的质量,g;

G_2——压碎检测后筛余的试样质量,g。

2)指标值取三次检测结果的算术平均值,精确至 1%。

3)根据压碎指标计算结果,查表 5.11 进行评定。

16.3　混凝土性能检测

16.3.1　采用标准

《普通混凝土配合比设计规程》JGJ 55—2011

《普通混凝土拌合物性能试验方法标准》GB/T 50080—2016

《混凝土物理力学性能试验方法标准》GB/T 50081—2019

《混凝土结构工程施工质量验收规范》GB 50204—2015

《混凝土强度检验评定标准》GB/T 50107—2010

16.3.2　取样方法与数量

(1)取样

1)同一组混凝土拌合物的取样应从同一盘混凝土或同一车混凝土中取样。取样量应多于试验所需量的 1.5 倍,且宜不小于 20 L。

2)取样应具有代表性,一般在同一盘混凝土或同一车混凝土中的约 1/4 处、1/2 处和 3/4 处分别取样,第一次取样到最后一次取样的时间间隔不宜超过 15 min。

3)宜在取样后 5 min 内开始各项性能检测。

(2)试样制备

1)试验环境相对湿度不宜小于 50%,温度应保持在(20±5)℃,所用材料、试验设备的温度宜与试验室温度保持一致;现场试验时,应避免试样受到风、雨雪及阳光直射的影响。

2)混凝土拌合物应采用搅拌机搅拌,将称好的粗骨料、胶凝材料、细骨料和水一次加入搅拌机,难溶和不溶的粉状外加剂宜与胶凝材料同时加入搅拌机,液体和可溶外加剂宜与拌合水同时加入搅拌机。

3)混凝土拌合物宜搅拌 2 min 以上,直至搅拌均匀。

4)混凝土拌合物一次搅拌量不宜少于搅拌机公称容量的 1/4,不应大于搅拌机公称容量,且不应少于 20 L。

5)试验室搅拌混凝土时,材料用量应以质量计。骨料的称量精度应为±0.5%;水泥、掺合料、水、外加剂的称量精度均为±0.2%。

16.3.3 混凝土拌合物和易性检测

16.3.3.1 坍落度检测

本方法适用于坍落度不小于10 mm,骨料最大粒径不大于40 mm的混凝土拌合物稠度测定。采用标准为《普通混凝土拌合物性能试验方法标准》(GB/T 50080—2016)。

(1)试验目的

确定混凝土拌合物和易性是否满足施工要求。

(2)仪器设备

坍落度筒、捣棒(图16.9)、搅拌机、台秤、量筒、天平、拌铲、底板(平面尺寸不小于1500 mm×1500 mm,厚度不小于3 mm,挠度不大于3 mm)、钢尺、装料漏斗、抹刀等。

图16.9 坍落度筒及捣棒

(3)检测步骤

1)润湿坍落度筒及其他用具,在筒顶部加上漏斗,放在拌板上,双脚踩住脚踏板。使坍落度筒在装料时保持固定。

2)把混凝土试样用小铲分三层均匀地装入筒内,使捣实后每层高度为筒高的三分之一左右。每层插捣25次,插捣应沿螺旋方向由外向中心进行,均匀分布。插捣筒边混凝土时,捣棒可以稍稍倾斜。插捣底层时,捣棒应贯穿整个深度,插捣第二层和顶层时,捣棒应插透本层至下一层的表面;浇灌顶层时,混凝土应灌到高出筒口。插捣过程中,如混凝土沉落到低于筒口,则应随时添加。顶层插捣完后,刮去多余的混凝土,并用抹刀抹平。

3)清除筒边底板上的混凝土后,垂直平稳地提起坍落度筒。坍落度筒的提离过程应在3~7 s内完成;从开始装料到提坍落度筒的整个过程应不间断地进行,并应在150 s内完成。

(4)结果评定

1)提起坍落度筒后,测量筒高与坍落后混凝土试体最高点之间的高度差,即为该混凝土拌合物的坍落度值;坍落度筒提离后,如混凝土发生崩坍或一边剪坏现象,则应重新取样另行测定;如第二次检测仍出现上述现象,则表示该混凝土和易性不好,应予记录备查。

2)观察坍落后混凝土试体的黏聚性及保水性。黏聚性的检查方法是用捣棒在已坍落的混凝土锥体侧面轻轻敲打,如果锥体逐渐下沉,则表示黏聚性良好,如果锥体倒塌、部分崩裂或出现离析现象,则表示黏聚性不好。保水性的检查方法是坍落度筒提起后,如有较多的稀浆从底部析出,锥体部分的混凝土也因失浆而骨料外露,则表示保水性不好;如无稀浆或仅有少量稀浆自底部析出,则表示保水性良好。如果发现粗骨料在中央集堆或边缘有水泥浆析出,表示此混凝土拌合物抗离析性不好,应予记录。

3)混凝土拌合物坍落度测量应精确至1 mm,结果应修约至5 mm。

16.3.3.2 坍落扩展度检测

本方法适用于坍落度不小于160 mm,骨料最大粒径不大于40 mm的混凝土拌合物稠度测定。

(1)试验目的

确定混凝土拌合物和易性是否满足施工要求。

(2)仪器设备

同混凝土坍落度检测所用仪器。

(3)试验步骤

1)检测混凝土拌合物的坍落度值。

2)当混凝土拌合物不再扩散或扩散持续时间已达到50 s,用钢尺测量混凝土扩展后最终的最大直径和最小直径,在两直径之差小于50 mm的条件下,用其算术平均值作为坍落扩展度值;否则,此次检测无效,需另行取样检测。

4)扩展度试验从开始装料到测得混凝土扩展度值的整个过程应连续进行,并应在4 min完成。

(4)结果评定

1)发现粗骨料在中间堆积或边缘有浆体析出时,应记录说明。

2)混凝土拌合物坍落度和坍落扩展度以mm为单位,测量精确至1 mm,结果表达修约至5 mm。

16.3.3.3 坍落度和坍落扩展度经时损失检测

(1)试验目的

测定混凝土坍落度随静置时间的变化。

(2)仪器设备

同混凝土坍落度检测所用仪器。

(3)试验步骤

1)检测混凝土拌合物的初始坍落度值H_0和坍落扩展度值L_0。

2)将混凝土拌合物全部放入塑料桶或不被水泥腐蚀的金属桶中,并用桶盖或塑料布进行封闭静置。

3)自加水拌和开始计时,混凝土拌合物静置60 min后,将拌合物全部加入搅拌机中搅拌20 s,进行坍落度和坍落扩展度检测,得出60 min坍落度值H_{60}和L_{60}。

(4)结果评定

计算初始坍落度和60 min坍落度的差值或初始坍落扩展度和60 min坍落扩展度的差值,可得出60 min混凝土坍落度或坍落扩展度经时损失检测结果。泵送混凝土的坍落度经时损失控制在30 mm/h较好。

16.3.4 混凝土抗压强度检测

(1)试验目的

测定混凝土立方体抗压强度,作为评定混凝土质量的主要依据。

(2)仪器设备

压力试验机、振动台、搅拌机、试模、捣棒、抹刀等。

(3)检测步骤

1)基本要求。混凝土立方体抗压试件以三个为一组,每组试件所用的拌合物应从同一盘混凝土或同一车混凝土中取样。试件的尺寸按粗骨料的最大粒径来确定,见表16.8。

表 16.8 试件尺寸、插捣次数及抗压强度换算系数(GB/T 50081—2019)

试件横截面面积/(mm×mm)	骨料最大粒径/mm	每层插捣次数(人工)	抗压强度换算系数(<C60)
100×100	31.5	≥12	0.95
150×150	37.5	≥27	1
200×200	63	≥48	1.05

注:当混凝土强度等级不小于 C60 时,宜采用标准试件;使用非标准试件时,尺寸换算系数由试验确定。

2)试件的制作。成型前,应检查试模,并在其内表面涂一薄层矿物油或其他不与混凝土发生反应的隔离剂。

混凝土拌合物在入模前应保证其匀质性。宜根据混凝土拌合物的稠度或试验目的确定适宜的成型方法,混凝土应充分密实,避免分层离析。

①振动台振实:将混凝土拌合物一次装入试模,装料时应用抹刀沿各试模内壁插捣,并使混凝土拌合物高出试模上口;试模应附着或固定在振动台上,振动时应防止试模在振动台上自由跳动,振动应持续到表面出浆且无明显大气泡溢出为止,不得过振。最后沿试模边缘刮去多余的混凝土,临近初凝时,用抹刀抹平,试件表面与试模边缘的高差不得超过0.5 mm。

②人工捣实:将混凝土拌合物分两层装入试模,每层的装料厚度应大致相等,插捣应按螺旋方向从边缘向中心均匀进行。在插捣底层混凝土时,捣棒应达到试模底部;插捣上层时,捣棒应贯穿上层后插入下层 20 ~ 30 mm;插捣时捣棒应保持垂直,不得倾斜。插捣后用抹刀沿试模内壁插拔数次,每层插捣次数在 10 000 mm^2 截面积内不得少于 12 次,插捣后应用橡皮锤或木棰轻轻敲击试模四周,直至插捣棒留下的空洞消失为止。最后刮去多余的混凝土,临近初凝时,用抹刀抹平,试件表面与试模边缘的高差不得超过 0.5 mm。

3)试件的养护。试件的养护方法有标准养护、与构件同条件养护两种方法。

①标准养护:试件成型抹面后应立即用塑料薄膜覆盖表面,在温度为(20±5)℃,相对湿度大于 50% 的室内静置 1 ~ 2 d,避免受到振动和冲击,然后编号拆模。拆模后立即放入温度为(20±2)℃,相对湿度为 95% 以上的标准养护室中养护,或在温度为(20±2)℃的不流动氢氧化钙饱和溶液中养护。试件应放在支架上,间隔 10 ~ 20 mm,表面应保持潮湿,不得用水直接冲淋,至试验龄期 28 d。

②同条件养护:试件拆模时间可与实际构件的拆模时间相同,拆模后,试件仍需保持

同条件养护。

4)抗压强度检测。试件从养护地点取出后,应及时检查其尺寸及形状,尺寸偏差应满足规定,即边长尺寸公差不超过1 mm。并将试件表面与上下承压板面擦干净。

将试件安放在试验机的下压板或垫板上,试件成型时的侧面为承压面。试件的中心应与试验机下压板中心对准,开动试验机,试件表面与上、下承压板或钢垫板应均匀接触。

在检测过程中应连续均匀地加荷,当混凝土强度等级小于C30时,加荷速度宜取0.3~0.5 MPa/s;混凝土强度等级为C30~C60时,宜取0.5~0.8 MPa/s;混凝土强度等级大于C60时,取0.8~1.0 MPa/s。

当试件接近破坏开始急剧变形时,应停止调整试验机油门,直至破坏,记录破坏荷载。

(4)结果计算与评定

1)混凝土立方体抗压强度按下式计算,精确至0.1 MPa:

$$f_{cc} = F/A$$

式中 f_{cc}——混凝土立方体试件抗压强度,MPa;

F——试件破坏荷载,N;

A——试件承压面积,mm^2。

2)评定。

①以三个试件测定值的算术平均值作为该组试件的强度值,精确至0.1 MPa。

②当三个测定值的最大值或最小值中有一个与中间值的差值超过中间值的15%时,则把最大值及最小值一并舍去,取中间值作为该组试件的抗压强度值。

③当两个测定值与中间值的差值均超过中间值的15%时,该组检测结果应为无效。

16.4 钢筋性能检测

本节主要介绍建筑工程中常用的热轧钢筋的性能检测。

16.4.1 主要采用标准

《钢筋混凝土用钢　第1部分:热轧光圆钢筋》GB/T 1499.1—2024

《钢筋混凝土用钢　第2部分:热轧带肋钢筋》GB/T 1499.2—2024

《金属材料 拉伸试验 第1部分:室温试验方法》GB/T 228.1—2021

《金属材料　弯曲试验方法》GB/T 232—2010

16.4.2 检验批的确定

钢筋应按批进行检查与验收,每批由同一牌号、同一炉罐号、同一规格的钢筋组成。每批的质量通常不大于60 t。超过60 t的部分,每增加40 t(或不足40 t的余数),增加一个拉伸试验试样和一个弯曲试验试样。

允许由同一牌号、同一冶炼方法、同一浇注方法的不同炉罐号组成混合批,但各炉罐号含碳量之差不大于0.02%,含锰量之差不大于0.15%。混合批的质量不大于60 t。

16.4.3 检验项目

检验项目有质量偏差、拉伸及冷弯性能。一般先进行质量偏差检验，合格后可用其中的试件，进行拉伸和冷弯性能检验。对牌号带 E 的钢筋应进行反向弯曲试验。可用反向弯曲试验代替弯曲试验。

16.4.4 取样方法和数量

每个项目的试件应从不同钢筋上截取，试件不得进行车削加工，将每根钢筋端部的 500 mm 截去后，质量偏差试件取 5 根，拉伸试件、冷弯试件各取 2 根。

16.4.5 合格判定

质量偏差、拉伸及冷弯性能检测全部合格，则该批钢筋合格。若拉伸检测中，有一根试件的屈服强度、抗拉强度和伸长率中有一个不符合标准要求，或冷弯性能检测中有一根试件不符合标准要求，或质量偏差检测不符合标准要求，则在同一批钢筋中再抽取双倍试件进行该不合格项目的复检，复检结果中只要有一个指标不合格，则该检测项目判定不合格，整批钢筋不予验收。

16.4.6 质量偏差检测

(1)试验目的

为判定钢筋质量提供依据。

(2)仪器设备

钢直尺(精确到 1 mm)、天平。

(3)环境条件

应在室温 10 ~ 35 ℃下进行，对温度要求严格的检测，检测温度应为(23±5)℃。

(4)检测步骤

1)从不同根钢筋上截取 5 支试样，每支长度不小于 500 mm。逐支测量长度(精确到 1 mm)。

2)测量试样总质量，应精确到 1 g。

3)按表 16.9 查出钢筋的理论质量。

表 16.9 钢筋的公称横截面面积与理论质量(GB/T 1499.1—2024、GB/T 1499.2—2024)

公称直径/mm	公称横截面面积/mm^2	理论质量/(kg/m)
6	28.27	0.222
8	50.27	0.395
10	78.54	0.617
12	113.1	0.888

续表 16.9

公称直径/mm	公称横截面面积/mm^2	理论质量/(kg/m)
14	153.9	1.21
16	201.1	1.58
18	254.5	2.00
20	314.2	2.47
22	380.1	2.98
25	490.9	3.85
28	615.8	4.83
32	804.2	6.31
36	1018	7.99
40	1257	9.87
50	1964	15.42

注:表中理论质量按密度为7.85 g/cm^3计算。

(5)结果计算与评定

钢筋质量偏差按下式计算,精确到1%。

$$质量偏差=\frac{试样实际总质量-试样总长度\times理论质量}{试样总长度\times理论质量}\times100\%$$

钢筋实际质量与理论质量的质量的允许偏差见表7.13,符合标准要求为合格,否则为不合格。

16.4.7　拉伸性能检测

(1)试验目的

测定钢筋的屈服强度、抗拉强度和伸长率,评定钢筋质量。

(2)仪器设备

万能材料试验机(示值误差不大于1%;试验达到最大负荷时,最好使指针停留在刻度盘的第三象限内或者数显破坏荷载在量程的50%~75%)、钢筋打点机或划线机、游标卡尺(精度为0.1 mm)等。

(3)环境条件

应在室温10~35 ℃下进行,对温度要求严格的检测,检测温度应为(23±5)℃。

(4)试件制备

在两根拉伸试件上可以用两个或一系列等分小冲点或细划线标出试件原始标距L_0,测量标距长度L_0,精确至0.1 mm,见图16.10。根据钢筋的公称直径按表16.9选取公称横截面积(mm^2)。

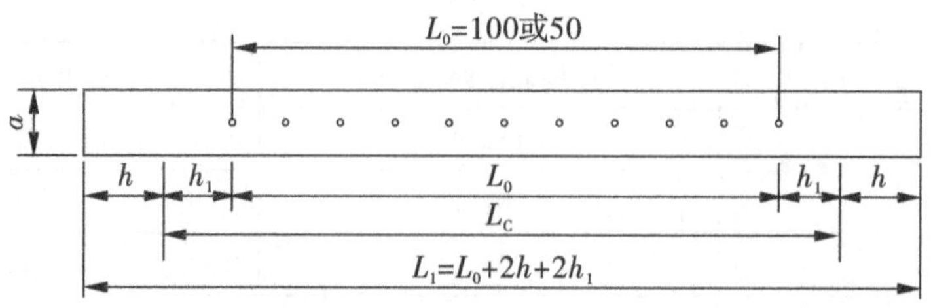

a—试样原始直径；L_0—标距长度；h_1—取(0.5～1)a；h—夹具夹持长度；L_C—试样的平行长度

图 16.10 钢筋拉伸试验试样

(5)检测步骤

1)将试件上端固定在试验机上夹具内，调整试验机零点，装好描绘器等，再用下夹具固定试件下端。

2)开动试验机进行拉伸，拉伸速度：屈服前应力增加速度为 10 MPa/s；屈服后试验机活动夹头在荷载下移动速度不大于 0.5 L_C/min($L_C=L_0+2h_1$)，直至试件拉断。

3)拉伸过程中，测力盘指针停止转动时的恒定荷载，或第一次回转时的最小荷载，即为屈服荷载 F_{el}(N)。继续加荷直至试件拉断，读出最大荷载 F_m(N)。

4)测量试件拉断后的标距长度 L_1。将已拉断的试件两端在断裂处对齐，尽量使其轴线位于同一条直线上。如拉断处距离邻近标距端点大于 $L_0/3$ 时，可用游标卡尺直接量出 L_1。如拉断处距离邻近标距端点小于或等于 $L_0/3$ 时，可按下述移位法确定 L_1：在长段上自断点起，取等于短段格数得 B 点，再取等于长段所余格数[偶数见图 16.11(a)]之半，得 C 点；或者取所余格数[奇数见图 16.11(b)]减 1 与加 1 之半，得 C 与 C_1 点。则移位后的 L_1 分别为 $AB+2BC$ 或 $AB+BC+BC_1$。

如果直接测量所求得的伸长率能达到技术条件要求的规定值，则可不采用移位法。

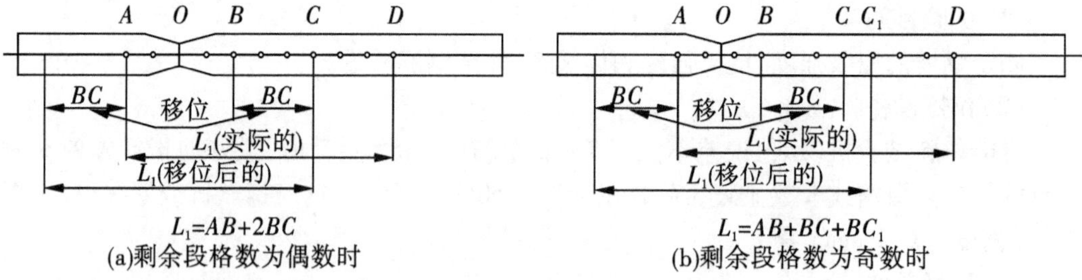

图 16.11 用移位法计算标距示意图

(6)结果计算与评定

1)屈服强度 R_{eL} 和抗拉强度 R_m 按下式计算：

$$R_{eL} = \frac{F_{eL}}{S_0}$$

$$R_m = \frac{F_m}{S_0}$$

式中　R_{eL} ——屈服强度,MPa;

R_m ——抗拉强度,MPa;

F_{eL} ——下屈服点荷载,N;

F_m ——试件拉断后最大荷载,N;

S_0 ——试件的公称截面面积,mm^2。

当 R_{eL} 和 R_m 小于200 MPa时,修约间隔为1 MPa; R_{eL} 和 R_m 为200～1000 MPa时,修约间隔为5 MPa; R_{eL} 和 R_m 大于1000 MPa时,修约间隔为10 MPa。

2)伸长率 A_5(或 A_{10})按下式计算,精确至1%:

$$A_5(\text{或} A_{10}) = \frac{L_1 - L_0}{L_0} \times 100\%$$

式中　A_5(或 A_{10})——标距长度为 $5a$(或 $10a$)的断后伸长率(a 为钢筋公称直径),%;

L_0——试件原始标距长度($L_0 = 10a$ 或 $L_0 = 5a$),mm;

L_1——试件断后标距长度,mm,精确到0.1 mm。

当 A_5(或 A_{10})≤10%时,修约间隔为0.5%;A_5(或 A_{10})>10%时,修约间隔为1%。

如试件在标距端点上或标距处断裂,则试验结果无效,应重做试验。

当两个试件中,屈服强度、抗拉强度和伸长率3个指标6个值,分别大于表7.14的规定,判定该批钢筋的拉伸性能合格。

16.4.8　冷弯性能检测

(1)试验目的

检验钢筋承受弯曲变形的能力,间接检验钢筋内部的缺陷及可焊性,评定钢筋质量。

(2)仪器设备

万能试验机(附有两支辊,支辊间距离可以调节;还应有不同直径的弯曲压头,其弯心直径符合有关标准规定)。

(3)环境条件

应在室温10～35 ℃下进行,对温度要求严格的检测,检测温度应为(23±5)℃。

(4)试件制备

钢筋冷弯试件不得进行车削加工,试件长度通常为 $5a$+150 mm(a 为钢筋公称直径)。

(5)检测步骤

1)选择合适的弯心直径(弯曲压头直径),调整试验机两支辊间的距离。

2)将两根试件安放好后,平稳加荷,让钢筋绕弯曲压头至规定的角度后终止弯曲。其中母材要求弯曲至180°,焊接接头试件要求弯曲至90°。当有争议时,检测速率应为(1±0.2)mm/s。整个试验过程如图7.7。

3)检查弯曲处的外面和侧面有无裂纹、断裂或起层现象。

(6)结果评定

试件按规定弯曲后,弯曲处无裂纹、断裂或起层现象,可判定合格,两根试件必须全部合格,则该批钢筋冷弯性能检测合格。

16.4.9 反向弯曲性能检测

(1)试验目的

对牌号带 E 的钢筋应进行反向弯曲试验,评定钢筋质量。

(2)仪器设备

钢筋反复弯曲试验机、烘箱。

(3)环境条件

应在室温 10 ~ 35 ℃下进行,对温度要求严格的检测,检测温度应为(23±5)℃。

(4)检测步骤

1)反向弯曲试验的弯曲压头直径比弯曲试验相应增加一个钢筋公称直径。

2)将钢筋试样正向弯曲 90°,目视仔细检查试样是否有裂纹和裂缝。

3)弯曲后的试样在(100±10)℃温度下保温不少于 30 min,然后在静止的空气中自然冷却至 10 ~ 35 ℃。

4)再将钢筋试样反向弯曲 20°。

(5)结果评定

若反向弯曲试样无目视可见的裂纹,则判定该试样为合格。

16.5 砂浆性能检测

试验依据:《建筑砂浆基本性能试验方法标准》(JGJ/T 70—2009)。

16.5.1 取样及试样制备

16.5.1.1 现场取样

(1)建筑砂浆试验用料应从同一盘砂浆或同一车砂浆中取样。取样量应不少于试验所需量的 4 倍。

(2)施工中取样进行砂浆试验时,其取样方法和原则按相应的施工验收规范执行。一般在使用地点的砂浆槽、砂浆运送车或搅拌机出料口,至少从三个不同部位取样。现场取来的试样,试验前应人工搅拌均匀。

(3)从取样完毕到开始进行各项性能试验不宜超过 15 min。

16.5.1.2 试样制备

(1)试验室拌制砂浆进行试验时,所用材料要求提前 24 h 运入室内,拌和时试验室的温度应保持在(20±5)℃;

(2)试验用原材料应与现场使用材料一致,砂应通过公称粒径 5 mm 筛;

(3)拌制砂浆时,所用材料应称重计量。称量精度:水泥、外加剂、掺合料等为

±0.5%；砂为±1%；

(4)在试验室搅拌砂浆时应采用机械搅拌，搅拌的用量宜为搅拌机容量的30%～70%，搅拌时间不应少于120 s。掺有掺合料和外加剂的砂浆，其搅拌时间不应少于180 s。

16.5.2　稠度检测

(1)试验原理及方法

通过测定一定质量的锥体自由沉入砂浆中的深度，反映砂浆抵抗阻力的大小。

(2)试验目的

确定配合比或施工过程中控制砂浆的稠度，达到控制用水量的目的。

(3)主要仪器设备

砂浆稠度测定仪(图16.12)；钢制捣棒：直径10 mm、长350 mm，端部磨圆；台秤；秒表等。

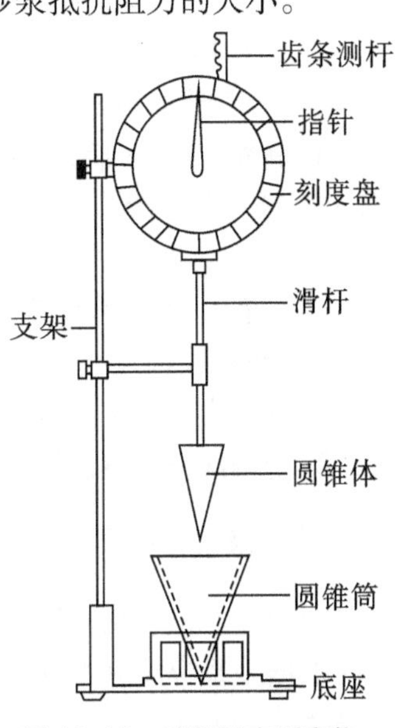

图16.12　砂浆稠度测定仪

(4)试验步骤及注意事项

1)用少量润滑油轻擦滑杆，再将滑杆上多余的油用吸油纸擦净，使滑杆能自由滑动；

2)用湿布擦净盛浆容器和试锥表面，将砂浆拌合物一次装入容器，使砂浆表面低于容器口约10 mm左右。用捣棒自容器中心向边缘均匀地插捣25次，然后轻轻地将容器摇动或敲击5～6下，使砂浆表面平整，然后将容器置于稠度测定仪的底座上；

3)拧松制动螺丝，向下移动滑杆，当试锥尖端与砂浆表面刚接触时，拧紧制动螺丝，使齿条侧杆下端刚接触滑杆上端，读出刻度盘上的读数(精确至1 mm)；

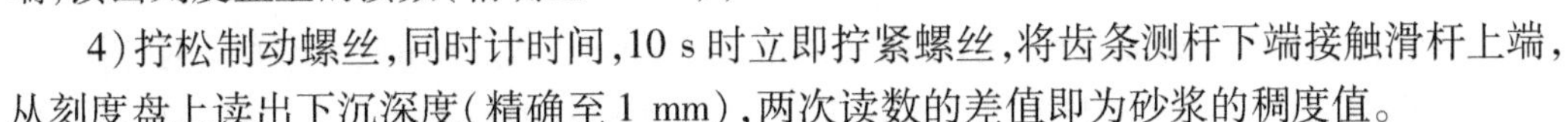
4)拧松制动螺丝，同时计时间，10 s时立即拧紧螺丝，将齿条测杆下端接触滑杆上端，从刻度盘上读出下沉深度(精确至1 mm)，两次读数的差值即为砂浆的稠度值。

注意事项：盛样容器内的砂浆，只允许测定一次稠度，重复测定时，应重新取样。

(5)结果评定

1)取两次试验结果的算术平均值，精确至1 mm；

2)如两次试验值之差大于10 mm，应重新取样测定。

16.5.3　分层度测试(标准法)

(1)试验原理及方法

测定相隔一定时间后沉入度的损失，反映砂浆失水程度及内部组分的稳定性。

(2)试验目的

测定砂浆拌合物在运输及停放时内部组分的稳定性。

(3)主要仪器设备

分层度测定仪(即分层度筒,见图16.13)、稠度仪、木槌等。

(4)试验步骤及注意事项

1)首先将砂浆拌合物按16.5.2稠度试验方法测定稠度;

2)将砂浆拌合物一次装入分层度筒内,待装满后,用木槌在容器周围距离大致相等的四个不同部位各轻轻敲击1~2下,如砂浆沉落到低于筒口,则应随时添加,然后刮去多余的砂浆并用抹刀抹平;

3)静置30 min后,去掉上层200 mm砂浆,剩余的100 mm砂浆倒出放在拌和锅内拌2 min,再按16.5.2稠度试验方法测其稠度。前后测得的稠度之差即为该砂浆的分层度值(mm)。

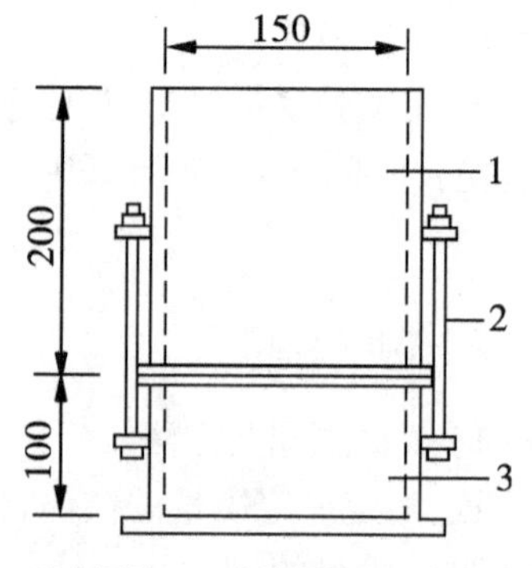

1—无底圆筒;2—连接螺栓;3—有底圆筒

图16.13 砂浆分层度测定仪(单位:mm)

注意事项:经稠度测定后的砂浆,重新拌和均匀后测定分层度。

(5)数据处理及结果评定

1)取两次试验结果的算术平均值作为该批砂浆的分层度值;

2)若两次分层度测试值之差大于10 mm,应重新取样测定。

16.5.4 保水性检测

(1)试验原理及方法

根据砂浆中部分水分被滤纸吸走后,砂浆中剩余的水分占原有水分的质量百分比测试砂浆的保水性。

(2)试验目的

通过测定砂浆的保水率,反映砂浆各组分的稳定性或保持水分的能力。

(3)主要仪器和材料

金属(或硬塑料)圆环试模:内径100,内部高25 mm;2 kg的重物;金属滤网:网格尺寸45 μm,圆形,直径为(110±1)mm;中速定性滤纸:直径110 mm,单位面积质量200 g/m^2;2片金属或玻璃的方形(或圆形)不透水片,边长(或直径)大于110 mm;天平:量程200 g,感量0.1 g;量程2000 g,感量1 g;烘箱。

(4)试验步骤及注意事项

1)称量底部不透水片与干燥试模质量m_1,15片中速定性滤纸质量m_2;

2)将砂浆拌合物一次性装入试模,并用抹刀插捣数次,当装入的砂浆略高于试模边缘时,用抹刀以45°角一次性将试模表面多余的砂浆刮去,然后用抹刀以较平的角度在试模表面反方向将砂浆刮平;

3)抹掉试模边的砂浆,称量试模、底部不透水片与砂浆总质量m_3;

4)用金属滤网覆盖在砂浆表面,再在滤网表面放上15片滤纸,用上部不透水片盖在滤纸表面,以2 kg的重物把上部不透水片压住;

5)静置2 min后移走重物及上部不透水片,取出滤纸(不包括滤网),迅速称量滤纸质

量 m_4；

6)按照砂浆的配比及加水量计算砂浆的含水率。

(5)数据处理及结果评定

砂浆保水率应按下式计算：

$$W = \left[1 - \frac{m_4 - m_2}{\alpha \times (m_3 - m_1)}\right] \times 100\%$$

式中　W——砂浆保水率,%；

m_1——底部不透水片与干燥试模质量,精确至1 g；

m_2——15片滤纸吸水前的质量,精确至0.1 g；

m_3——试模、底部不透水片与砂浆总质量,精确至1 g；

m_4——15片滤纸吸水后的质量,精确至0.1 g；

α——砂浆含水率。

取两次试验结果的算术平均值作为砂浆的保水率,精确至0.1%,且第二次试验应重新取样测定。砌筑砂浆的保水率应满足表8.3的规定。

当两个测定值之差超过2%时,此组试验结果应为无效。

16.5.5　立方抗压强度测定

(1)试验原理及方法

将流动性和保水性符合要求的砂浆拌合物按规定成型,制成标准的立方体试件,经28 d养护后,测其抗压破坏荷载,依此计算其抗压强度。

(2)试验目的

通过砂浆试件抗压强度的测定,检验砂浆质量,确定、校核配合比是否满足要求,并确定砂浆强度等级。

(3)主要仪器设备

试模:70.7 mm×70.7 mm×70.7 mm的带底试模;钢制捣棒:直径10 mm、长350 mm,端部磨圆;压力试验机:精度为1%,试件破坏荷载应不小于压力机量程的20%,且不大于全量程的80%;振动台:空载振幅0.5±0.05 mm,空载频率(50±3) Hz;垫板等。

(4)试验步骤及注意事项

1)试件成型及养护。

①采用立方体试件,每组试件3个；

②用黄油等密封材料涂抹试模的外接缝,试模内涂刷薄层机油或脱模剂,将拌制好的砂浆一次性装满砂浆试模,成型方法根据稠度而定。当稠度大于50 mm时采用人工振捣成型,当稠度小于等于50 mm时采用振动台振实成型；

a.人工振捣:用捣棒均匀地由边缘向中心按螺旋方式插捣25次,插捣过程中如砂浆沉落低于试模口,应随时添加砂浆,可用油灰刀插捣数次,并用手将试模一边抬高5～10 mm各振动5次,砂浆应高出试模顶面6～8 mm。

b.机械振动:将砂浆一次装满试模,放置到振动台上,振动时试模不得跳动,振动5～10 s或持续到表面出浆为止;不得过振。

③待表面水分稍干后，将高出试模部分的砂浆沿试模顶面刮去并抹平。

④试件制作后应在室温为(20±5)℃的环境下静置(24±2)h，当气温较低时，可适当延长时间，但不应超过两昼夜，然后对试件进行编号、拆模。试件拆模后应立即放入温度为(20±2)℃，相对湿度为90%以上的标准养护室中养护。养护期间，试件彼此间隔不小于10 mm，混合砂浆试件上面应覆盖，以防有水滴在试件上。

2)抗压强度测定。

①试验前将试件表面擦拭干净，测量尺寸，并据此计算试件的承压面积，若实测尺寸与公称尺寸之差不超过1 mm，可按公称尺寸进行计算；

②将试件安放在试验机的下压板(或下垫板)上，试件的承压面应与成型时的顶面垂直，试件中心应与试验机下压板（或下垫板）中心对准。开动试验机，当上压板与试件(或上垫板)接近时，调整球座，使接触面均衡受压。承压试验应连续而均匀地加荷，加荷速度应为0.25～1.5 kN/s，当试件接近破坏而开始迅速变形时，停止调整试验机油门，直至试件破坏，然后记录破坏荷载N_u。

注意事项：

①养护期间，试件彼此间隔不小于10 mm；

②试件从养护地点取出后应及时进行试验。

(5)数据处理及结果评定

砂浆立方抗压强度由下式计算(精确至0.1 MPa)：

$$f_{m,cu} = K\frac{N_u}{A}$$

式中 $f_{m,cu}$——砂浆立方体抗压强度，应精确至0.1 MPa；

N_u——试件破坏荷载，N；

A——试件承压面积，mm^2；

K——换算系数，取1.35。

以三个试件测值的算术平均值作为该组试件的砂浆立方体试件抗压强度平均值(f_2)，精确至0.1 MPa。

当三个测值的最大值或最小值中有一个与中间值的差值超过中间值的15%时，则把最大值及最小值一并舍除，取中间值作为该组试件的抗压强度值；如有两个测值与中间值的差值均超过中间值的15%时，则该组试件的试验结果无效。

16.6 墙体材料性能检测

16.6.1 烧结砖砖检测

本节主要介绍普通烧结砖、烧结多孔砖和多孔砌块、烧结空心砖和空心砌块相关工程指标检测方法及结果评定相关要求。

16.6.1.1　采用标准

《烧结普通砖》GB/T 5101—2017

《烧结多孔砖和多孔砌块》GB/T 13544—2011

《烧结空心砖和空心砌块》GB/T 13545—2014

《砌墙砖试验方法》GB/T 2542—2012

16.6.1.2　取样方法与数量

具体要求见表 16.10 所示。

表 16.10　烧结砖取样方法与数量

序号	材料	取样批量	取样方法	取样数量	执行标准
1	烧结普通砖、烧结多孔砖	检验批的构成原则和批量大小按 JC 466 规定。通常 3.5 万～15 万块为一批，不足 3.5 万块按一批计	外观质量在每一检验批的产品堆垛中随机抽样；尺寸偏差及其他从外观质量检验合格的样品中随机抽取	尺寸偏差从外观合格的砖样中随机抽取 20 块	《烧结普通砖》(GB/T 5101—2017)《烧结多孔砖和多孔砌块》(GB/T 13544—2011)《砌墙砖试验方法》(GB/T 2542—2012)
				强度等级 10 块	
2	烧结空心砖		尺寸偏差在每一检验批的产品堆垛中随机抽样；强度从外观质量检验合格的样品中随机抽取	尺寸偏差从外观合格的砖样中随机抽取 20 块	《烧结空心砖和空心砌块》(GB/T 13545—2014)《砌墙砖试验方法》(GB/T 2542—2012)
				强度等级 10 块	
				抗折、抗压强度各 10 块	

16.6.1.3　尺寸测量

(1)目的

检测砖试样的几何尺寸是否符合标准的要求。

(2)量具

砖用卡尺(分度值为 0.5 mm)示意见图 16.14。

(3)检测方法按 GB/T 2542—2012 规定，长度和宽度应在砖的两个大面的中间处分别测量两个尺寸；高度应在砖的两个条面的中间处分别测量两个尺寸。当被测处缺损或凸出时,可在其旁边测量,但应选择不利的一侧。精确至0.5 mm。

(4)结果表示。

每一个方向尺寸以两个测量值的算术平均值表示。

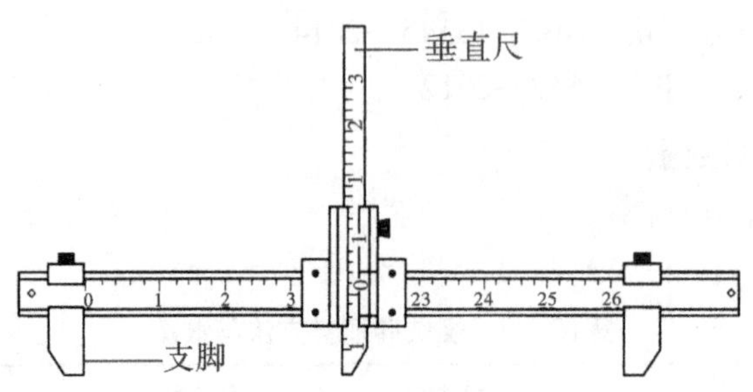

图16.14 砖用卡尺示意图

16.6.1.4 外观质量检测

(1)目的

检测砖试样的外观质量是否符合标准的要求。

(2)量具

砖用卡尺,分度值为0.5 mm;钢直尺,分度值不应大于1 mm。

(3)测量方法

1)缺损。

缺棱掉角在砖上造成的破损程度,以破损部分对长、宽、高三个棱边的投影尺寸来度量,称为破坏尺寸。

缺损造成的破坏面,是指缺损部分对条、顶面(空心砖为条、大面)的投影面积。空心砖内壁残缺及肋残缺尺寸,以长度方向的投影尺寸来度量。

2)裂纹。

①裂纹分为长度方向、宽度方向和水平方向三种,以被测量方向的投影长度表示。如果裂纹从一个面延伸至其他面上时,则累计其延伸的投影长度。

②多孔砖的孔洞与裂纹相通时,则将孔洞包括在裂纹内一并测量,如图16.15所示。

③裂纹长度以在三个方向上分别测得的最长裂纹作为测量结果。

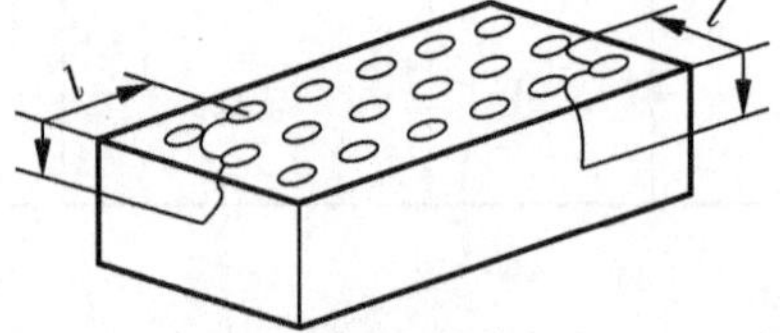

图16.15 多孔砖裂纹通过孔洞时的裂纹长度量法

3)弯曲。弯曲分别在大面和条面上测量,测量时将砖用卡尺的两支脚沿棱边两端放置,择其弯曲最大处将垂直尺寸推至砖面,如图16.16所示。但不应将因杂质或碰伤造成的凹处计算在内。以弯曲中测得的较大者作为测量结果。

4)杂质凸出高度。杂质的砖面上造成的凸出高度,以杂质距砖面的最大距离表示。测量将砖用卡尺的两支脚置于凸出两边的砖平面上,以垂直尺测量,如图16.17所示。

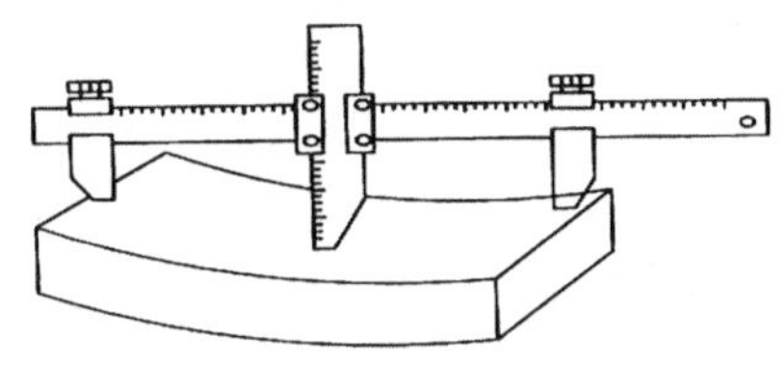

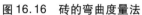

图 16.16 砖的弯曲度量法

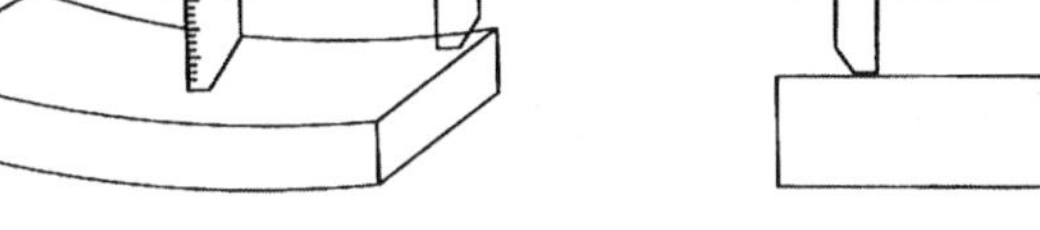

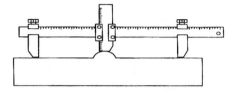

图 16.17 砖的杂物凸出量法

5)色差。装饰面朝上随机分两排并列,在自然光下距离砖样 2 m 处目测。

(4)结果处理

外观测量结果以 mm 为单位,不足 1 mm 者,按 1 mm 计。

16.6.1.5 抗折强度检测

(1)目的

测定蒸压粉煤灰砖抗折强度,为确定其强度等级提供依据。

(2)仪器设备

①压力试验机。试验机的示值相对误差不大于±1%,其下加压板应为球铰支座,预期最大破坏荷载应在量程的 20% ~80%。

②抗折夹具。抗折试验的加荷形式为三点加荷,其上下压辊的曲率半径为 15 mm,下支辊应有一个为铰接固定。

③钢直尺。分度值不应大于 1 mm。

(3)试样制备

试样数量及处理:蒸压灰砂砖为 5 块,其他砖为 10 块。蒸压灰砂砖应放在温度为(20±5)℃的水中浸泡 24 h 后取出,用湿布拭去其表面水分进行抗折强度试验。

(4)检测步骤

①测量试样中间的宽度和高度尺寸各 2 个,分别取其算术平均值(精确至 1 mm)。

②调整抗折夹具下支辊的跨距(砖规格长度减去 40 mm)。但规格长度为 190 mm 的砖样其跨距为 160 mm。

③将试样大面平放在下支辊上,试样两端面与下支辊的距离应相同。当试样有裂纹或凹陷时,应使有裂纹或凹陷的大面朝下放置,以 50 ~ 150 N/s 的速度均匀加荷,直至试样断裂,记录最大破坏荷载 P。

(5)结果计算与评定

①每块试样的抗折强度 f_c 按下式计算,精确至 0.01 MPa。

$$f_c = \frac{3PL}{2bh^2}$$

式中 f_c——砖样试块的抗折强度,MPa;

P——最大破坏荷载,N;

L——跨距,mm;

b——试样宽度,mm;

h——试样高度,mm。

②抗折强度取其算术平均值和单块最小值表示。

16.6.1.6 抗压强度检测

(1)目的

测定砌墙砖抗压强度,为确定砖的强度等级提供依据。

(2)仪器设备

1)压力试验机。试验机的示值相对误差不大于±1%,其上、下加压板至少应有一个球铰支座,预期最大破坏荷载应在量程的20%~80%。

2)钢直尺。分度值不应大于1 mm。

3)振动台、制样模具、搅拌机(应符合GB/T 25044的要求)。

4)切割设备。

5)抗压强度试验用净浆材料(应符合GB/T 25183的要求)。

(3)试样制备

试样数量:蒸压灰砂砖为5块,其他砖为10块。

1)一次成型制样(适用于烧结普通砖)

①将试样锯成两个半截砖,两个半截砖用于叠合部分的长度不得小于100 mm,见图16.18。如果不足100 mm,应另取备用试样补足。

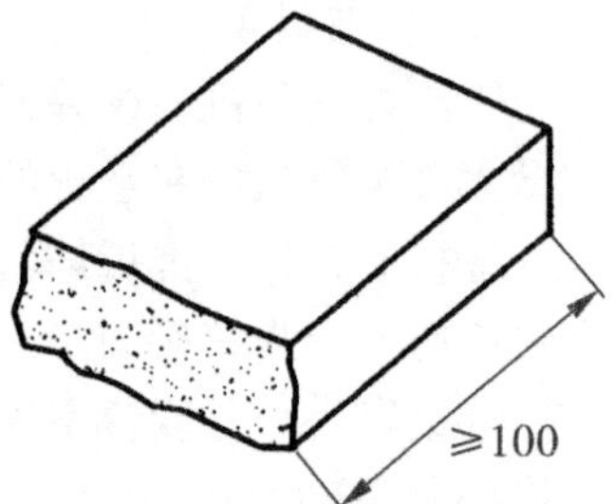

图16.18 半截砖长度示意图(单位:mm)

②将已断开的两个半截砖放入室温的净水中浸20~30 min后取出,在铁丝网架上滴水20~30 min,以断口相反方向装入制样模具中。用插板控制两个半砖间距不应大于5 mm,砖大面与模具间距不应大于3 mm,砖断面、顶面与模具间垫以橡胶垫或其他密封材料,模具内表面涂油或脱模剂。

③将净浆材料按照配制要求,置于搅拌机中搅拌均匀。

④将装好试样的模具置于振动台上,加入适量搅拌均匀的净浆材料,振动时间为0.5~1 min,停止振动,静置至净浆材料达到初凝时间(约15~19 min)后拆模。

2)二次成型制样(适用于多孔砖、多孔砌块,空心砖、空心砌块)

多孔砖、多孔砌块以单块整砖沿竖孔方向加压。空心砖、空心砌块以单块整砖沿大面加压。

①将整块试样放入室温的净水中浸20~30 min后取出,在铁丝网架上滴水20~30 min。

②将净浆材料按照配制要求,置于搅拌机中搅拌均匀。

③模具内表面涂油或脱模剂,加入适量搅拌均匀的净浆材料,将整块试件一个承压面与净浆接触,装入制样模具中,承压面找平层厚度不应大于3 mm。接通振动台电源,振动0.5~1 min,停止振动,静置至净浆材料初凝(约15~19 min)后拆模。按同样方法完成整块试样另一承压面的找平。

(4)试件养护

一次成型制样、二次成型制样在不低于10 ℃的不通风室内养护4 h,进行强度检测;

非成型制样不需养护，试样气干状态直接进行检测。

(5)检测步骤

测量每个试件连接面或受压面的长、宽尺寸各两个，分别取其平均值（精确至1 mm）。将试件平放在加压板的中央，垂直于受压面加荷，加荷过程应均匀平稳，不得发生冲击或振动，加荷速度以2～6 kN/s为宜，直至试件破坏为止，记录最大破坏荷载P。

(6)结果计算与评定

1)每块试样的抗压强度f_p按下式计算：

$$f_p=\frac{P}{LB}$$

式中 f_p—— 抗压强度，MPa；

P—— 最大破坏荷载，N；

L—— 受压面（连接面）的长度，mm；

B—— 受压面（连接面）的宽度，mm。

2)计算10块砖抗压强度平均值（$\bar{f}$）、标准差（s）、和标准值（f_k）：

抗压强度平均值：

$$\bar{f}=\frac{1}{10}(f_1+f_2+\cdots+f_{10})=\frac{1}{10}\sum f_i$$

抗压强度标准差：

$$s=\sqrt{\frac{1}{9}\sum_{i=1}^{10}(f_i-\bar{f})^2}$$

抗压强度标准值：

$$f_k=\bar{f}-1.83s$$

式中 $\bar{f}$——10块试样的抗压强度平均值，MPa，精确至0.01；

f_i——分别为10块砖的抗压强度值（$i=1\sim10$），MPa，精确至0.01；

s——10块试样的抗压强度标准差，MPa，精确至0.01；

f_k——10块砖的抗压强度标准值，MPa，精确至0.1。

16.6.2 非烧结砖检测

本节主要介绍蒸压粉煤灰砖相关工程指标检测方法及结果评定相关要求。

16.6.2.1 采用标准

《蒸压粉煤灰砖》JC/T 239—2014

《混凝土砌块和砖试验方法》GB/T 4111—2013

《砌墙砖试验方法》GB/T 2542—2012

16.6.2.2 取样方法与数量

取样方法及数量见表16.11。

表 16.11　非烧结砖取样方法与数量

材料	取样批量	取样方法	取样数量	执行标准
蒸压粉煤灰砖	以 10 万块为一批，不足 10 万块按一批计	尺寸偏差和外观质量在每一检验批的产品堆垛中随机抽样；其他检验项目的样品从外观质量检验合格的样品中随机抽取	随机抽取 100 块砖进行尺寸偏差检验	《蒸压粉煤灰砖》(JC/T 239—2014)《混凝土砌块和砖试验方法》(GB/T 4111—2013)
			强度等级检验抽取 20 块	

16.6.2.3　蒸压粉煤灰砖

(1)尺寸测量

1)目的。检测蒸压粉煤灰砖试样的几何尺寸是否符合规定。

2)量具。钢直尺或钢卷尺，分度值 1 mm。

3)检测方法(直角六面体块材)。长度在条面的中间、宽度在顶面的中间、高度在顶面的中间测量。

4)结果表示。每项在对应两面各测一次，取平均值，精度至 1 mm。

(2)抗折强度检测

参见烧结砖抗折强度检测方法及结果评定。

(3)抗压强度检测

1)试验目的。测定蒸压粉煤灰砖抗压强度，为确定强度等级提供依据。

2)仪器设备。

①材料试验机。示值误差应不大于 1%，其量程选择应能使试件的预期破坏荷载落在满量程的 20% ~80%。

②钢直尺。规格为 400 mm，分度值为 1 mm。

③切割设备。钢性材质，刃口锋利。

3)试件制备。

①不带砌筑砂浆槽的砖试件制备。取 10 块整砖放在(20±5)℃的水中浸泡 24 h 后取出，用湿布擦去表面水分；采用样品中间部位切割，交错叠加制备抗压强度试件，如图 16.19，交错叠加部位的长度以 100 mm 为宜，但不应小于 90 mm，如果不足 90 mm，应另取备用试样补足。

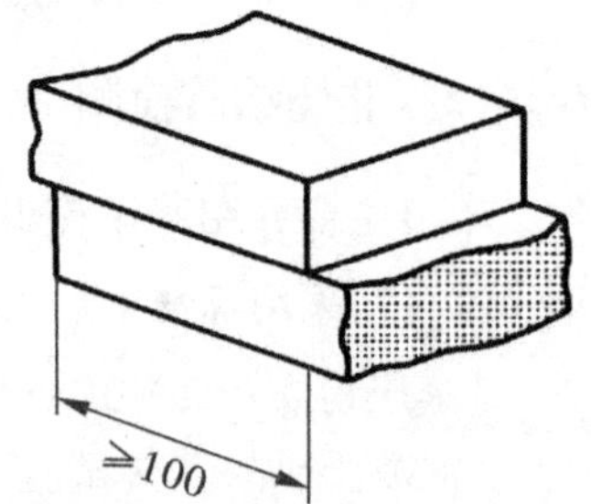

图 16.19　半砖叠合示意图(单位:mm)

②带砌筑砂浆槽的砖试件制备。采用样品中间部位切割。用强度等级不低于 42.5 的普通硅酸盐水泥调制成稠度适宜的水泥净浆。试样在(20±5)℃的水中浸泡 15 min，在钢丝网架上滴水 3 min，立即用水泥净浆将砌筑砂浆槽抹平，在温度(20±5)℃、相对湿度 50% ±15% 的环境下养护 2 d 后，再按照上述"不带砌筑砂浆槽的砖试件制备"方法处理。

4)检测步骤。测量叠加部位的长度(L)和宽度(B)，分别测量两次取平均值，精确至

1 mm。

将试件放在试验机下压板上，要尽量保证试件的重心与试验机压板中心重合。

试验机加荷应均匀平稳，不应发生冲击或振动。加荷速度以 4 ~ 6 kN/s 为宜，直至试件破坏为止，记录最大破坏荷载 P。

5）结果计算与评定。每块试样的抗压强度 R 按下式计算，精确至 0.01 MPa：

$$R = \frac{P}{LB}$$

式中　R——抗压强度，MPa；

P——最大破坏荷载，N；

L——受压面（连接面）的长度，mm；

B——受压面（连接面）的宽度，mm。

实验结果以 10 个试件抗压强度的算术平均值和单块最小值表示，精确至 0.1 MPa。

16.6.3　蒸压加气混凝土砌块性能检测

16.6.3.1　采用标准

《蒸压加气混凝土砌块》GB/T 11968—2020

《蒸压加气混凝土性能试验方法》GB/T 11969—2020

16.6.3.2　取样方法

同品种、同规格、同等级的砌块，以 10000 块为一批，不足 10000 块亦为一批，随机抽取 50 块砌块，进行尺寸偏差、外观检验。

从外观与尺寸偏差检验合格的砌块中随机抽取 6 块砌块制作试件，进行如下项目检验：

①干密度：3 组 9 块；

②强度级别：3 组 9 块。

16.6.3.3　蒸压加气混凝土砌块干密度、含水率、吸水率检测

（1）目的

判定砌块的干密度级别及确定等级。

（2）仪器设备

电热鼓风干燥箱（最高温度 200 ℃）、托盘天平和磅秤（称量 2000 g，感量 1 g）、钢板直尺（规格为 300 mm，分度值为 0.5 mm）、恒温水槽［水温（20±2）℃］，试验室：室温（20±5）℃。

（3）试样制备

采用机锯或刀锯，锯切时不得将试件弄湿。试件应沿制品发气方向中心部分上、中、下顺序锯取一组，“上”块上表面距离制品顶面 30 mm，“中”块在制品正中处，“下”块下表面离制品底面 30 mm。制品的高度不同，试件间隔略有不同，以高 600 mm 的制品为例，试件锯取部位如图 16.20 所示。

试件表面必须平整，不得有裂缝或明显缺陷，尺寸允许偏差为±2 mm；试件应逐块编

号，标明锯取部位和发气方向。

试件为 100 mm×100 mm×100 mm 正立方体，共二组 6 块。

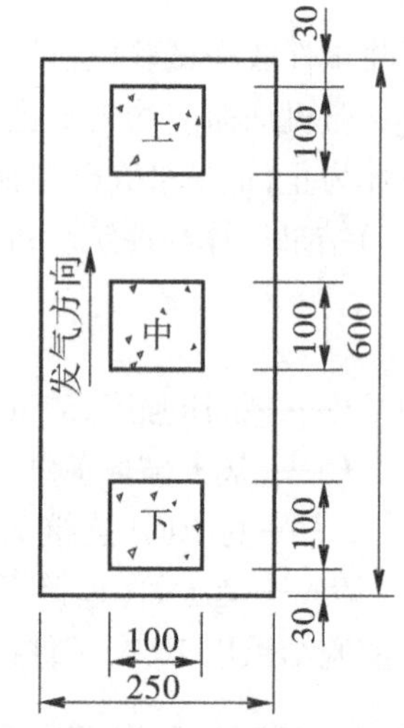

图 16.20 立方体试件锯取示意图（单位：mm）

（4）干密度和含水率检测

1）取试件一组 3 块，逐块量取长、宽、高三个方向的轴线尺寸，精确至 1 mm，计算试件的体积；并称取试件质量（m），精确至 1 g。

2）将试件放入电热鼓风干燥箱内，在（60±5）℃下保温 24 h，然后在（80±5）℃下保温 24 h，再在（105±5）℃下烘至恒质（m_0）。恒质指在烘干过程中间隔 4 h，前后两次质量差不应超过 2 g。

（5）吸水率检测

1）将另一组 3 块试件放入电热鼓风干燥箱内，在（60±5）℃下保温 24 h，然后在（80±5）℃下保温 24 h，再在（105±5）℃下烘至恒质（m_0）。

2）试件冷却 6 h 后，放入水温为（20±2）℃的恒温水槽内，然后加水至试件高度的 1/3，保持 24 h，再加水至试件高度的 2/3，经 24 h 后，加水高出试件 30 mm 以上，保持 24 h。

3）将试件从水中取出，用湿布抹去表面水分，立即称取每块质量（m_g），精确至 1 g。

（6）结果计算

1）干密度按下式计算：

$$r_0 = \frac{m_0}{V} \times 10^6$$

式中 r_0——干密度，kg/m³；

m_0——试件烘干后质量，g；

V——试件体积，mm³。

2）含水率按下式计算：

$$W_s = \frac{m - m_0}{m_0} \times 100\%$$

式中 W_s——含水率；

m_0——试件烘干后质量，g；

m——试件烘干前质量，g。

3）吸水率按下式计算（以质量分数表示）：

$$W_R = \frac{m_g - m_0}{m_0} \times 100\%$$

式中 W_R——吸水率；

m_0——试件烘干后质量，g；

m_g——试件吸水后质量，g。

结果按 3 块试件检测的算术平均值进行评定，干密度的计算精确至 1 kg/m³，含水率和吸水率的计算精确至0.1%。

(7)结果评定

结果按1组试件试验的算术平均值进行评定,干密度计算精确至1 kg/m³,含水率、吸水率计算精确到0.1%。

16.6.3.4 蒸压加气混凝土砌块抗压强度检测

(1)目的

判定砌块的强度等级。

(2)仪器设备

压力试验机、电热鼓风干燥箱、托盘天平、磅秤、钢板直尺、恒温水槽等。

(3)试样制备

同干密度、含水率、吸水率检测。试件为100 mm×100 mm×100 mm正立方体一组3块。试件在含水率8%~12%下进行检测,如果含水率超过上述规定范围,则在(60±5)℃下烘至所要求的含水率。

(4)检测步骤

1)检查试件外观。

2)测量试件的尺寸,精确至1 mm,并计算试件的受压面积(A_1)。

3)将试件放在材料试验机的下压板的中心位置,试件的受压方向应垂直于制品的发气方向。

4)开动试验机,当上压板与试件接近时,调整球座,使接触均衡。

5)以(2.0±0.5)kN/s的速度连续而均匀地加荷,直至试件破坏,记录破坏荷载(P_1)。

6)将检测后的试件全部或部分立即称取质量,然后在(105±5)℃下烘至恒质,计算其含水率。

(5)结果计算

抗压强度按下式计算,精确至0.1 MPa:

$$f_{cc}=\frac{P_1}{A_1}$$

式中 f_{cc}——试件的抗压强度,MPa;

P_1——破坏荷载,N;

A_1——试件受压面积,mm²。

(6)结果评定

抗压强度的计算精确至0.1 MPa,抗压强度试验中,如果实测含水率超出要求范围,则试验结果无效。

16.7 弹性体改性沥青防水卷材检测

试验依据:《弹性体改性沥青防水卷材》(GB 18242—2008)。

16.7.1 一般规定

(1)取样方法:以同一类型、同一规格10 000 m²为一批,不足10 000 m²时亦可作为一批。在每批产品中随机抽取 5 卷进行单位面积质量、面积、厚度及外观检查。从单位面积质量、面积、厚度及外观合格的卷材中随机抽取 1 卷进行物理力学性能试验。

(2)试件制备:将取样的一卷卷材切除距外层卷头 2500 mm 后,取 1 m 长的卷材按表 16.12 要求的尺寸和数量裁取试件。

表 16.12 试件尺寸和数量表

<table>
<tr><th>序号</th><th colspan="2">试验项目</th><th>试件形状(纵向×横向)/(mm×mm)</th><th>数量/个</th></tr>
<tr><td>1</td><td colspan="2">可溶物含量</td><td>100×100</td><td>3</td></tr>
<tr><td>2</td><td colspan="2">耐热量</td><td>125×100</td><td>纵向 3</td></tr>
<tr><td>3</td><td colspan="2">低温柔性</td><td>150×25</td><td>纵向 10</td></tr>
<tr><td>4</td><td colspan="2">不透水性</td><td>150×150</td><td>3</td></tr>
<tr><td>5</td><td colspan="2">拉力及延伸率</td><td>(250~320)×50</td><td>纵、横向各 5</td></tr>
<tr><td>6</td><td colspan="2">浸水后质量增加</td><td>(250~320)×50</td><td>纵向 5</td></tr>
<tr><td rowspan="3">7</td><td rowspan="3">热老化</td><td>拉力及延伸率保持率</td><td>(250~320)×50</td><td>纵、横向各 5</td></tr>
<tr><td>低温柔性</td><td>150×25</td><td>纵向 10</td></tr>
<tr><td>尺寸变化率及质量损失</td><td>(250~320)×50</td><td>纵向 5</td></tr>
<tr><td>8</td><td colspan="2">渗油性</td><td>50×50</td><td>3</td></tr>
<tr><td>9</td><td colspan="2">接缝剥离强度</td><td>400×200(搭接边处)</td><td>纵向 2</td></tr>
<tr><td>10</td><td colspan="2">钉杆撕裂强度</td><td>200×100</td><td>纵向</td></tr>
<tr><td>11</td><td colspan="2">矿物粒料黏附性</td><td>265×50</td><td>纵向</td></tr>
<tr><td>12</td><td colspan="2">卷材下表面沥青涂盖层厚度</td><td>200×50</td><td>纵向</td></tr>
<tr><td rowspan="2">13</td><td rowspan="2">人工气候加速老化</td><td>拉力保持率</td><td>120×25</td><td>纵、横向各 5</td></tr>
<tr><td>低温柔性</td><td>120×25</td><td>纵向 10</td></tr>
</table>

16.7.2 拉伸性能测试

试验依据:《建筑防水卷材试验方法 第 9 部分:高分子防水卷材 拉伸性能》(GB/T 328.9—2007)。

(1)试验原理及方法

将试样两端置于夹具内夹牢,然后在两端同时施加拉力,试件以恒定的速度拉伸至断裂。连续记录试验中拉力和对应的长度变化。

(2)试验目的

通过拉伸试验,检验卷材抵抗拉力破坏的能力,作为选用卷材的依据。

(3)主要仪器设备

拉伸试验机:有连续记录力和对应距离的装置,能按规定的速度均匀地移动夹具,有足够的量程(至少 2000 N)和夹具移动速度(100±10)mm/min,夹具宽度不小于 50 mm;量尺:精确度1 mm。

(4)试验步骤

1)试件制备

整个拉伸试验应制备两组试件,一组纵向5个试件,一组横向5个试件。

试件在试样上距边缘100 mm以上任意裁取,矩形试件宽为(50±0.5)mm,长为(200±0.5)mm,长度方向为试验方向。

2)试验应在(23±2)℃的条件下进行。试件在试验前在(23±2)℃和相对湿度30%~70%的条件下至少放置20 h。

3)将试件紧紧地夹在拉伸试验机的夹具中,试件长度方向的中线与试验机夹具中心在一条线上。夹具间距离为(200±2)mm,为防止试件从夹具中滑移应做标记。

4)开动试验机使受拉试件受拉,夹具移动的恒定速度为(100±10)mm/min。

5)连续记录拉力和对应的夹具间距离。

(5)数据处理及试验结果

1)分别计算纵向或横向5个试件最大拉力的算术平均值(修约至5 N)作为卷材纵向或横向拉力,单位N/50 mm,平均值达到标准规定的指标时判为合格。

2)延伸率按下式计算:

$$E = \frac{L_1 - L_0}{L} \times 100\%$$

式中 E——延伸率;

L_1——试件最大拉力时的标距,mm;

L_0——试件初始标距,mm;

L——夹具间距离,mm。

分别计算纵向或横向5个试件最大拉力时延伸率的算术平均值(修约至1%)作为卷材纵向或横向延伸率,平均值达到标准规定的指标时判为合格。

16.7.3 不透水性检测

试验依据:《建筑防水卷材试验方法 第10部分 沥青和高分子防水卷材 不透水性》(GB/T 328.10—2007)。

(1)试验原理及方法

试验方法分为方法A和方法B。方法A试验适用于卷材低压力的使用场合,如:屋面、基层、隔汽层。试件满足直到60 kPa压力24 h。方法B试验适用于卷材高压力的使用场合,如:特殊屋面、隧道、水池。此处介绍方法A。

方法A的试验原理是:将试件置于不透水性试验装置的不透水盘上,压力水作用24 h,观察有无明显的水渗到上面的滤纸产生变色。

(2)试验目的

通过测定不透水性,检测卷材抵抗水渗透的能力。

(3)主要仪器

一个带法兰盘的金属圆柱体箱体,孔径150 mm,并连接到开放管子末端或容器,其间高差不低于1 m，如图16.21所示。

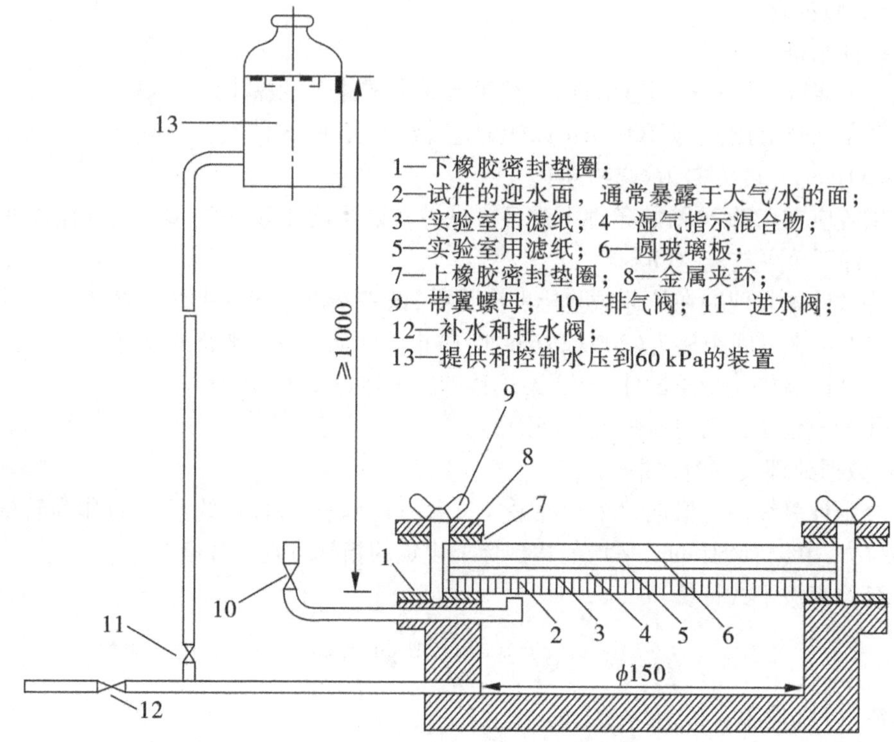

图16.21 低压力不透水性试验装置

(4)试件制备

试件尺寸：圆形试件，直径(200±2)mm。

试件在卷材宽度方向均匀裁取，最外一个距卷材边缘100 mm。试件数量，最少3块。

试验前试件在(23±5)℃放置至少6 h。

(5)试验步骤

1)放试件在设备上，旋紧翼形螺母固定夹环。打开进水阀让水进入，同时打开排气阀排出空气，直至水出来，关闭排气阀；

2)调整至试件上表面所要求的压力。

3)保持压力(24±1)h；

4)检查试件，观察上面滤纸有无变色。

(6)结果评定

试件有明显的水渗到上面的滤纸产生变色，认为试验不符合。

所有试件通过检测，则认为卷材不透水。

16.7.4 耐热性检测

试验依据：《建筑防水卷材试验方法 第11部分：沥青防水卷材 耐热性》(GB/T 328.11—2007)。

(1)试验原理及方法

将试样置于能达到要求温度的恒温箱内,观察当试样受到高温作用时,有无涂层滑动流淌、滴落、气泡等现象,依此判断试样对温度的敏感程度。

(2)试验目的

通过耐热性检测,评定卷材的耐热性能,作为卷材环境温度要求的依据。

(3)主要仪器

鼓风烘箱、热电偶、光学测量装置等。

(4)试验步骤

1)将烘箱预热到规定试验温度,温度通过与试件中心同一位置的热电偶控制。整个试验期间,试验区域的温度波动不超过±2℃。

2)将制备好的一组三个试件露出的胎体处用悬挂装置夹住,涂盖层不要夹到。

3)将试件垂直悬挂在烘箱的相同高度,间隔至少30 mm。此时烘箱的温度不能下降太多,开关烘箱门放入试件的时间不超过30 s。放入试件后加热时间为(120±2)min。

4)加热周期结束后,将试件和悬挂装置一起从烘箱中取出,相互间不要接触,在(23±2)℃自由悬挂冷却至少2 h。然后除去悬挂装置,在试件两面画第二个标记,用光学测量装置在每个试件的两面测量两个标记底部间最大距离,精确到0.1 mm。

(5)结果评定

计算卷材每个面三个试件的滑动值的平均值,精确到0.1 mm;上表面和下表面的滑动值平均值不超过2.0 mm认为合格。

16.7.5　低温柔性检测

试验依据:《建筑防水卷材试验方法　第14部分:沥青防水卷材　低温柔性》(GB/T 328.14—2007)。

(1)试验原理及方法

从试样裁取的试件,上表面和下表面分别绕浸在冷冻液中的机械弯曲装置上弯曲180°。弯曲后,检查试件涂盖层存在的裂纹。

(2)试验目的

通过试验评定试样在规定负温下抵抗弯曲变形的能力,作为低温条件下卷材使用的选择依据。

(3)主要仪器

1)试验装置如图16.22所示。该装置由两个直径(20±0.1)mm不旋转的圆筒和一个直径(30±0.1)mm的圆筒弯曲轴组成,弯曲轴在两个圆筒中间,能上下移动,圆筒和弯曲轴间的距离可以调节为卷材的厚度。整个装置浸入冷冻液中。

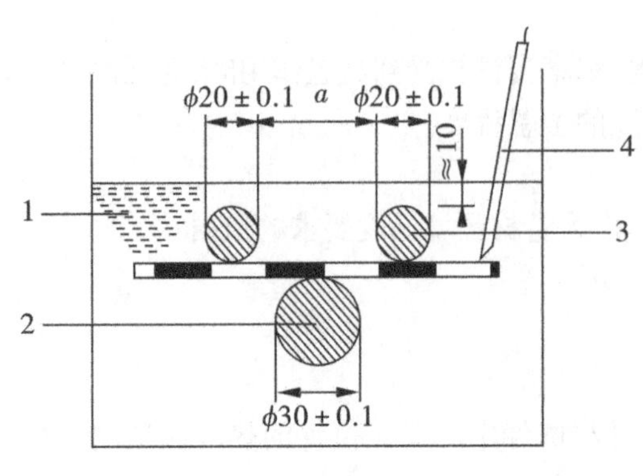

(a)开始弯曲

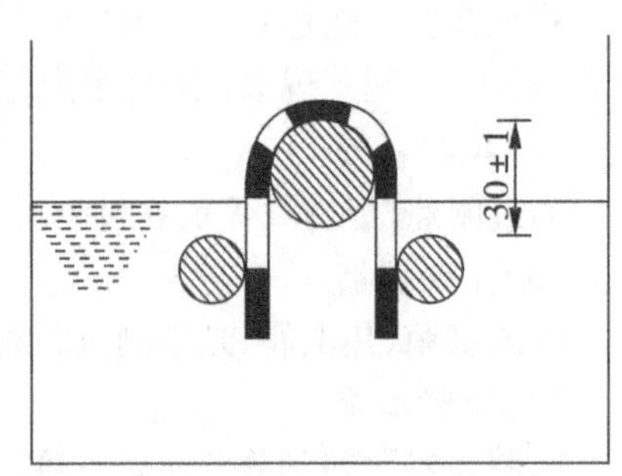

(b)弯曲结束

1—冷冻液;2—弯曲轴;3—固定圆筒;4—半导体温度计(热敏探头)

图 16.22 试验装置原理和弯曲过程(单位:mm)

2)冷冻液:低至-25 ℃的丙烯乙二醇/水溶液(体积比 1∶1),或低至-20℃的乙醇、水混合物(体积比 2∶1)。

3)低温制冷仪:能控制温度在+20 ~ -40 ℃,控温精度 0.5 ℃。

(4)试件制备

1)矩形试件尺寸(150±1)mm×(25±1)mm,长边在卷材的纵向。从试样宽度方向上距边缘 150 mm 以上均匀裁取试件。两组各 5 个试件,一组是上表面试验,另一组是下表面试验。

2)去除试件表面的任何保护膜。适宜的方法是常温下用胶带粘在上面,冷却到接近假设的冷弯温度,然后从试件上撕去胶带。

3)试件试验前至少在(23±2)℃温度下平放 4 h,并且相互之间不能接触,也不能粘在板上。

(5)试验步骤

1)冷冻液达到规定的试验温度,误差不超过 0.5 ℃,试件放于支撑装置上,且在圆筒的上端,保证冷冻液完全浸没试件。试件放入冷冻液达到规定温度后,开始保持在该温度 1 h±5 min。半导体温度计的位置靠近试件,检查冷冻液温度。

2)试件放置在圆筒和弯曲轴之间,试验面朝上,然后设置弯曲轴以(360±40)mm/min 速度顶着试件向上移动,试件同时绕轴弯曲。轴移动的终点在圆筒上面(30±1)mm 处。

3)在完成弯曲过程 10 s 内,在适宜的光源下用肉眼检查试件有无裂纹,必要时,用辅助光学装置帮助。假若有一条或更多的裂纹从涂盖层深入到胎体层,或完全贯穿无增强卷材,即存在裂缝。

(6)结果评定

一个试验面 5 个试件在规定温度至少 4 个无裂缝为通过,上表面和下表面的试验结果要分别记录。

参考文献

[1]周明月.建筑材料与检测.2版.北京:化学工业出版社,2017.
[2]赵华玮.建筑材料与检测.3版.郑州:郑州大学出版社,2015.
[3]朱张校,姚可夫.工程材料.5版.北京:清华大学出版社,2011
[4]魏鸿汉.建筑材料.6版.北京:中国建筑工业出版社,2022.
[5]陈玉萍.建筑材料与检测.北京:北京大学出版社,2017.
[6]范文昭.建筑材料.4版.北京:中国建筑工业出版社,2013.
[7]苏卿,黄涛,赵跃萍.土木工程材料.3版.武汉:武汉理工大学出版社,2016.
[8]钟祥璋.建筑吸声材料与隔声材料.2版.北京:化学工业出版社,2012.
[9]张兰芳,李京军,王萧萧.建筑材料.北京:中国建材工业出版社,2021.
[10]魏国安,陈丙义.北京:中国建筑工业出版社,2018.